工业和信息化人才培养规划教材
Industry And Information Technology Training Planning Materials

U0318030

Technical **A**nd **V**ocational **E**ducation

高职高专计算机系列

数据库原理与 SQL Server 教程（第2版）

Database Theory and SQL Server

谢日星 ◎ 主编

李唯 郭俐 库波 ◎ 副主编　　王路群 ◎ 主审

人民邮电出版社

北 京

图书在版编目（CIP）数据

数据库原理与SQL Server教程 / 谢日星主编. -- 2
版. -- 北京：人民邮电出版社，2013.7（2017.1 重印）
工业和信息化人才培养规划教材. 高职高专计算机系
列
ISBN 978-7-115-31601-1

Ⅰ. ①数… Ⅱ. ①谢… Ⅲ. ①关系数据库系统－高等
职业教育－教材 Ⅳ. ①TP311.138

中国版本图书馆CIP数据核字(2013)第087731号

内 容 提 要

本书从应用 SQL Server 2012 设计一个完整的项目数据库的角度出发，围绕创建一个"客户关系管理系统"的数据库，循序渐进地对数据库基本知识、SQL Server 2012 数据库管理系统及数据管理进行介绍和展示。本书共 16 章，内容包括关系型数据库基础、SQL Server 2012 安装与配置、数据库管理、SQL Server 表管理、SQL Server 数据管理、SQL Server 数据查询、数据库规范化技术、视图、存储过程、触发器、数据库设计方法与步骤等。本书在完成主要技术讲解后，提供一个完整的人事管理系统数据库设计与 SQL 程序设计实训案例，并在最后为进一步提高 SQL 程序开发能力，设计了"客户关系管理系统"的 SQL 程序开发任务。数据库知识和操作技术讲解围绕案例展开，实现"做、学合一"，能有效提高读者技术水平。

本书可作为高职高专院校数据库课程的教学用书，也可供各类培训机构、计算机从业人员和爱好者参考使用。

◆ 主　编　谢日星
　　副主编　李　唯　郭　俐　库　波
　　主　审　王路群
　　责任编辑　王　威
　　责任印制　沈　蓉　焦志炜
◆ 人民邮电出版社出版发行　北京市丰台区成寿寺路 11 号
　　邮编　100164　电子邮件　315@ptpress.com.cn
　　网址　http://www.ptpress.com.cn
　　三河市海波印务有限公司印刷
◆ 开本：787×1092　1/16
　　印张：17.5　　　　　　　　2013 年 7 月第 2 版
　　字数：458 千字　　　　　　2017 年 1 月河北第 3 次印刷

定价：39.80 元
读者服务热线：(010)81055256　印装质量热线：(010)81055316
反盗版热线：(010)81055315
广告经营许可证：京东工商广字第 8052 号

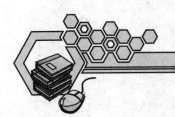

第 2 版前言

　　Microsoft SQLServer 2012 是微软的一款关系型数据库管理系统，不仅功能完整、强大，性能也非常稳定。它在 SQL Server 2008 的基础上，在 AlwaysOn、Windows Server Core 支持、Columnstore 索引、自定义服务器权限、增强的审计功能、BI 语义模型、Sequence Objects、增强的 PowerShell 支持、分布式回放（Distributed Replay）SQL Azure 增强、大数据支持等方面性能提升明显，同时进一步提升了可靠性、安全性、可用性、可编程性和易用性。SQL Server 2012 可以为各类用户提供完整的数据库解决方案，可以帮助用户建立自己的各种系统，满足云计算需求，增强用户对外界变化的反应能力，提高用户的市场竞争力。

　　本书在总结作者多年的数据库应用开发经验和教学经验的基础上，以项目为载体，将知识讲解、技术展示、课内实训及拓展实训紧密结合，使学生以一个由实际项目改造而来的数据库设计与 SQL 程序设计为主线，由浅入深的学习，充分体现了"项目驱动、实训教学、理论与实践相结合、学做一体"的教学理念。本书内容丰富、结构合理、讲解细致、代码及操作规范，将知识讲解和技能训练有机结合，注重锻炼学生的思维能力以及运用知识和技术解决实际问题的能力，既满足学生学习现有技术的要求，又培养学生进一步发展的能力。

　　全书共分为 16 章。第 1 章介绍了数据库基础知识，包括数据库技术的应用需求及应用场景。第 2 章介绍了关系数据库的核心知识"关系"，为理解关系型数据库构建知识基础。第 3 章介绍了 SQL Server 2012 的安装与配置技术。第 4 章展示了 SQL Server 2012 中创建与管理数据库的技术。第 5 章讲解了表的创建、修改、删除及表中各种键、约束等技术。第 6 章展示了数据的插入、删除、更新等数据管理技术。第 7 章讲解了各种数据查询技术，是关系型数据库程序设计和数据操作的核心技术。第 8 章讲解数据库规范化知识及其应用技术，是关系型数据库设计和关键能力的提升内容。第 9 章介绍了 SQL Server 中的索引技术，以提高数据检索速度。第 10 章讲解视图的创建及访问技术，实现数据的基本安全与操作的便利性。第 11 章展示存储过程的管理与开发技术，提高数据访问的效率并实现相应的业务逻辑处理过程。第 12 章讲解触发器技术，实现自动完成相关操作。第 13 章讲解事务和锁，保证数据完整性。第 14 章介绍了数据库设计的方法与主要步骤。第 15 章则完成一个完整的人事管理系统数据库。第 16 章则在提供已有数据库的基础上，进行 SQL 程序设计训练，提升 SQL 程序开发技能。

　　本书由武汉软件工程职业学院的谢日星任主编，李唯、郭俐、库波任副主编，姜益民（武汉光谷信息技术有限公司）、江骏、董宁、刘嵩、罗炜、江平参与本书的编写工作，王路群教授主审。

　　本书除了可用作高等院校高职高专学生的教材和参考书外，兼顾一般读者，可作为计算机应用开发人员在学习数据库技术地的参考。

　　由于编写时间仓促，水平有限，本书难免有错误之处，恳请广大读者不吝赐教。

编者

2013 年元月于武汉

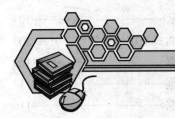

目　录

第1章

现实世界的数据表达——数据库基础知识

本章学习目标

本章主要讲解数据管理技术的发展、数据模型和数据库系统等基本概念，为后面各章的学习打下基础。通过本章学习，读者应该掌握以下内容：

- 数据库技术的发展
- 数据库的相关基本概念
- 概念模型的表示方法
- 数据库的系统结构

1.1 数据管理技术的发展

到目前为止数据管理技术经历了三个阶段：手工管理阶段、文件管理阶段和数据库技术阶段。数据库技术是 20 世纪 60 年代末期发展起来的数据管理技术。直至今日，数据库技术仍在日新月异地发展，数据库技术的应用仍在继续深入。

1.1.1 手工管理阶段

20 世纪 50 年代以前，计算机主要用于科学计算。当时的外存只有纸带、卡片、磁带，没有直接存取的储存设备，并且那时还没有操作系统，没有管理数据的软件，数据处理方式是批处理。手工管理阶段具有以下特点。

1. 不保存数据

在手工管理阶段，由于数据管理规模小，加上当时的计算机软硬件条件比较差，当时的处理方法是在需要时将数据输入，用完就撤走，数据管理中涉及的数据基本不需要、也不允许长期保存。

2. 没有软件系统对数据进行管理

在手工管理阶段，没有相应的软件系统负责数据的管理工作，数据需要由应用程序自己管理。应用程序中不仅要规定数据的逻辑结构，而且要设计物理结构，包括存储结构、存取方法、输入方式等。这就导致程序中存取数据的子程序随着数据存储机制的改变而改变，数据与程序之间不具有相对独立性，给程序员带来了极大的负担。

3. 数据不共享

数据是面向应用的，一组数据只能对应一个程序。当多个应用程序涉及某些相同的数据时，由于各自定义不同，无法互相利用、互相参照，因此程序与程序之间有大量的冗余数据。

4. 数据不具有独立性

数据的逻辑结构或物理结构发生变化后，必须对应用程序做相应的修改，这就进一步加重了程序员的负担。

在人工管理阶段，程序与数据之间的对应关系如图 1.1 所示。

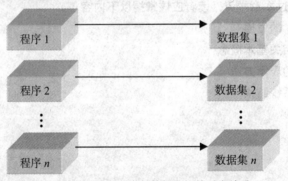

图 1.1　手工管理阶段程序与数据之间的对应关系

1.1.2　文件系统阶段

从 20 世纪 50 年代后期至 60 年代中期，计算机硬件方面已有了磁鼓、磁盘等直接存储设备，计算机软件的操作系统中已经有了专门的管理数据软件，一般称为文件系统。处理方式上不仅可以进行批处理，而且能够联机实时处理。这时，计算机不仅用于科学计算，也已大量用于数据处理。

文件系统阶段具有以下特点。

1. 数据以文件的形式长期保存

在文件管理阶段，由于计算机大量用于数据处理，采用临时性或一次性输入数据已无法满足使用要求，数据需要长期保留在外存上，以便能够反复对其进行查询、修改、插入和删除等操作。因此，在文件系统中，按一定的规则将数据组织为一个文件，存放在外存储器中长期保存。

2. 由文件系统管理数据

在文件管理阶段，有专门的计算机软件提供数据存取、查询、修改和管理功能，为程序提供数据的存取方法，为数据文件的逻辑结构与存储结构提供转换的方法。这样，程序员在设计程序时不必过多考虑物理细节，程序的设计和维护工作量大大减少了。

3. 文件形式多样化

在文件管理阶段，为了方便数据的存储和查找，人们研究了许多文件类型。文件系统中数据文件不仅有索引文件、链接文件、顺序文件等多种形式，而且还可以使用倒排文件进行多键检索。

4. 数据存取以记录为单位

在文件管理阶段，文件系统是以文件、记录和数据项的结构组织数据的。文件系统的基本数据存取单位是记录，也就是说文件系统按记录进行读写操作。

尽管文件系统有上述优点，但是，文件系统仍存在以下缺点。

1. 数据共享性差，冗余度大

在文件系统中，文件仍然是面向应用的。当不同的应用程序具有部分相同的数据时，也必须建立各自的文件，而不能共享相同的数据。这就造成了数据冗余度大、浪费存储空间的问题。

2. 数据独立性差

在文件系统中，数据文件之间是孤立的，不能反映现实世界中事物之间的相互联系。文件系统中的文件是为某一种特定应用服务的，要想对现有的数据再增加一些新的应用程序，就不是那么容易了，系统不容易扩充。应用程序的改变也将引起文件的数据结构的改变。因此数据与程序之间仍缺乏独立性。

在文件系统阶段，程序与数据之间的对应关系如图 1.2 所示。

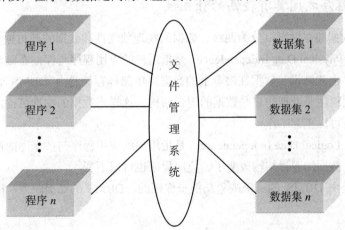

图 1.2　文件系统阶段程序与数据之间的对应关系

1.1.3　数据库系统阶段

20 世纪 60 年代后期，数据管理技术进入了数据库系统阶段。数据库技术是在文件系统的基础上发展起来的新技术，为用户提供了一种使用方便、功能强大的数据管理手段。在这一阶段出现了统一管理数据的专门软件系统——数据库管理系统。

从文件系统到数据库系统的转变，标志着数据管理技术的飞跃。数据库系统管理数据比文件系统具有明显的优点。

1.　面向数据模型对象

数据模型是数据库设计的基础。在设计数据库时，要从全局的角度抽象和组织数据，再完整地、准确地描述数据自身和数据之间联系的情况，建立适合整体需要的数据模型。与文件系统相比较，数据库系统的这种特点决定了它的设计方法，应先设计数据库，再设计功能程序，而不能像文件系统那样，先设计程序，再考虑程序需要的数据。

2.　数据的共享性高、冗余度低、易扩充

所谓的冗余度低就是指重复的数据少。减少冗余数据可以节约存储空间，使对数据的操作容易实现，可以使数据统一，避免产生数据不一致的问题。所谓数据的不一致性是指同一数据不同拷贝的值不一样。采用人工管理或文件系统管理时，由于数据被重复存储，所以很容易造成数据的不一致。在数据库中数据共享，减少了由于数据冗余造成的不一致现象。减少冗余数据还便于数据维护，避免数据统计错误。

数据库系统从整体角度看待和描述数据。数据库中的数据是面向整个系统的，因此可以被多个用户、多个应用所共享。数据共享可以大大减少数据冗余，节约存储空间。

由于数据面向整个系统，是有结构的数据，不仅可以被多个应用所共享，而且容易增加新的应用，这就使得数据库系统非常易于扩充，可以适应各种用户的要求。当应用需求改变或增加时，只要重新选取不同的子集或加上一部分数据便可以满足新的需求。

3.　数据和程序之间具有较高的独立性

数据库中的数据独立性可以分为两级：数据的物理独立性和数据的逻辑独立性。

物理独立性（Physical Data Independence）是指用户的应用程序与存储在磁盘上的数据库中数据是相互独立的。也就是说，数据在磁盘上的数据库中怎样存储是由 DBMS 管理的，用户程序不需要了解。应用程序要处理的只是数据的逻辑结构，这样当数据的物理结构发生变化时，应用程序不需要修改也可以正常工作。

逻辑独立性（Logical Data Independence）是指用户的应用程序与数据库的逻辑结构是相互独立的，也就是说，数据的逻辑结构改变了，应用程序也可以不变。

数据独立性是由 DBMS 的二级映象功能来保证的，DBMS 的二级映像功能将在后面做详细的介绍。

4．数据由 DBMS 统一管理和控制

数据库是系统中各用户的共享资源。计算机的共享一般是并发的，即多个用户同时使用数据库。因此，数据库管理系统 DBMS 就提供了数据安全性控制、数据完整性控制、并发控制和数据恢复等数据控制功能。

数据的安全性（Security）是指保护数据以防止不合法的使用造成的数据的泄密和破坏，使每个用户只能按规定，对某些数据以某些方式进行使用和处理。

数据的完整性（Integrity）是指数据的正确性、有效性和相容性。完整性检查将数据控制在有效的范围内，或保证数据之间满足一定的关系。

并发控制（Concurrency）是指当多个用户的并发进程同时存取、修改数据库时，可能会发生相互干扰而得到错误的结果或使得数据库的完整性遭到破坏，因此必须对多用户的并发操作加以控制和协调。

数据恢复（Recovery）是指当计算机系统的硬件故障、软件故障、操作员的失误以及故意的破坏影响数据库中数据的正确性，甚至造成数据库部分或全部数据的丢失时，DBMS 必须具有将数据库从错误状态恢复到某一已知的正确状态的功能。

在数据库系统阶段，程序与数据之间的对应关系如图 1.3 所示。

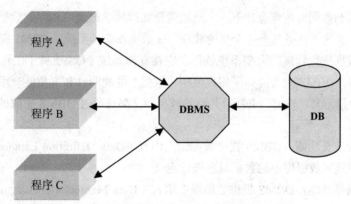

图 1.3　数据库系统阶段程序与数据之间的对应关系

1.2　数据库的基本概念

数据库是数据管理的新手段和工具。在系统学习数据库相关知识之前，我们首先要学习数据、数据库、数据库管理系统、数据库系统等一些常用的术语和基本概念。

1．数据（Data）

数据是数据库中存储的基本对象。数据是客观世界反映出的信息的一种表现形式。在许多不严格的情况下称"数据"就是"信息"。事实上，数据不等于信息，数据只是信息表达方式中的一种。正确的数据可以表达信息。而虚假、错误的数据所表达的是谬误，不是信息。数据在大多数人头脑中的第一个反应就是数字。其实数字只是最简单的一种数据，是数据的一种传统和狭义的

理解。广义的理解，数据的种类很多，文字、图形、图像、声音、学生的档案记录、货物的运输情况等，这些都是数据。

可以对数据做如下定义：描述事物的符号记录称为数据。描述事物的符号可以是数字，也可以是文字、图形、图像、声音、语言等。数据有多种表现形式，它们都可以经过数字化后存入计算机。

2. 数据库（DataBase，简称 DB）

数据库，简而言之就是存放数据的仓库。只不过这个仓库是在计算机存储设备上，并且是按一定的数据格式存放的。

过去人们把数据存放在文件柜里。在科学技术飞速发展的今天，人们的视野越来越广，数据量急剧增加。现在人们借助计算机和数据库技术科学地保存和管理大量的复杂的数据，以便能方便而充分地利用这些信息资源。

可以对数据库做如下定义：长期储存在计算机内的、有组织的、可共享的数据集合。数据库中的数据按一定的数据模型组织、描述和储存，具有较小的冗余度、较高的数据独立性和易扩展性，并可为各种用户共享。

3. 数据库管理系统（DataBase Management System，简称 DBMS）

了解了数据和数据库的概念，下一个问题就是如何科学地组织和存储数据，如何高效地获取和维护数据。完成这个任务的是一个系统软件——数据库管理系统。DBMS 是一种非常复杂的、综合性的、对数据进行管理的大型系统软件，它在操作系统（OS）支持下工作。在确保数据"安全可靠"的同时，DBMS 大大提高了用户使用"数据"的简明性和方便性。用户对数据进行的一切操作，包括数据定义、查询、更新及其他各种控制，都是通过 DBMS 完成的。它的主要功能包括以下几个方面。

（1）数据库定义功能。DBMS 提供数据定义语言（Data Definition Language， DDL），用户通过它可以方便地对数据库中的数据对象进行定义。

（2）数据操纵功能。DBMS 提供数据操纵语言（Data Manipulation Language, DML）实现对数据库数据的基本存取操作：检索，插入，修改和删除等。

（3）数据库运行管理功能。DBMS 提供数据控制功能，即数据的安全性、完整性和并发控制等对数据库运行进行有效的控制和管理，以确保数据库数据正确有效和数据库系统的有效运行。

（4）数据库的建立和维护功能。包括数据库初始数据的输入、转换功能，数据库的转储、恢复功能，数据库的重组织功能和性能监视、分析功能等。这些功能通常是由一些实用程序完成的。

（5）数据通信功能。DBMS 提供数据的传输功能，实现用户程序与 DBMS 之间的通信。这项功能通常与操作系统协调完成。

4. 数据库系统（DataBase System，简称 DBS）

数据库系统是指使用数据库技术设计的计算机系统。一般由计算机硬件、数据库、数据库管理系统、应用软件和数据库管理员五部分组成。数据库的建立、使用和维护等工作只靠一个 DBMS 是远远不够的，还要有专门的人员来完成，这些人被称为数据库管理员（DataBase Administrator，

DBA ）。数据库系统可以用图 1.4 来表示。

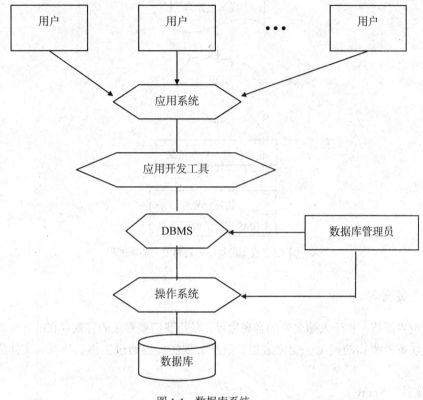

图 1.4　数据库系统

1.3　数据模型

　　模型，人们并不陌生。一张地图、一组建筑设计沙盘、一架精致的航模飞机都是具体的模型。这些模型会使人联想到真实生活中的事物。模型是现实世界特征的模拟和抽象。数据模型（Data Model ）也是一种模型，它是现实世界数据特征的抽象。

　　数据库不仅要反映数据本身的内容，而且要反映数据之间的联系。由于计算机不可能直接处理现实世界中的具体事物，所以人们必须事先把具体事物转换成计算机能够处理的数据。在数据库中用数据模型这个工具来抽象、表示和处理现实世界中的数据和信息。通俗地讲数据模型就是现实世界的模拟。由于数据库是根据模型建立的，因此，了解数据模型的基本概念是学习数据库的基础。

1.3.1　信息的三种世界

　　现实世界中的事物不能直接被 DBMS 所识别，需要我们先将现实世界抽象为信息世界，然后将信息世界转换为机器世界。这一过程可以用图 1.5 来表示。

　　现实世界、信息世界和机器世界（计算机世界）就是通常所说的信息的三种世界。

图 1.5　现实世界中客观对象的抽象过程

1. 现实世界

现实世界泛指存在于人脑之外的客观世界，是指我们要管理的客观存在的各种事物、事物之间的相互联系及事物的发生、变化过程。信息的现实世界通过实体、特征、实体集及联系进行描述。

（1）实体（Entity）

客观存在并可相互区分的事物或概念称为实体。实体可以分为事物实体和概念实体。事物实体是指具体的人、事、物，例如，一个职工、一个学生、一台机器等。概念实体是指抽象的概念或联系，例如，一个部门、一门课、老师与系部的工作关系（某位老师在某系工作）等。

（2）特征（Entity Characteristic）

现实世界中的实体之所以可以相互区分，是因为它们都有自己的特征。例如，学生通过姓名、性别、年龄、身高、体重等许多特征来描述自己。尽管实体具有许多特征，但我们只选择对管理及处理有用的或有意义的特征。例如，一个职工的特征包括姓名、性别、年龄、工资、职务、身高、体重、血压等，对于人事管理来说，我们只需要选择职工的姓名、性别、年龄、工资、职务等来进行记录。而对于职工的健康情况描述，我们则需要选择职工的身高、体重、血压等特征来进行记录。

（3）实体集（Entity Set）及实体集之间的联系

具有相同特征或能用同样特征描述的实体的集合称为实体集。例如，张明、王林都是学生，那么他们就具有学生的共同特征，可以用学生这个实体集来进行描述。实体集不是孤立存在的，实体集之间有着各种各样的联系，例如，学生和课程之间有"选课"联系，教师和教学之间有"工作"联系。

2. 信息世界

现实世界的事物反映到人们的头脑里，经过综合分析而形成了印象和概念，从而形成了信息。

当事物用信息来描述时，就进入了信息世界。在信息世界中，实体的特征称为属性，实体通过属性表示称为实例，同类实例的集合称为对象。实体与实例是两个不同的概念，例如李四是一个实体，而"李四，女，30"是一个实例。在信息世界中，实体集之间的联系用对象联系来表示。

信息世界通过概念模型（也称信息模型）反映现实世界，它要求对现实世界中的事物、事物间的联系和事物的变化情况准确、如实、全面地表示。概念模型通过 E－R 图中的对象、属性和联系对现实世界的事物及关系给出静态描述。

3．机器世界

信息世界中的信息，经过数字化处理形成计算机能够处理的数据，就进入了机器世界。机器世界也称为计算机世界。

在机器世界中有以下术语。

（1）数据项（Item）

数据项是对象属性的数据表示。数据项有型和值之分：型是对数据特性的表示，通过数据项的名称、数据类型、数据宽度和值域等来描述；值是其具体的取值。

（2）记录（Record）

记录是实例的数据表示。记录有型和值之分：记录的型是结构，由数据项的型构成；记录的值表示对象中的一个实例，它的分量是数据项值。如表 1.1 所示。

表 1.1　　　　　　　　　　　　　　　记录的型与值

姓名	性别	年龄	所属部门
张三	男	20	销售部
李四	女	25	维修部

表中的第一行"姓名，性别，年龄，所属部门"为记录的型，表中的第二行"张三，男，20，销售部"、第三行"李四，女，25，维修部"都为记录的值。

（3）文件（File）

文件是对象的数据表示，是同类记录的集合。例如将所有职工的登记表组成一个职工数据文件，文件中的每条记录都要按"姓名，性别，年龄，所属部门"的结构组织数据项值。

（4）数据模型（Data Model）

记录结构及其记录联系的数据化的结果就是数据模型。数据模型是机器世界中的表示方法。

信息的三种世界术语的对应关系如表 1.2 所示。

表 1.2　　　　　　　　　　　　　信息的三种世界术语的对应关系

现实世界	信息世界	机器世界
实体	实例	记录
特征	属性	数据项
实体集	对象	数据或文件
实体间的联系	对象间的联系	数据间的联系
	概念模型	数据模型

1.3.2　概念模型

概念模型是对信息世界诸信息的描述形式，用于信息世界的建模。概念模型实际上是现实世界到机器世界的一个中间层次，不依赖计算机及 DBMS，是现实世界真实全面的反映，是数据库设计人员进行数据库设计的有力工具，也是数据库设计人员和用户之间进行交流的语言。

1．概念模型中的基本术语

（1）键（Key）

唯一标识实体的属性集称为键（也可称为码），键也就是关键字。键可以是属性或属性组。例如，在学生的属性集中，学号确定后，一条学生记录也就确定了。由于学号可以唯一标识一个学生，所以学号为键。在没有重名的学生情况下，姓名也可以唯一标识一个学生，所以姓名也可以作为学生实体集的一个键。

（2）主键（Primary Key）

当一个实体集中包括有多个键时，通常要选定其中的一个键为主键，其他的键就是候选键。例如，在学生实体集中，学号和姓名都为键，我们可以选定其中的一个为主键，假设是学号，那么姓名就为候选键。

（3）次键（Secondary Key）

实体集中不能唯一标识实体的属性称为次键。例如，学生实体集中的年龄、所在系，这些属性都是次键。

（4）域（Domain）

属性的取值范围称为该属性的域。例如，学号的域为 8 位整数，姓名的域为字符串集合，年龄的域为小于 38 的整数，性别的域为（男，女）。

（5）联系（Relationship）

在现实世界中，事物内部以及事物之间是有联系的，这些联系在信息世界中反映为实体内部的联系和实体之间的联系。实体内部的联系通常是指组成实体的各属性之间的联系。实体之间的联系通常是指不同实体集之间的联系。

两个实体集之间的联系包括以下 3 种。

① 一对一联系（1:1）

设有实体集 A 和实体集 B，对于实体集 A 中的每一个实体，实体集 B 中至多有一个（也可以没有）实体与之联系。反之，对于实体集 B 中的每一个实体，实体集 A 也至多有一个实体与之联系，则称实体集 A 与实体集 B 具有一对一联系，记为 1:1。

例如，在学校里，一个班级只有一个正班长，而一个班长只在一个班中任职，则班级与班长之间具有一对一联系。

② 一对多联系（1:m）

设有实体集 A 和实体集 B，对于实体集 A 中的每一个实体，实体集 B 中有一个或多个实体与之联系。反之，对于实体集 B 中的每一个实体，实体集 A 中至多只有一个实体与之联系，则称实体集 A 与实体集 B 是一对多联系，记为 1:m。

例如，一个班级中有若干名学生，而每个学生只在一个班级中学习，则班级与学生之间具有一对多联系。

③ 多对多联系（$m:n$）

设有实体集 A 和实体集 B，对于实体集 A 中的每一个实体，实体集 B 中有一个或多个实体与之联系。反之，对于实体集 B 中的每一个实体，实体集 A 中也有一个或多个实体与之联系，则称实体集 A 与实体集 B 具有多对多联系，记为 $m:n$。

例如，一门课程同时有若干个学生选修，而一个学生可以同时选修多门课程，则课程与学生之间具有多对多联系。实际上，一对一联系是一对多联系的特例，而一对多联系又是多对多联系的特例。图 1.6 用 E–R 图表示了两个实体集之间的三种联系的实例。

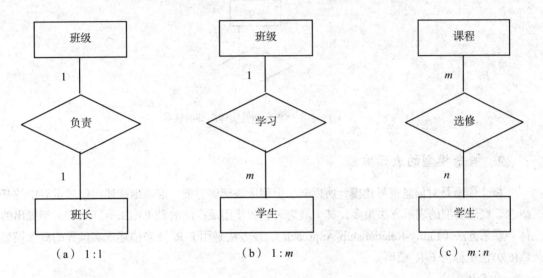

图 1.6 两个实体集之间的三种联系

多实体集之间一般也存在一对一、一对多、多对多联系。

① 多实体集之间的一对多联系

若存在课程、教师、参考书三个实体集，一门课可以有若干教师讲授，使用若干本参考书，而每一个教师只讲授一门课程，每一本参考书只供一门课程使用，则课程与教师、参考书之间的联系是一对多的，如图 1.7（a)所示。

② 多实体集之间的多对多联系

有三个实体集：供应商、项目、零件，一个供应商可以供给多个项目多种零件，而每个项目可以使用多个供应商供应的零件，每种零件可由不同供应商供给。由此看出供应商、项目、零件三者之间是多对多的联系，如图 1.7（b)所示。

实体内部的联系：

同一个实体集内的各实体之间也可以存在一对一、一对多、多对多的联系。例如，职工实体集内部具有领导与被领导的联系，如图 1.7（c)所示。

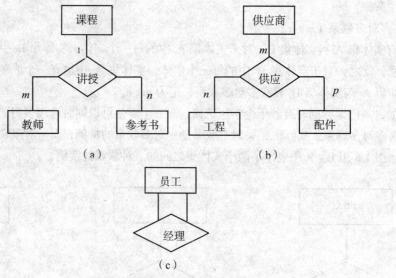

（c）

图 1.7　多实体集之间及实体内部的联系

2. 概念模型的表示方法

概念模型是对信息世界建模，所以概念模型应该能够方便、准确地描述出信息世界中的基本概念。概念模型的表示方法很多，其中最为著名和使用最广泛的是 P.P.Chen 于 1976 年提出的实体—联系方法（Entity-Relationship Approach）。该方法是用 E-R 图来描述现实世界的概念模型。E-R 方法也称为 E-R 模型。

在 E-R 图中：

实体集　用矩形表示，矩形框内写明实体名。

属性　用椭圆形表示，椭圆形内写明属性名，并用无向边将其与相应的实体连接起来，如图 1.8 所示。

联系　用菱形表示，菱形框内写明联系名，并用无向边分别与有关实体连接起来，同时在无向边上标上联系的类型（$1:1$，$1:m$ 或 $m:n$）。如果一个联系具有属性，则这些属性也要用无向边与该联系连接起来，如图 1.9 所示。

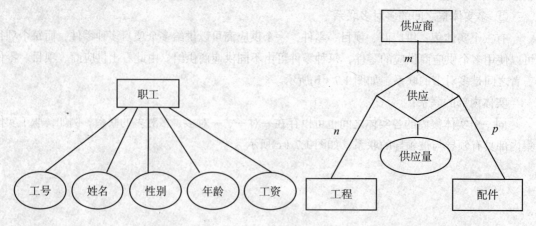

图 1.8　学生及属性的 E-R　　　　　　图 1.9　联系的属性表示方法

1.3.3　常见的三种数据模型

不同的数据模型具有不同的数据结构形式。数据库系统中最常用的有：层次模型、网状模型、关系模型和面向对象数据模型。其中层次模型和网状模型统称为非关系模型。

非关系模型的数据库系统在 20 世纪 70 年代至 80 年代初非常流行，在数据库系统产品中占据了主导地位，现在已逐渐被关系模型的数据库系统取代。但在美国等一些国家里，由于早期开发的应用系统都是基于层次数据库或网状数据库系统的，因此目前仍有不少层次数据库或网状数据库系统在继续使用。

数据结构、数据操作和完整性约束条件这三个方面的内容完整地描述了一个数据模型，通常我们把这三个方面称为数据模型的三要素。其中数据结构是刻画模型性质的最基本的方面。下面分别介绍三种数据模型的结构特点。

1.　层次模型

层次模型是数据库系统中最早出现的数据模型，层次数据库系统采用层次模型作为数据的组织方式。层次数据库系统的典型代表是 IBM 公司的 IMS（Information　Management　System）数据库管理系统，这是 1968 年 IBM 公司推出的第一个大型的商用数据库管理系统，曾经得到广泛的使用。层次模型用树形结构来表示各类实体以及实体间的联系。现实世界中如行政机构、家族关系等都呈现出一种很自然的层次关系。

（1）层次模型的数据结构

在数据库中定义满足下面两个条件的基本层次联系的集合为层次模型。

● 有且只有一个结点没有双亲结点，这个结点称为根结点；

● 根以外的其他结点有且只有一个双亲结点。

层次模型中，结点表示一个实体型（集），也称为记录型，实体之间的联系用结点之间的连线（有向边）表示，这种联系是双亲结点与子女结点之间的一对多联系。

一个层次模型在理论上可以包含任意有限个记录型和字段，但任何实际的系统都会因为存储容量或实现复杂度而限制层次模型中包含的记录型个数和字段的个数。

（2）层次模型的优点和不足

层次模型的主要优点如下。

● 层次数据模型本身比较简单，只需很少几条命令就可操纵数据库，使用方便。

● 对于实体间联系固定且预先定义好的应用系统，采用层次模型来实现，其性能优于关系模型，不低于网状模型。

● 层次数据模型提供了良好的完整性支持。

● 用层次模型对具有一对多的层次关系的部门描述非常自然、直观，容易理解，这就是层次模型的突出优点。

层次模型的不足如下。

● 只能表示一对多的联系。虽然有多种辅助手段实现联系，但表示方法笨拙复杂，用户难以掌握。

● 树型结构层次顺序的严格与复杂，引起数据的查询和更新操作也很复杂，导致应用程序编写困难。

2. 网状模型

在现实世界中事物之间的联系更多的是非层次关系的，用层次模型表示非树形结构是很不直接的，网状模型则可以克服这一弊病。层次数据模型和网状数据模型统称为非关系数据模型，这两种数据模型的表示方法比较直观，其对应的数据库流行于 20 世纪 70 ~ 80 年代。网状数据库系统采用网状模型作为数据的组织方式。网状数据模型的典型代表是 DBTG 系统，亦称 CODASYL 系统。DBTG 系统虽然不是实际的软件系统，但是它提出的基本概念、方法和技术具有普遍意义。它对于网状数据库系统的研制和发展起了重大的影响。后来不少的系统都采用 DBTG 模型或者简化的 DBTG 模型。例如，Cullinet Software 公司的 IDMS、Univac 公司的 DMSl100 、Honeywell 公司的 IDS/2、HP 公司的 IMAGE 等。

（1）网状模型的数据结构

网状数据模型从图论观点来看，就是一种连通图。在数据库理论中，满足以下条件的基本层次联系的集合称为网状模型：

- 允许一个以上的结点无双亲；
- 一个结点可以有多于一个的双亲。

网状模型中也用结点表示一个记录集（型），每个记录集可以包含若干个字段，结点间的连线表示记录集中实体之间的联系。

图 1.10 是网状模型的例子。

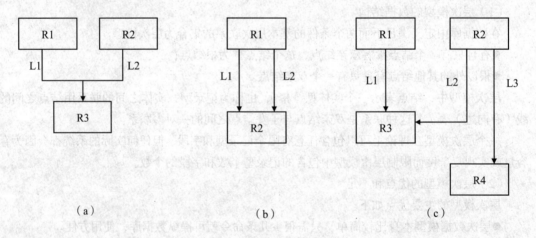

（a）　　　　　　　　　　（b）　　　　　　　　　　（c）

图 1.10　网状模型的例子

（2）网状模型的优点与不足

网状模型的优点主要有：

- 更为直接自然地描述现实世界，例如一个结点可以有多个双亲；
- 具有良好的性能，存取效率较高。

网状模型的不足主要有：

- 结构较为复杂，特别是随着应用需求范围的扩大，数据库结构就会变得相当复杂，使得用户难以理解与掌握；

●其中的 DDL、DML 数据子语言复杂，不利于用户学习使用；

●网状模型中记录间的联系通过存取路径实现，应用程序访问数据时应当选择适当的存取路径，用户必须了解系统结构的细节，加重了编写应用程序的负担。

（3）网状模型与层次模型的区别

由于网状模型允许多个结点没有双亲结点，因此比层次模型更具普遍意义。层次模型从子女结点到双亲结点的联系唯一，而网状模型无此限制。严格讲，网状模型中是没有双亲结点和子女结点概念的，所有结点的地位一律相同。

网状模型允许有"复合关系"，即两个实体之间有两种或者两种以上的联系，其中包括实体集到自身的两种或两种以上联系，而层次模型则不可以。从这个意义上讲，网状模型可以更为直接地描述现实世界，层次模型是受限制的网状模型，可以看成是网状模型的一个特例。

3.　关系模型

非关系数据模型在理论上不完备，在技术实现上效率较低，现在已被基于关系数据模型的关系数据库取代。关系模型虽然不是数据库管理系统最早支持的数据模型，但关系模型却是当前最重要、最常用的一种数据模型。关系模型是 1970 年由 E.F.Codd 提出的。由于其理论的完备性，运算的简易性和应用的广泛性，关系模型自推出以来，获得了巨大的成功。E.F.Codd 由此获得了1981 年的 Turing 奖项。

从用户的角度来看，关系模型的逻辑结构就是一张由"行"与"列"组成的二维表格（table,简称表）。而其较为严格的概念可以表述为：如果一个数据模型是用二维表格结构表示实体，外键表示实体间联系，该数据模型称为关系模型。

（1）关系模型中的主要术语

表 1.3　　　　　　　　　　　　　学生登记表

学号	姓名	性别	年龄	所在系
95001	张三	男	25	计算机
95002	李四	女	24	计算机
96101	王五	男	23	数学
96001	赵六	男	23	计算机

●关系（Relation）　关系是一种规范化的表格，它有以下限制：

关系中的每一个属性值都是不可分解的。

关系中不允许出现相同的元组。

关系中不考虑元组之间的顺序。

元组中属性是无序的。

表 1.3 即为一张规范化表格。

●元组（Tuple）　表中的一行即为一个元组。

●属性（Attribute）　表中的一列即为一个属性。一个表会有多个属性，为了区分属性，要给每一列起一个属性名。如表 1.3 对应五个属性（学号、姓名、性别、年龄、所在系）。

●键（Key）　表中的某个属性或属性组，它们的值可以唯一地确定一个元组，且属性组中不含多余的属性，这样的属性或属性组称为关系的键。

● 域（Domain） 属性的取值范围称为域。例如，学生的年龄属性的域是（16~35），性别的域是（男、女）。

● 分量（Element） 元组中的一个属性值。

● 关系模式（Relation mode） 对关系的描述，一般表示为

关系名（属性 1、属性 2、……、属性 n）

上表的关系可以描述为

学生（学号、姓名、性别、年龄、所在系）

在关系模型中，实体以及实体间的联系都是用关系来表示。例如，学生、课程、学生与课程之间的多对多联系在关系模型中可以表示如下：

学生（学号，姓名，年龄，性别，所在系，年级）

课程（课程号，课程名，学分）

选修（学号，课程号，成绩）

关系模型要求关系必须是规范化的，即要求关系必须满足一定的规范条件。这些规范条件中最基本的一条就是，关系的每一个分量必须是一个不可分的数据项，也就是说，不允许表中还有表。

（2）数据模型三要素在关系模型的体现

我们知道，数据模型具有三个要素或者说是三个组成部分：数据结构、数据操作和完整性规则。

● 关系模型的基本数据结构就是关系。

● 关系模型中的数据操作就是关系运算，它可以分为关系代数和关系演算。

● 关系模型具有下述三类完整性规则。

实体完整性规则：这条规则要求关系中元组在组成主键的属性上不能有空值。如有空值，那么主键值就起不了唯一标识元组的作用。

参照完整性规则：如果属性集 K 是关系模式 R1 的主键，K 也是关系模式 R2 的外键，那么在 R2 的关系中，K 的取值只允许有两种可能，或为空值，或等于 R1 关系中某个主键值。使用时应注意：外键和相对应的主键可以不同名，只要定义在相同的值域上即可。R1 和 R2 也可以是同一个关系模式，表示了属性之间的联系。外键值是否允许为空，应视具体问题而定。

用户定义的完整性规则：这是针对具体数据的约束条件，由应用环境而定。

（3）关系模型的优点和不足

关系模型的优点主要有以下几点。

关系模型的基本理论分别为"关系运算理论"和"关系模式设计理论"，它们均建立在严格数学理论的基础之上，从而使得基于关系模型数据库技术的发展与深化具有广阔的天地与坚实的支撑。

关系模型的概念清晰单一，实体、实体间的联系以及数据查询的最终结果都用关系表示，数据结构简洁明晰，用户易懂易学。

存取路径面向用户，公开透明，提高了数据的独立性，有利于数据的安全保密性，简化了程序员的工作和数据库开发建立工作。

数据操作是集合操作，操作对象是由若干元组组成的关系，而不像非关系模型中那样，仅对单个记录进行。

关系模型的不足在于关系模型的存取路径对用户透明，查询效率往往不如非关系模型。为了

提高效率，就必须对用户的查询要求进行优化，由此增加了开发数据库的难度。

1.4 数据库系统结构

1.4.1 数据库系统的三级模式结构

数据库系统的三级模式结构是指数据库系统是由外模式、模式和内模式三级构成，如图 1.11 所示。

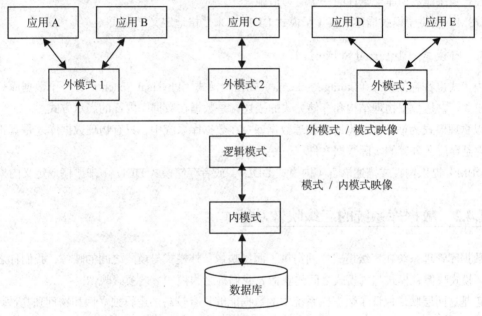

图 1.11　数据库系统的三级模式结构

1. 模式（Schema）

模式也称逻辑模式（Logical Schema），是数据库中全体数据的逻辑结构和特征的描述，是所有用户的公共数据视图。它是数据库系统模式结构的中间层，既不涉及数据的物理存储细节和硬件环境，也与具体的应用程序、与所使用的应用开发工具及高级程序设计语言（如 C ,COBOL , FORTRAN）无关。

模式是系统为了减小数据冗余、实现数据共享，对所有用户的数据进行综合抽象而得到的统一的全局数据视图。一个数据库系统只能有一个模式。定义模式时不仅要定义数据的逻辑结构，例如数据记录由哪些数据项构成，数据项的名字、类型、取值范围等，而且要定义数据之间的联系，定义与数据有关的安全性（保密方式、保密级别和数据使用权)、完整性要求。

DBMS 提供模式描述语言（模式 DDL ）来严格地定义模式。

2. 外模式（External Schema）

外模式也称子模式（Subschema）或用户模式，是数据库用户和数据库系统的接口，是数据库用户的数据视图，是数据库用户可以看见和使用的局部数据的逻辑结构和特征的描述。

外模式通常是模式的子集。一个数据库通常都有多个外模式。一个应用程序只能使用一个外模式，但同一外模式可为多个应用程序所用。由于它是各个用户的数据视图，如果不同的用户在应用需求、看待数据的方式、对数据保密的要求等方面存在差异，则其外模式描述就是不同的。即使对模式中同一数据，在外模式中的结构、类型、长度、保密级别等都可以不同。

每个用户只能看见和访问所对应的外模式中的数据，数据库中的其余数据是不可见的。所以说外模式是保证数据库安全性的一个有力措施。

DBMS 提供子模式描述语言（子模式 DDL）来严格地定义子模式。

3. 内模式（Internal Schema）

内模式也称存储模式（Storage Schema）或物理模式（Physical Schema），一个数据库只有一个内模式。它是数据物理结构和存储方式的描述，是数据在数据库内部的表示方式。

以物理模式为框架的数据库为物理数据库。在数据库系统中，只有物理数据库才是真正存在的，它是存放在外存的实际数据文件。

DBMS 提供内模式描述语言（内模式 DDL，或者存储模式 DDL）来严格地定义内模式。

1.4.2　数据库系统的二级映像功能

数据库管理系统在三级模式之间提供了两层映像：外模式与模式之间的映像，我们称之为外模式／模式映像；模式与内模式之间的映像，我们称之为模式／内模式映像。

正是这两层映像保证了数据库系统中的数据能够具有较高的逻辑独立性和物理独立性。

1. 外模式／模式映像

对于每一个外模式，数据库系统都有一个外模式／模式映像，它定义了该外模式与模式之间的对应关系。外模式／模式映像定义通常保存在外模式中。

当模式改变时（例如增加新的关系、新的属性、改变属性的数据类型等），由数据库管理员对各个外模式／模式的映像作相应改变，使得外模式保持不变。应用程序是依据数据的外模式编写的，从而应用程序也不必修改，保证了数据与程序的逻辑独立性。

2. 模式／内模式映像

模式／内模式映像是唯一的，因为数据库中只有一个模式，也只有一个内模式。它定义了数据库全局逻辑结构与存储结构之间的对应关系。当数据库的存储结构改变了（例如选用了另一种存储结构），由数据库管理员对模式／内模式映像作相应改变，可以使模式保持不变，因此应用程序也不必改变，从而保证了数据与程序的物理独立性。

本章小结

数据管理技术经历了三个阶段：手工管理阶段、文件管理阶段和数据库技术阶段。20 世纪 60 年代后期开始至今都处于数据库系统阶段。

信息的三种世界指的是现实世界、信息世界、机器世界。在这三种世界中，概念模型是信息世界的表示方式，将概念模型数据化就得到了机器世界中的数据模型。概念模型用 E-R 图来表示。常见的三种模型有层次模型、网状模型和关系模型，其中关系模型是研究的重点。

数据库的系统结构为三级模式二级映像结构。数据库系统的三级模式结构是指数据库系统是由外模式、模式和内模式三级构成。在三级模式结构之间建立了二级映像，外模式与模式之间的映像，我们称之为外模式／模式映像；模式与内模式之间的映像，我们称之为模式／内模式映像。正是这两层映象保证了数据库系统中的数据能够具有较高的逻辑独立性和物理独立性。

实训 1　概念模型的表示

目标

完成本实验后，将掌握 E-R 图的表示方法。

准备工作

在进行本实验前，必须学习完成本章的全部内容。

实验预估时间：20 分钟。

设有如下实体：
教研室：教研室名称、电话、单位地址、教师名；
教师：教师号、姓名、性别、职称、所讲课程编号；
学生：学号、姓名、性别、年龄、专业、选修课程名。
上述实体中存在如下联系：
1）一个学生选修多门课程，一门课程可由多个学生选修；
2）一个教师可讲授多门课程，一门课程可由多位教师讲授；
3）一个教研室可有多个教师，一个教师只能属于一个教研室。
试分别画出学生选课、教师任课两个局部信息结构的 E-R 图，再将它们合并成一个全局 E-R 图。

习题

1. 数据库管理技术经历了哪三个阶段？各阶段的特点是什么？
2. 信息的三种世界指的是哪三种？
3. 实体与实体之间的联系类型有哪几种？
4. 概述数据库系统的三级模式二级映像结构。

第2章

关系型数据库基础——关系

本章学习目标

　　本章主要讲解关系模型及其定义、关系的完整性约束、关系代数的运算规则。通过本章学习，读者应该掌握以下内容：

- 关系模型的定义
- 关系的三类完整性约束
- 关系代数的运算

　　关系数据库应用数学方法来处理数据库中的数据，与其他数据库相比具有突出的优点。关系数据库是目前应用最广泛的数据库。

　　1970 年 E . F . Codd 在美国计算机学会会刊《Communication of the ACM》上发表的题为 "A Relational Model of Data for Shared Banks" 的论文，开创了数据库系统的新纪元。之后，他连续发表了多篇论文，奠定了关系数据库的理论基础。

　　20 世纪 70 年代末，关系方法的理论研究和软件系统的研制均取得了很大成果。IBM 公司的 San Jose 实验室在 IBM370 系列机上研制的关系数据库实验系统 System R 获得成功。1981 年 IBM 公司又宣布了具有 System R 全部特征的新的数据库软件产品 SQL/DS 问世。美国加州大学伯克利分校也研制了 INGRES 关系数据库实验系统，该系统由 INGRES 公司发展成为 INGRES 数据库产品。目前，关系数据库系统的研究取得了辉煌的成就，涌现出许多性能良好的商品化关系数据库管理系统，如著名的 DB2、Oracle、Ingres、Sybase 、Inforrnix 等。关系数据库被广泛地应用于各个领域。

2.1 关系模型及其定义

关系模型为人们提供了一种描述数据的方法。表 2.1 就是一个关系的例子。关系名是影片。在这个二维表中保存的是某电影院正在上映的电影信息。表中的每一行对应一个电影实体，每一列对应电影实体集合的一个属性。

表 2.1   影片关系

片名	年份	时长	类型
Star Wars	1977	124	color
Mighty Ducks	1991	104	color
Wayne's World	1992	95	color

2.1.1 关系中的基本术语

1. 元组（Tuple）

关系中除含有属性名所在行以外的其他行称作元组。每个元组都有一个分量（Component）对应于关系的每个属性。例如，表 2.1 中，第一个元组有四个分量：Star Wars、1977、124 和 color，它们分别对应于属性：片名、年份、时长、类型。

2. 属性（Attribute）

关系中的每一列称为一个属性。表 2.1 中的属性是片名、年份、时长、类型。属性有型和值之分：属性的型指属性名和属性取值域；属性值指属性具体的取值。关系中的属性具有标识列的作用，因此同一关系中的属性名（列名）不能相同。

3. 候选键（Candidate Key）和主键（Primary Key）

若关系中的某一属性组或单个属性的值能唯一地标识一个元组，则称该属性组或属性为候选键。若关系中有多个候选键，应选定其中的一个候选键为主键。如果关系中只有一个候选键，则这个唯一的候选键就是主键。

4. 全键（All-Key）

若关系的候选键中只包含一个属性，则称它为单属性键；若候选键是由多个属性构成的，则称它为多属性键。若关系中只有一个候选键，且这个候选键中包括全部属性，则这种候选键为全键。全键是候选键的特例。

5. 主属性（Prime Attribute）和非主属性(Non-Key Attribute)

在关系中，候选键中的属性称为主属性，不包含在任何候选键中的属性称为非主属性。

2.1.2 关系的数学定义

1. 域（Domain）的定义

域是一组具有相同数据类型的值的集合。

例如，正数、负数、长度小于 10 字节的字符串集合、{0,1}、一个班所有学生的姓名等，都可以是域。

2. 笛卡尔积（Cartesian Product）的定义

给定一组域 D1，D2，…，Dn，这些域中可以有相同的部分，则 D1，D2，…，Dn 的笛卡尔积为

$$D1 \times D2 \times \cdots \times Dn = \{(d1,d2,\cdots,dn) \mid di \in Di, i = 1,2,\cdots,n\}$$

其中每一个元素（d1,d2,…,dn）称为一个 n 元组（n-Tuple）或简称元组（Tuple）。元素中的每一个值 di 称作一个分量（Component）。

若 Di(i = 1,2,…,n)为有限集，其基数（Cardinal number）为 mi(i = 1,2,…,n)，则 D1 × D2 × … × Dn 的基数 M 为

$$M = \overset{n}{\underset{i=1}{\Pi}} mi$$

笛卡尔积可表示为一个二维表。表中的每行对应一个元组，表中的每列对应一个域。例如给出三个域：

D1 = 姓名 = {张三，李四，王五}

D2 = 性别 = {男，女}

D3 = 年龄{18,19}

则 D1，D2，D3 的笛卡尔积为

D1 × D2 × D3 = {（张三，男，18），（张三，男，19），（张三，女，18），

（张三，女，19），（李四，男，18），（李四，男，19），

（李四，女，18），（李四，女，19），（王五，男，18），

（王五，男，19），（王五，女，18），（王五，女，19）}

其中（张三，男，18）、（张三，男，19）等是元组。"张三"、"男"、"18"等是分量。该笛卡尔积的基数为 3 × 2 × 2 = 12，也就是说 D1 × D2 × D3 一共有 3 × 2 × 2 个元组。这 12 个元组可以列成一张二维表，如表 2.8 所示。

表 2.2   D1 × D2 × D3 的笛卡尔积

姓名	性别	年龄
张三	男	18
张三	男	19
张三	女	18

续表

姓名	性别	年龄
张三	女	19
李四	男	18
李四	男	19
李四	女	18
李四	女	19
王五	男	18
王五	男	19
王五	女	18
王五	女	19

3. 关系（Relation）的定义

$D1 \times D2 \times \cdots \times Dn$ 的子集叫作在域 D1，D2，…，Dn 上的关系，表示为

R（D1，D2，…，Dn）

这里 R 表示关系的名字，n 是关系的目或度（Degree）。

当 n = 1 时，称关系为单元关系（Unary relation）；

当 n = 2 时，称关系为二元关系（Binary relation）。

关系是笛卡尔积的有限子集，所以关系也是一个二维表。

由于一个学生只有一个性别和一个年龄，所以笛卡尔积中的许多元组是无实际意义的。从 $D1 \times D2 \times D3$ 中取出有用的元组，构造一个学生关系，如表 2.1 所示。表 2.1 就是 $D1 \times D2 \times D3$ 的一个子集。

表 2.3   学生关系

姓名	性别	年龄
张三	男	18
李四	女	19
王五	男	18

2.1.3 关系模式的定义

关系模式是对关系的描述。关系实质上是一张二维表，表的每一行为一个元组，每一列为一个属性。关系是元组的集合，因此关系模式必须指出这个元组集合的结构，即它由哪些属性构成，这些属性来自哪些域，以及属性与域之间的映像关系。

现实世界随着时间在不断地变化，因而在不同的时刻，关系模式的关系也会有所变化。但是，现实世界的许多已有事实限定了关系模式所有可能的关系必须满足一定的完整性约束条件。这些约束或者通过对属性取值范围的限定，例如，职工年龄小于 65 岁（65 岁以后必须退休），或者通过属性值间的相互关连（主要体现于值的相等与否）反映出来。关系模式应当体现出这些完整性约束条件。

关系的描述称为关系模式（Relation Schema）。它可以形式化地表示为

R（U，D，dom，F）

其中 R 为关系名，U 为组成该关系的属性名集合，D 为属性组 U 中属性所来自的域，dom 为属性向域的映像集合，F 为属性间数据的依赖关系集合。

关系模式通常可以简单记作：

R（U）

或　R（A1，A2，…，An）

其中 R 为关系名，A1，A2，…，An 为属性名。

表 2.4　　　　　　　　　　　　学生关系

姓名	性别	年龄	所属专业
张三	男	19	计算机

例如图 2.1 的关系可以用关系模式表示为

学生（姓名，性别，年龄，所属专业）

2.1.4　关系操作

关系的操作是用关系的操作语言 DML 来实现的。关系操作语言灵活、方便、表达能力强、功能也非常强大。关系操作分为数据查询、数据维护、数据控制。

1. 数据操作的特点

（1）关系操作语言操作一体化。

（2）关系操作的方式是一次一集合方式。

其他系统的操作是一次一记录方式，而关系操作是一次一集合方式，也就是关系操作的初始数据、中间数据、结果数据都是集合。这就使得关系数据库可以利用集合运算和关系规范化理论进行优化。但与其他系统一次一记录的方式发生了矛盾。

（3）关系操作语言是高度非过程化的语言。

我们只需指出做什么，而不需指出怎么做。其他的工作都由 DBMS 自动完成，使得关系数据库的设计和使用都非常简单。关系操作语言具有高度非过程化的原因，一是关系模型采用了最简单的、规范的数据结构，二是运用了先进的数学工具——集合运算等。

2. 关系操作语言的种类

关系代数语言：对关系的运算表达查询要求。

关系演算语言：以谓词演算为基础的查询语言称为关系演算语言。

基于映像的语言：具有关系代数和关系演算双重特点。

2.2　关系的三类完整性约束

关系模型的完整性规则是对关系的某种约束条件。关系模型中可以有三类完整性约束：实体完整性、参照完整性和用户定义的完整性。其中实体完整性和参照完整性是关系模型必须满足的完整性约束条件，由关系系统自动支持。

2.2.1　实体完整性

实体完整性规则：若属性 A 是基本关系 R 的主属性，则属性 A 不能取空值。

例如在关系学生（学号，姓名，性别，年龄）中，"学号"属性为主键，则"学号"不能取空值。要注意的是，实体完整性规则规定基本关系的所有主属性不能取空值，而不仅是主键不能取空值。

对于实体完整性规则，有几点说明如下。

（1）实体完整性能够保证实体的唯一性。

（2）实体完整性能够保证实体的可区分性。

2.2.2　参照完整性

外键和参照关系：设 F 是基本关系 R 的一个或一组属性，但不是关系 R 的主键（或候选键）如果 F 与基本关系 S 的主键 Ks 相对应，则称 F 是基本关系 R 的外键（Foreign Key）并称基本关系 R 为参照关系，S 为被参照关系或目标关系。

例如在某单位数据库中有"职工"、"部门"两个关系。

职工（职工号，姓名，性别，部门号）

部门（部门号，名称，领导人号）

其中"领导人号"（即"职工号"）是部门关系的一个属性，但不是部门关系的主键，且与职工关系的主键"职工号"相对应，所以可以称"领导人号"是部门关系的外键，部门关系为参照关系，职工关系为被参照关系或目标关系。

参照完整性规则：若属性（或属性组）F 是基本关系 R 的外键，它与基本关系 S 的主键 Ks 相对应，则对于 R 中每个元组在 F 上的值必须取空值或者等于 S 中某个元组的主键值。

表 2.5　　　　　　　　　　　　　　　　职工关系

职工号	姓名	性别	部门号
1001	张三	男	100
1002	李四	女	101
1003	王五	女	102
1004	郑六	男	NULL
1005	赵七	女	103

表 2.6　　　　　　　　　　　　　　　部门关系

部门号	名称	领导人号
100	销售	1002
101	门市	1004
102	仓库	1007

如表所示是职工关系表和部门关系表。在职工关系表中，"职工号"为主键，"部门号"为外键；在部门关系表中"部门号"为主键，"领导人号"为外键。

根据参照完整性规则要求，职工关系表中的"部门号"可以取"NULL"的值，但不能取"103"，因为在部门关系表中的"部门号"中不包含"103"这个值。同样，在部门关系表的领导人号中不能取"1007"，因为在职工关系表中的职工号中不包含"1007"这个值。

2.2.3　用户自定义的完整性

任何关系数据库系统都应该支持实体完整性和参照完整性。除此之外，不同的关系数据库系统根据其应用环境的不同，往往还需要一些特殊的约束条件。用户自定义的完整性就是针对某一具体关系数据库的约束条件。它反映某一具体应用所涉及的数据必须满足的语义要求。例如：学生考试成绩百分制的取值应在 0～100，工人的年龄不能大于 60 岁等。

2.3　关系代数

关系代数是一种抽象的查询语言，是关系数据操纵语言的一种传统表达方式，它是用对关系的运算来表达查询的。

任何一种运算都是将一定的运算符作用于一定的运算对象上，得到预期的运算结果。所以运算对象、运算符、运算结果是运算的三大要素。关系代数的运算对象是关系，运算结果亦为关系。关系代数用到的运算符包括四类：集合运算符、专门的关系运算符、算术比较符和逻辑运算符。

关系代数的运算按运算符的不同可分为传统的集合运算和专门的关系运算两类。

2.3.1　传统的集合运算

传统的集合运算是二目运算，包括并、交、差、广义笛卡尔积四种运算。设关系 R 和关系 S 具有相同的目 n，且相应的属性取自同一个城，则可以定义并、交、差运算如下。

1.　并运算

$R \cup S = \{ t \mid t \in R \vee t \in S \}$

R 和 S 并的结果仍为 n 目关系，由属于 R 或属于 S 的元组组成。

2.　交运算

$R \cap S = \{ t \mid t \in R \wedge t \in S \}$

R 和 S 交的结果仍为 n 目关系，由既属于 R 又属于 S 的元组组成。

3.　差运算

$R - S = \{ t \mid t \in R \wedge t \notin S \}$

R 和 S 差的结果仍为 n 目关系，由属于 R 而不属于 S 的所有元组组成。关系的交运算可以用差来表示，即 R∩S=R-(R-S)。

4. 广义笛卡尔积

R 是 n 目关系，S 是 m 目关系，则 R×S 是一个（n+m）列的元组的集合。若 R 有 k1 个元组，S 有 k2 个元组，则 R×S 有 k1×k2 个元组。

例如，有关系 R 和 S 如下表所示。

A	B	C
a1	b1	c1
a2	b2	c2

（a）R

D	E	F
d1	e1	f1
d2	e2	f2
a1	b1	c1

（b）S

A	B	C
a1	b1	c1
a2	b2	c2
d1	e1	f1
d2	e2	f2

（c）R∪S

A	B	C
a1	b1	c1

（d）R∩S

2.3.2　专门的关系运算

专门的关系运算包括选择、投影、连接、除等。

1.选择（selection）

选择又称为限制，它是在关系 R 中选择满足给定条件的元组，组成一个新的关系。可以表示为

σ F (R) ={t|t ∈ R∧F(t) = TRUE }

F 为选择的条件，是一个逻辑表达式。选择运算实际上是从关系 R 中选取使逻辑表达式 F 为真的元组，是从行的角度进行的运算。

例如有关系 Student 如表 2.7 所示。

表 2.7　　　　　　　　　　　　　Student 表

Sno	Sname	Sage	Sdept
2005001	李勇	20	计算机系
2005002	刘晨	19	信息系
2005003	王敏	18	数学系
2005004	张立	19	信息系

例：查询年龄小于 20 岁的学生

σ σ Sage<20 (Student)

因为 Sage 是 Student 的第 3 列属性，所以还可以表示为

σ σ 3<20 (Student)

2.投影（projection）

从关系 R 上选取若干属性列 A，并删除重复行，组成新的关系。可以表示为

$\prod A(R) = \{ t[A] | t \in R \}$

投影操作是从列的角度进行的运算。

例：查询学生的姓名和所在系，即求 Student 关系在学生姓名和所在系两个属性上的投影。

$\prod$ Sname,Sdept (Student)

因为 Sname,Sdept 分别是 Student 的第 2 列和第 4 列属性，所以还可以表示为

Π2,4 (Student)

注意：投影之后不仅取消了原关系中的某些列，而且还可能取消某些元组，因为取消了某些属性列后，就可能出现重复的行，应取消这些完全相同的行。

例如有关系 R：

R

A	B	C	D
a1	b1	c1	d2
a2	b3	c4	d2
a1	b2	c3	d2

例：求 A，B 在关系 R 上的投影

ΠA，D（R）或 Π1,4（R）

投影后的结果表为

A	D
a1	d2
a2	d2
a1	d2

取消重复的行

A	D
a1	d2
a2	d2

3.连接（join）

连接也称为 θ 连接。它是从两个关系 R 和 S 的笛卡尔积 R×S 中选取属性间满足一定条件的元组，构成新的关系。可以表示为

$$R \bowtie S = (t_r t_s | t_r \in R \wedge t_s \in S \wedge X=Y)$$

$$X=Y$$

连接分为等值连接和自然连接。当表达式的运算符是等号时如 X = Y，称为等值连接。自然连接是一种特殊的等值连接，它要求两个关系中进行比较的分量必须是相同的属性组，并且在结果中把重复的属性列去掉。例如有关系 R 和 S：

R

A	B	C
a1	b1	5
a1	b2	6
a2	b3	8
a2	b4	12

S

B	E
b1	3
b2	7
b3	10
b3	2
b5	2

例：求：$R \underset{C<E}{\bowtie} S$

A	R.B	C	S.B	E
a1	b1	5	b2	7
a1	b1	5	b3	10
a1	b2	6	b2	7
a1	b2	6	b3	10
a2	b3	8	b3	10

$R \bowtie S$

R.B=S.B

A	R.B	C	S.B	E
a1	b1	5	b1	3
a1	b2	6	b2	7
a2	b3	8	b3	10
a2	b3	8	b3	2

R⋈S

A	B	C	E
a1	b1	5	3
a1	b2	6	7
a2	b3	8	10
a2	b3	8	2

4. 除（division）

为了说明除法运算，先得给出象集的概念。

象集的定义：给定一个关系 R（X，Z），X 和 Z 为属性组。定义当 t（X）= x 时，在 R 中的象集为

$$Zx=\{t[Z]|t \in R, t[X]= x\}$$

它表示 R 中属性组 X 上值为 x 的元组在 Z 上分量的集合。

例：有关系 R，S，求 R÷S

R

A	B	C
a1	b1	c2
a2	b3	c7
a3	b4	c6
a1	b2	c3
a4	b6	c6
a2	b2	c3
a1	b2	c1

S

B	C	D
b1	c2	d1
b2	c1	d1
b2	c3	d2

解：1. 在关系 R 中，A 可以取四个值 {a1,a2,a3,a4}

2. 求各取值的象集

a1 的象集为 {(b1,c2), (b2,c3) ,(b2,c1)}

a2 的象集为 {(b3,c7) ,(b2,c3)}

a3 的象集为 {(b4,c6)}

a4 的象集为 {(b6,c6)}

3. 求 S 在（B，C）上的投影

S 在（B，C）上的投影为 {(b1,c2),(b2,c1),(b2,c3)}

只有 a1 的象集包含了 S 在（B，C）属性上的投影，所以 R÷S = {a1}

$R \div S$

$$\frac{A}{a1}$$

2.4 SQL 概述

SQL（Structured Query Language）语言是 1974 年由 Boyce 和 Chamberlin 提出的。1975 年—1979 年 IBM 公司的 San Jose Research Laboratory 研制了著名的关系数据库管理系统原型 System R 并实现了这种语言。由于它功能丰富、语言简捷，备受用户及计算机工业界欢迎，被众多计算机公司和软件公司所采用。经各公司的不断修改、扩充和完善，SQL 语言最终发展成为关系数据库的标准语言。

1986 年 10 月美国国家标准局（American National Standard Institute, ANSI）的数据库委员会 x3H2 批准了 SQL 作为关系数据库语言的美国标准，同年公布了 SQL 标准文本（简称 SQL-86）。1987 年国际标准化组织（International Organization for Standardization, ISO）也通过了这一标准。此后 ANSI 不断修改和完善 SQL 标准，并于 1989 年公布了 SQL89 标准，1992 年又公布了 SQL92 标准。目前 ANSI 即将公布正在酝酿的标准 SQL-99，亦称 SQL3。自 SQL 成为国际标准语言以后，各个数据库厂家纷纷推出各自的 SQL 软件或 SQL 的接口软件。这就使大多数数据库均用 SQL 作为共同的数据存取语言和标准接口，从而使不同数据库系统之间的互操作有了共同的基础。这一点的意义十分重大。因此，有人把确立 SQL 为关系数据库语言标准及其后的发展称为是一场革命。

SQL 成为国际标准，对数据库以外的领域也产生了很大影响。有不少软件产品将 SQL 语言的数据查询功能与图形功能、软件工程工具、软件开发工具、人工智能程序结合起来。SQL 已成为数据库领域中一个主流语言。

SQL 之所以能够成为国际上的数据库主流语言，和它的特点是密不可分的。SQL 除了具有一般关系数据库语言的特点外，还具有如下特点。

（1）以同一种语法结构提供两种使用方式

SQL 既是自主式语言，又是嵌入式语言。自主，SQL 能够采用独立用于联机交互的使用方式，用户可以直接输入 SQL 命令对数据库进行操作；嵌入式语言，SQL 语句能够嵌入到高级语言（如 C, COBOL, FORTRAN, PL/1）程序中。两种方式下，SQL 语言的语法结构基本上是一致的。

（2）语言简捷、易学易用

SQL 语言设计巧妙，十分简捷，核心动词只有 9 个，且语言接近英语口语表达。便于理解，易学易用。

表 2.8　　　　　　　　　　　　　　　SQL 语句核心动词

SQL 功能	动词
数据查询	SELECT
数据定义	CREATE, DROP, ALTER
数据操纵	INSERT, UPDATE, DELETE
数据控制	GRANT, REVOKE

（3）支持三级数据模式结构

SQL 语言支持关系数据库三级模式结构。其中外模式对应于视图（View）和部分基本表（Base Table），模式对应于基本表，内模式对应于数据库的存储文件和索引。如图 2.1 所示。

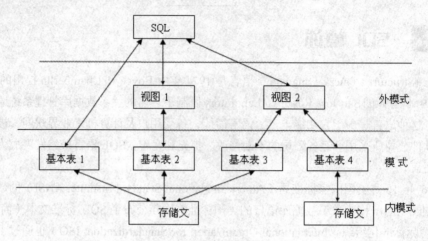

图 2.1　三级数据结构模式

本章小结

关系数据库应用数学方法来处理数据库中的数据，与其他数据库相比具有突出的优点。关系数据库是目前应用最广泛的数据库。

我们可以用 R(D1，D2，…,Dn)来表示一个关系。其中 R 表示关系的名字，n 是关系的目或度（Degree）。关系的描述称为关系模式（Relation Schema），它可以用一个五元组来表示：R（U，D，dom，F）。其中 R 为关系名，U 为组成该关系的属性名集合，D 为属性组 U 中属性所来自的域，dom 为属性向域的映像集合，F 为属性间数据的依赖关系集合。关系模式通常可以简单记作：R（U）

关系模型中可以有三类完整性约束：实体完整性、参照完整性和用户定义的完整性。其中实体完整性和参照完整性是关系模型必须满足的完整性约束条件，由关系系统自动支持。

关系代数是一种抽象的查询语言，是关系数据操纵语言的一种传统表达方式，它是用对关系的运算来表达查询的。关系代数的运算按运算符的不同可分为传统的集合运算和专门的关系运算两类。

实训 2　关系代数

目标

完成本实验后，将掌握以下内容：

（1）传统的集合运算；

（2）专门的关系运算。

准备工作

在进行本实验前，必须学习完成本章的全部内容。

实验预估时间：20 分钟

练习 1　传统的集合运算

已知关系 R1、R2、R3、R4 如下图所示，求出下列运算的结果：R1 – R2、R1∪R2、R1∩R2、R3×R4。

R1

P	Q	A	B
3	b	C	d
8	z	E	f
3	b	E	f
8	z	D	e
6	g	E	f

R2

P	Q	A	B
3	b	c	f
8	z	d	e
6	g	c	d
6	b	c	f

R3

A	B	C
c	d	m
c	d	n
d	f	n

R4

A	B
c	d
e	f

练习 2　专门的关系运算

若有关系数据库如下：

employee（employee_name，city）

works（employee_name，company_name，salary）

company（company_name，city）

manages（employee_name，managers_name）

对于下述查询，给出一个关系代数表达式和一个 SQL 查询语句表达式。

（1）找出 First Bank 的所有员工姓名。

（2）找出 First Bank 所有员工的姓名和居住城市。

（3）找出所有居住地与工作的公司在同一城市的员工姓名。

习题

1. 解释下列术语：元组、属性、候选键、全键、主属性。

2. 关系有哪三类完整性约束？

第3章

建立数据库管理系统——SQL Server 安装与配置

本章学习目标

本章主要讲解数据库管理系统 SQL Server2012 系统的结构、安装该系统的系统需求以及 SQL Server2012 主要组件介绍。通过本章学习，读者应该掌握以下内容：

- 安装 SQL Server2012 的系统需求
- SQL Server2012 安装步骤
- SQL Server2012 系统主要组件的功能和使用方法

3.1 SQL Server 2012 简介

3.1.1 SQL Server 2012 概述

Microsoft SQL Server 起源于 Sybase SQL Server。1988 年，由 Sybase 公司、Microsoft 公司和 Asbton-Tate 公司联合开发的、运行于 OS/2 操作系统上的 SQL Server。

Microsoft SQL Server 2012 是一种关系数据库系统。作为新一代的数据平台产品，SQLServer2012 不仅延续现有数据平台的强大能力，全面支持云技术与平台，并且能够快速构建相应的解决方案，实现私有云与公有云之间数据的扩展与应用的迁移。SQLServer2012 提供对企业基础架构最高级别的支持——专门针对关键业务应用的多种功能与解决方案，可以提供最高级别的可用性及性能。在业界领先的商业智能领域，SQLServer2012 提供了更多更全面的功能以满足不同人群对数据以及信息的需求，包括支持来自于不同网络环境的数据的交互、全面的自助分析等创新功能。针对大数据以及数据仓库，SQLServer2012 提供从数 TB 到数百 TB 全面端到端的解决方案。作为 Microsoft 公司的信息平台解决方案，SQLServer2012 可以帮助数以千计的企业用户突破性地快速实现各种数据体验，完全释放对企业的洞察力。

Microsoft公司在 2012 年 3 月推出的 SQL Server 2012 包括三大主要版本：企业版（Enterprise）、标准版（Standard）以及新增的商业智能版（Business Intelligence）。其中，SQL Server 2012 企业版是全功能版本，而其他两个版本则分别面向工作组和中小企业，所支持的机器规模和扩展数据库功能都不一样，价格是根据处理器核心数量而定。

同时，SQL Server 2012 在发布时还将包括 Web 版、开发者版以及精简版 3 个版本，届时 Microsoft 公司将有 6 个版本供用户选择。重新划分版本之后，在 SQL Server 2012 中 Microsoft 公司取消了当前 SQL Server 包括的 3 个版本：数据中心、Workgroup 和 Standard for Small Business。其中，SQL Server 2012 企业版将包含数据中心版，而标准版将取代 Workgroup 版，商业智能版将取代 Standard for Small Business 版。

3.1.2　SQL Server 2012 版本

（1）SQL Server 的主要版本如表 3.1 所示。

表 3.1　　　　　　　　　　　　　　　　　SQL Server 的主要版本

SQL Server 版本	定义
Enterprise（64 位和 32 位）	作为高级版本，SQL Server 2012 Enterprise 版提供了全面的高端数据中心功能，性能极为快捷、虚拟化不受限制，还具有端到端的商业智能，可为关键任务工作负荷提供较高服务级别，支持最终用户访问深层数据
Business Intelligence（64 位和 32 位）	SQL Server 2012 Business Intelligence 版提供了综合性平台，可支持组织构建和部署安全、可扩展且易于管理的 BI 解决方案。它提供基于浏览器的数据浏览与可见性等卓越功能，具有功能强大的数据集成功能，以及增强的集成管理
Standard（64 位和 32 位）	SQL Server 2012 Standard 版提供了基本数据管理和商业智能数据库，使部门和小型组织能够顺利运行其应用程序并支持将常用开发工具用于内部部署和云部署，有助于以最少的 IT 资源获得高效的数据库管理

（2）专业化版本的 SQL Server 面向不同的业务工作负荷。SQL Server 的专业化版本如表 3.2 所示。

表 3.2　　　　　　　　　　　　　　　　　SQL Server 2012 的专业版本

SQL Server 版本	说明
Web（64 位和 32 位）	对于为从小规模至大规模 Web 资产提供可伸缩性、经济性和可管理性功能的 Web 宿主和 Web VAP 来说，SQL Server 2012 Web 版本是一项总拥有成本较低的选择

（3）SQL Server 延伸版是针对特定的用户应用而设计的，可免费获取或只需支付极少的费用。SQL Server 的延伸版本如表 3.3 所示。

表 3.3　　　　　　　　　　　　　　SQL Server 2012 的扩展版本

SQL Server 版本	说明
Developer （64 位和 32 位）	SQL Server 2012 Developer 版支持开发人员基于 SQL Server 构建任意类型的应用程序。它包括 Enterprise 版的所有功能，但有许可限制，只能用作开发和测试系统，而不能用作生产服务器。SQL Server Developer 是构建和测试应用程序的人员的理想之选。
Express （64 位和 32 位）	SQL Server 2012 Express 是入门级的免费数据库，是学习和构建桌面及小型服务器数据驱动应用程序的理想选择。它是独立软件供应商、开发人员和热衷于构建客户端应用程序的人员的最佳选择。如果您需要使用更高级的数据库功能，则可以将 SQL Server Express 无缝升级到其他更高端的 SQL Server 版本。SQL Server 2012 中新增了 SQL Server Express LocalDB，这是 Express 的一种轻型版本，具备所有可编程性功能，但在用户模式下运行，并且具有快速的零配置安装和必备组件要求较少的特点。

3.1.3　SQL Server 2012 新功能

让我们来看看 SQL Server 2012 给我们带来了哪些激动人心的功能。

（1）Always On。

这个功能将数据库的镜像功能提到了一个新的高度。用户可以针对一组数据库而不是一个单独的数据库做灾难恢复。

（2）Windows Server Core 支持。

Windows Server Core 是命令行界面的 Windows，使用 DOS 和 PowerShell 来做用户交互。它的资源占用更少、更安全，支持 SQL Server 2012。

（3）Columnstore 索引。

这是 SQL Server 独有的功能。它是为数据仓库查询设计的只读索引。数据被组织成扁平化的压缩形式存储，极大减少了 I/O 和内存使用。

（4）自定义服务器权限。

DBA 可以创建数据库的权限，但不能创建服务器的权限。比如说，如果 DBA 想要令一个开发组拥有某台服务器上所有数据库的读写权限，他必须手动完成这个操作。但是 SQL Server 2012 支持针对服务器的权限设置。

（5）增强的审计功能。

现在所有的 SQL Server 版本都支持审计。用户可以自定义审计规则，记录一些自定义的时间和日志。

（6）BI 语义模型。

这个功能是用来替代"Analysis Services Unified Dimentional Model"的。这是一种支持 SQL Server 所有 BI 体验的混合数据模型。

（7）Sequence Objects。

用 Oracle 的人一直想要这个功能。一个序列（sequence）就是根据触发器的自增值。SQL Serve 有一个类似的功能，identity columns，但是现在用对象实现了。

（8）增强的 PowerShell 支持。

所有的 Windows 和 SQL Server 管理员都应该认真学习 PowderShell。Microsoft 公司正在大力开发服务器端产品对 PowerShell 的支持。

（9）分布式回放（Distributed Replay）。

这个功能类似 Oracle 的 Real Application Testing 功能。不同的是 SQL Server 企业版自带了这个功能，而用 Oracle 的话，你还得额外购买这个功能。这个功能可以让你记录生产环境的工作状况，然后在另外一个环境重现这些工作状况。

（10）PowerView。

这是一个强大的自主 BI 工具，可以让用户创建 BI 报告。

（11）SQL Azure 增强。

这和 SQL Server 2012 没有直接关系，但是 Microsoft 公司确实对 SQL Azure 做了一个关键改进，例如 Reprint Service，备份到 Windows Azure 。Windows Azure SQL Database（旧称 SQL Azure，SQL Server Date Services 或 SQL Services）是由 Microsoft 公司 SQL Server 2008 为主，建构在 Windows Azure 云操作系统之上，运行云计算（Cloud Computing）的关系数据库服务（Database as a Service）是一种云存储（Cloud Storage）的实现，提供网络型的应用程序数据存储的服务。

（12）大数据支持。

这是最重要的一点，虽然放在了最后。去年的 PASS（Professional Association for SQL Server）会议，Microsoft 公司宣布了与 Hadoop 的提供商 Cloudera 的合作，提供 Linux 版本的 SQL Server ODBC 驱动。主要的合作内容是 Microsoft 公司开发 Hadoop 的连接器。 SQL Server 也跨入了 NoSQL 领域。

从功能上来看，SQL Server 2012 能够帮助企业对整个组织有突破性的深入了解，并且能够快速在内部和公共云端重部署方案和扩展数据。

SQL Server 2012 对 Microsoft 公司来说是一个重要产品。Microsoft 公司把自己定位为大数据领域的领头羊。

3.2　SQL Server 2012 安装

在安装 SQL Server 2012 以前，必须配置适当的硬件和软件，并保证它们的正常运转。在安装 SQL Server 2012 之前，应检查硬件和软件的安装情况，这可以在安装过程中避免很多问题。

3.2.1　SQL Server 2012 的硬件要求

SQL Server 2012 的硬件要求如表 3.4 所示。

表 3.4		SQL Server 2012 的硬件要求

项目		最低要求	
处理器	速度	最小值：x86 处理器：1.0 GHz ；x64 处理器：1.4 GHz　　　建议：2.0 GHz 或更快	
	类型	x64 处理器：AMD Opteron、AMD Athlon 64、支持 Intel EM64T 的 Intel Xeon、支持 EM64T 的 Intel Pentium IV x86 处理器：Pentium III 兼容处理器或更快	
内存(RAM)		最小值： Express 版本：512 MB 所有其他版本：1 GB 建议： Express 版本：1 GB 所有其他版本：至少 4 GB 并且应该随着数据库大小的增加而增加，以确保最佳的性能	
硬盘空间		最少要有 6 GB 可用硬盘空间。建议使用 NTFS 分区。不可以在只读驱动器、映射的驱动器或压缩驱动器上进行安装。	
		数据库引擎和数据文件、复制、全文搜索以及 Data Quality Services	811 MB
		Analysis Services 和数据文件	345 MB
		Reporting Services 和报表管理器	304 MB
		Integration Services	591 MB
		Master Data Services	243 MB
		客户端组件（除 SQL Server 联机丛书组件和 Integration Services 工具之外）	1823 MB
		用于查看和管理帮助内容的 SQL Server 联机丛书组件	375 KB
		下载的 BOL 内容需要 200MB 的磁盘空间	
监视器		VGA 或更高分辨率 SQL Server 2012 图形工具要求 800×600 或更高分辨率	
定位设备		Microsoft 鼠标或兼容设备	
CD-ROM 驱动器		需要	

注意

关于内存的大小，会由于操作系统的不同，而可能需要额外的内存。实际的硬盘空间要求也会因系统配置和选择安装的应用程序和功能的不同而异。

SQL Server 2012 的软件需求如表 3.5 所示，表 3.6、表 3.7、表 3.8 所示为 SQL Server 2012 各版本所需的操作系统。

表 3.5　　　　　　　　　　　　　　　　SQL Server 2012 的软件需求

软件组件	需求
Operating system	Windows Server 2008 R2 SP1 64-bit Datacenter, Enterprise, Standard or Web edition Or Windows Server 2008 SP2 64-bit Datacenter, Enterprise, Standard or Web edition
.NET Framework	Microsoft .NET Framework 3.5 SP1 and Microsoft .NET Framework 4.0
Windows PowerShell	Windows PowerShell 2.0
SQL Server support tools and software	SQL Server 2012 - SQL Server Native Client SQL Server 2012 - SQL Server Setup Support Files Minimum: Windows Installer 4.5
Internet Explorer	Minimum: Windows Internet Explorer 7 or later version
Virtualization Windows	Server 2008 SP2 running Hyper-V role Or Windows Server 2008 R2 SP1 running Hyper-V role

表 3.6　　　　　　　　SQL Server 2012 的主要版本或组件所必须安装的操作系统

SQL Server 版本	32 位	64 位
SQL Server Enterprise	Windows Server 2008 R2 SP1 64 位 Datacenter、Enterprise、Standard、Web Windows Server 2008 SP2 64 位 Datacenter、Enterprise、Standard、 Web Windows Server2008 SP232 位 Datacenter、Enterprise、 Standard、Web	Windows Server 2008 R2 SP1 64 位 Datacenter、Enterprise、Standard、Web Windows Server 2008 SP2 64 位 Datacenter、Enterprise、Standard、Web
SQL Server 商业智能	Windows Server 2008 R2 SP1 64 位 Datacenter、Enterprise、 Standard、Foundation、Web Windows Server 2008 SP2 64 位 Datacenter、Enterprise 、Standard、Web	Windows Server 2008 R2 SP1 64 位 Datacenter、Enterprise、Standard、Web Windows Server 2008 SP2 64 位 Datacenter、Enterprise、Standard、Web
SQL Server Standard	Windowds Server 2008 SP2 32 位 Datacenter、Fnterprise Standard、Web Windows Server 2008 R2 SP1 64 位 Datacenter、Enterprise、Standard、Foundation、Web Windows 7 SP1 64 位 Ultimate、Enterprise、Professional Windows7SP132 位 Ultimate、Enterprise、Professional Windows Server 2008 SP2 64 位 Datacenter、Enterprise、Standard、Foundation、WebWindows Server 2008 SP2 32 位 Datacenter、Enterprise、Standard、Web Windows Vista SP2 64 位 Ultimate、Enterprise、Business、Ultimate、Enterprise、Business	Windows Server 2008 R2 SP1 64 位 Datacenter、Enterprise、Standard、Foundation、Web Windows 7 SP1 64 位 Ultimate、Enterprise、Professional Windows Server 2008 SP2 64 位 Datacenter、Enterprise、Standard、Foundation、Web Windows Vista SP2 64 位 Ultimate、Enterprise、Business

表 3.7　　　　　　　　　　SQL Server 2012 的专业版本所必须安装的操作系统

SQL Server 版本	32 位	64 位
SQL Server Web	Windows Server 2008 R2 SP1 64 位 Datacenter、Enterprise、Standard、Web Windows Server 2008 SP2 64 位 Datacenter、Enterprise、Standard、Web Windows Server 2008 SP2 32 位 Datacenter、Enterprise、Standard、Web	Windows Server 2008 R2 SP1 64 位 Datacenter、Enterprise、Standard、Web Windows Server 2008 SP2 64 位 Datacenter、Enterprise、Standard、Web

表 3.8　　　　　　　　　　SQL Server 2012 的延伸版本所必须安装的操作系统

SQL Server 版本	32 位	64 位
SQL Server Developer	Windows Server 2008 R2 SP1 64 位 Datacenter、Enterprise、Standard、Web Windows 7 SP1 64 位 Ultimate、Enterprise、Professional、Home Premium、Home Basic Windows 7 SP1 32 位 Ultimate、Enterprise、Professional、Home Premium、Home Basic Windows Server 2008 SP2 64 位 Datacenter、Enterprise、Standard、Web Windows Server 2008 SP2 32 位 Datacenter、Enterprise、Standard、Web Windows Vista SP2 64 位 Ultimate、Enterprise、Business、Home Premium、Home Basic Windows Vista SP2 32 位 Ultimate、Enterprise、Business、Home Premium、Home Basic	Windows Server 2008 R2 SP1 64 位 Datacenter、Enterprise、Standard、Web Windows 7 SP1 64 位 Ultimate、Enterprise、Professional、Home Premium、Home Basic Windows Server 2008 SP2 64 位 Datacenter、Enterprise、Standard、Web Windows Vista SP2 64 位 Ultimate、Enterprise、Business、Home Premium、Home Basic
SQL Server Express	Windows Server 2008 R2 SP1 64 位 Datacenter、Enterprise、Standard、Web Windows 7 SP1 64 位 Ultimate、Enterprise、Professional、Home Premium、Home Basic Windows 7 SP1 32 位 Ultimate、Enterprise、Professional、Home Premium、Home Basic Windows Server 2008 SP2 64 位 Datacenter、Enterprise、Standard、Foundation、Web Windows Server 2008 SP2 32 位 Datacenter、Enterprise、Standard、Web Windows Vista SP2 64 位 Ultimate、Enterprise、Business、Home Premium、Home Basic Windows Vista SP2 32 位 Ultimate、Enterprise、Business、Home Premium、Home Basic	Windows Server 2008 R2 SP1 64 位 Datacenter、Enterprise、Foundation、Standard、Web Windows 7 SP1 64 位 Ultimate、Enterprise、Professional、Home Premium、Home Basic Windows Server 2008 SP2 64 位 Datacenter、Enterprise、Standard、Foundation、Web Windows Vista SP2 64 位 Ultimate、Enterprise、Business、Home Premium、Home Basic

注意

SQL Server 2012 的每个版本对操作系统的要求都有所不同。

3.2.2　SQL Server 2012 安装

现在我们就可以开始安装 SQL Server 2012 系统了。整个安装过程都是在安装向导提示下完成的。具体安装步骤如下。

（1）将 SQL Server 2012 的安装光盘放入光驱中。

在图 3.1 中选择你要安装的版本。

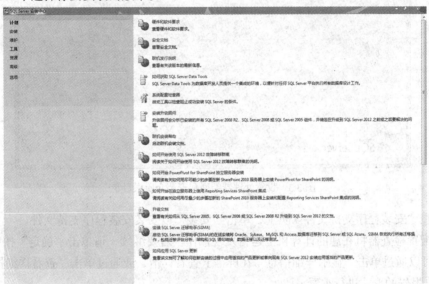

图 3.1　SQL Server2012 安装中心

在 Microsoft 公司提供的"SQL Server 安装中心"界面里，我们可以通过"计划"、"安装"、"维护"、"工具"、"资源"、"高级"、"选项"等进行系统安装、信息查看以及系统设置。

（2）安装向导将运行 SQL Server 安装中心。

若要创建新的 SQL Server 安装，请单击左侧导航区域中的"安装"，然后单击"全新 SQL Server 独立安装或向现有安装添加功能"，如图 3.2 和图 3.3 所示。

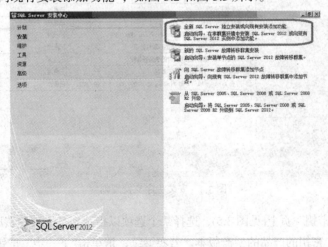

图 3.2　SQL Server2012 安装

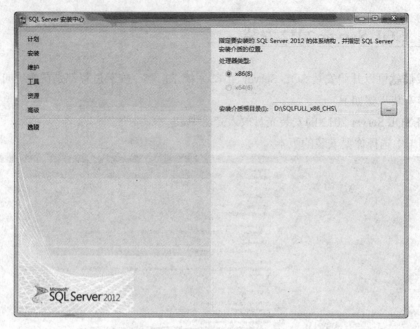

图 3.3　设置处理器类型和安装介质根目录

（3）在"安装程序支持文件"页上，单击"安装"以安装安装程序支持文件。

系统配置检查器将在您的计算机上运行发现操作。若要继续，请单击"确定"按钮如图 3.4 所示。您可以通过单击"显示详细信息"在屏幕上查看详情，或通过单击"查看详细报告"从而以 HTML 报告的形式进行查看。

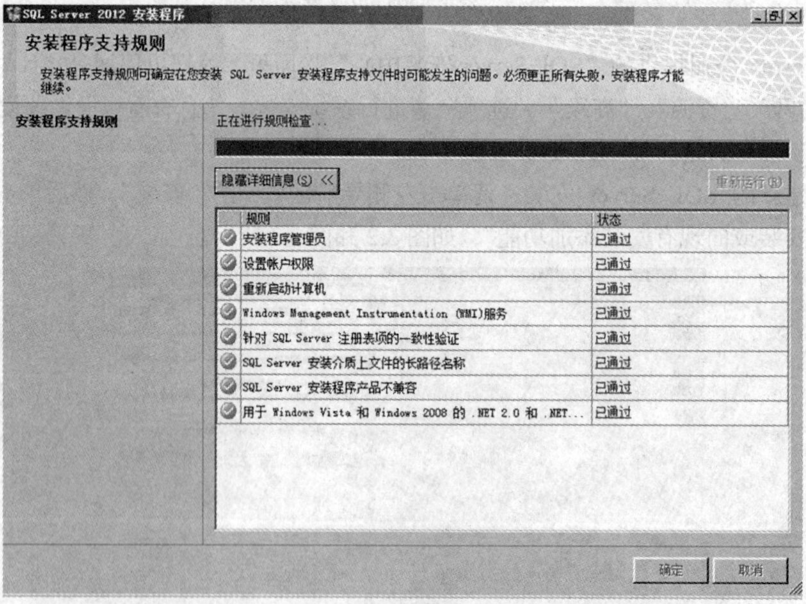

图 3.4　安装程序支持规则

（4）在"产品密钥"页上(见图 3.5)，选择某个选项以指示您是安装免费版本的 SQL Server，还是安装具有 PID 密钥的产品的生产版本。若要继续，请单击"下一步"按钮。

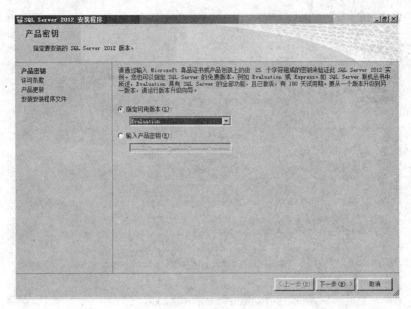

图 3.5　产品密钥

（5）在"许可条款"页上查看许可协议，如果同意，请选中"我接受许可条款"复选框，然后单击"下一步"按钮，如图 3.6 所示。为了帮助改进 SQL Server，您还可以启用功能使用情况选项并将报告发送给 Microsoft 公司。

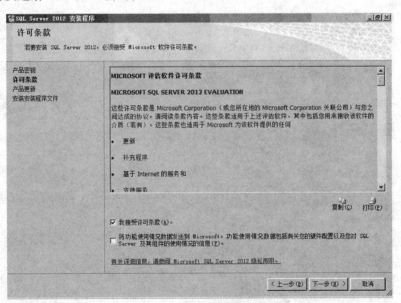

图 3.6　许可条款

（6）在"产品更新"页上（见图 3.7），将显示最近提供的 SQL Server 产品更新。

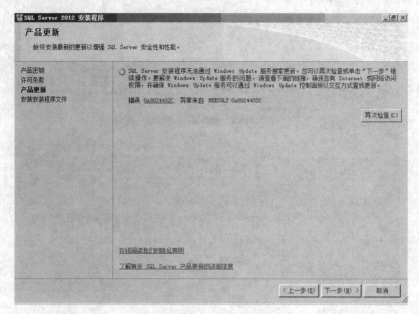

图 3.7　产品更新

如果您不想包括更新，则取消选中"包括 SQL Server 产品更新"复选框（见图 3.8）。如果未发现任何产品更新，SQL Server 安装程序将不会显示该页并且自动前进到"安装安装程序文件"页。

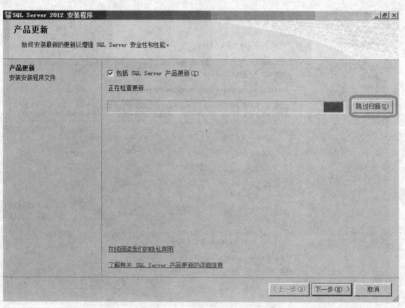

图 3.8　取消产品更新

（7）在"安装安装程序文件"页上（见图 3.9），安装程序将显示下载、提取和安装这些安装程序文件的进度。如果找到了针对 SQL Server 安装程序的更新，并且指定包括该更新，则也将安装该更新。

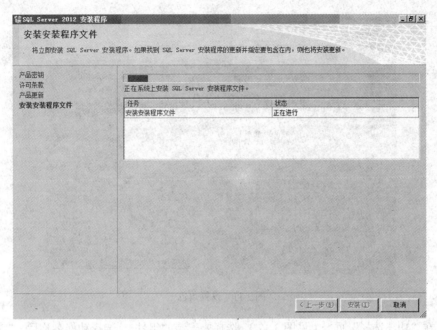

图 3.9　安装安装程序文件

（8）系统配置检查器将在安装继续之前验证计算机的系统状态，如图 3.10 所示。

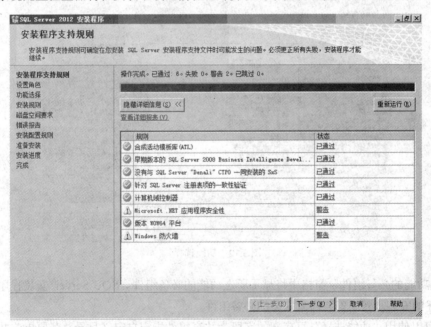

图 3.10　安装程序支持规则

（9）在"设置角色"页上（见图 3.11），选择"SQL Server 功能安装"，然后单击"下一步"按钮以继续进入"功能选择"页。

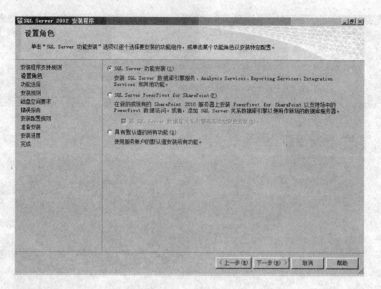

图 3.11　设置角色

（10）在"功能选择"页上（见图 3.12），选择要安装的组件。选择功能名称后，"功能说明"窗格中会显示每个组件组的说明。您可以选中任意一些复选框。

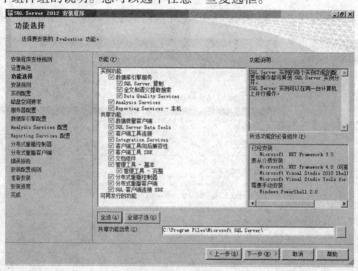

图 3.12　功能选择

"所选功能的必备组件"窗格中将显示所选功能的必备组件。SQL Server 安装程序将在本过程后面所述的安装步骤中安装尚未安装的必备组件。

您还可以使用"功能选择"页底部的字段为共享组件指定自定义目录。若要更改共享组件的安装路径，请更新该对话框底部字段中的路径，或单击"浏览"移动到另一个安装目录。默认安装路径为 C:\Program Files\Microsoft SQL Server\110\。

为共享组件指定的路径必须是绝对路径。文件夹不能压缩或加密。不支持映射的驱动器。如果正在 64 位操作系统上安装 SQL Server，您将看到以下选项：

➢　共享功能目录

➢　共享功能目录 (x86)

（11）在"安装规则"页上（见图 3.13），安装程序将在安装继续之前验证计算机的系统状态。

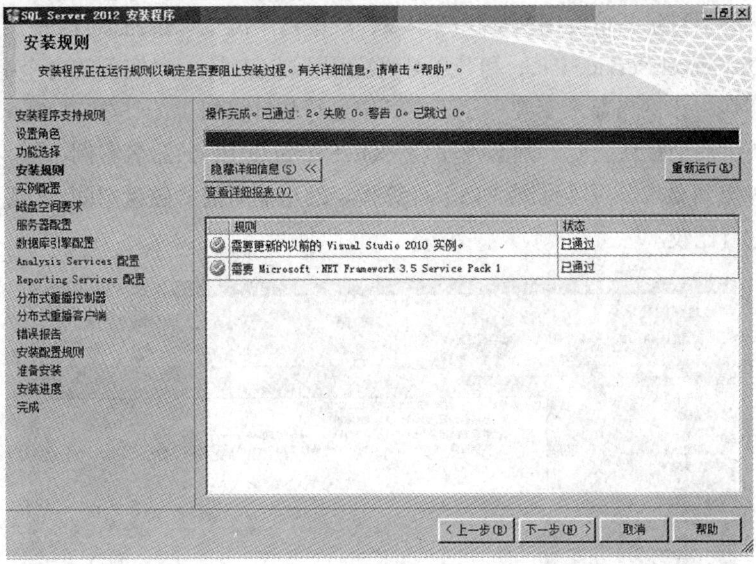

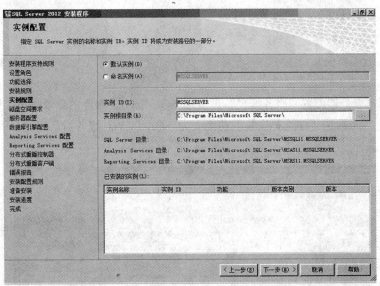

图 3.13　安装规则

（12）在"实例配置"页上（见图 3.14）指定是安装默认实例还是命名实例。单击"下一步"按钮继续。

图 3.14　实例配置

实例 ID：默认情况下，实例名称用作实例 ID，用于标识 SQL Server 实例的安装目录和注册表项。默认实例和命名实例的默认方式都是如此。对于默认实例，实例名称和实例 ID 为 MSSQLSERVER。若要使用非默认的实例 ID，请为"实例 ID"文本框指定一个不同值。

注意

典型的 SQL Server 2012 独立实例（无论是默认实例还是命名实例）不会对"实例 ID"使用非默认值。

实例根目录 – 默认情况下，实例根目录为 C:\Program Files\Microsoft SQL Server\110\。若要指定一个非默认的根目录，请使用所提供的字段，或单击"浏览"按钮以找到一个安装文件夹。

所有的 SQL Server Service Pack 和升级都将应用于 SQL Server 实例的每个组件。

已安装的实例 – 该网格显示安装程序正在其中运行的计算机上的 SQL Server 实例。如果计算机上已经安装了一个默认实例，则必须安装 SQL Server 2012 的命名实例。

（13）"磁盘空间要求"页（见图 3.15）计算指定的功能所需的磁盘空间，然后将所需空间与可用磁盘空间进行比较。

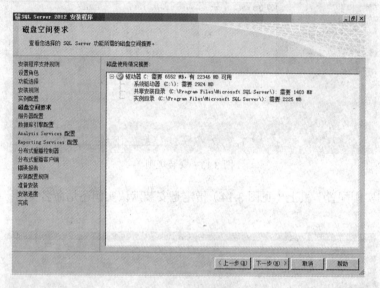

图 3.15　磁盘空间要求

（14）使用"服务器配置 – 服务账户"页指定 SQL Server 服务的登录账户（见图 3.16）。此页上配置的实际服务取决于您选择安装的功能。为 SQL Server 服务指定完登录信息后，请单击"下一步"按钮。

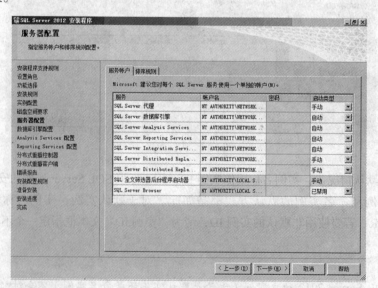

图 3.16　服务器配置

您可以为所有的 SQL Server 服务分配相同的登录账户，也可以单独配置各个服务账户。您还可以指定是自动启动、手动启动还是禁用服务。Microsoft 公司建议您逐个配置服务账户，以便为每项服务提供最低权限，其中 SQL Server 服务将被授予完成其任务所必须具备的最低权限。有关详细信息，请参阅 Server Configuration-Service Accounts 和配置 Windows 服务账户和权限。

若要为此 SQL Server 实例中的所有服务账户指定同一个登录账户，请在该页底部的字段中提供凭据。

安全说明

不要使用空密码。请使用强密码。

（15）使用"数据库引擎配置 – 账户设置"页（见图 3.17）指定以下各项。

安全模式 – 为 SQL Server 实例选择 Windows 身份验证或混合模式身份验证。如果选择"混合模式身份验证"，则必须为内置 SQL Server 系统管理员账户提供一个强密码。

在设备与 SQL Server 成功建立连接之后，用于 Windows 身份验证和混合模式身份验证的安全机制是相同的。有关详细信息，请参阅 Database Engine Configuration - Account Provisioning。

SQL Server 管理员 – 您必须为 SQL Server 实例至少指定一个系统管理员。若要添加用以运行 SQL Server 安装程序的账户，请单击"添加当前用户"。若要向系统管理员列表中添加账户或从中删除账户，请单击"添加"或"删除"按钮，然后编辑将拥有 SQL Server 实例的管理员特权的用户、组或计算机的列表。有关详细信息，请参阅 Database Engine Configuration - Account Provisioning。

完成对该列表的编辑后，请单击"确定"按钮。验证配置对话框中的管理员列表。完成此列表后，请单击"下一步"按钮。

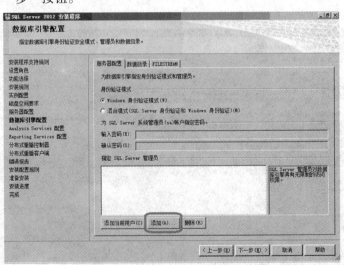

图 3.17　数据库引擎配置

（16）使用"Analysis Services 配置 – 账户设置"页（见图 3.18）指定服务器模式以及将拥有 Analysis Services 管理员权限的用户或账户。服务器模式决定哪些内存和存储子系统用于服务器。不同的解决方案类型在不同的服务器模式下运行。如果您计划在服务器上运行多维数据集数据库，则选择默认选项"多维"和"数据挖掘"服务器模式。对于管理员权限，您必须为 Analysis Services 指定至少一个系统管理员。若要添加当前正在运行 SQL Server 安装程序的账户，请单击"添加当前用户"按钮。若要向系统管理员列表中添加账户或从中删除账户，请单击"添加"或"删除"
按钮，然后编辑将拥有 Analysis Services 的管理员特权的用户、组或计算机的列表。

完成对该列表的编辑后，请单击"确定"按钮，验证配置对话框中的管理员列表。完成此列
表后，请单击"下一步"按钮。

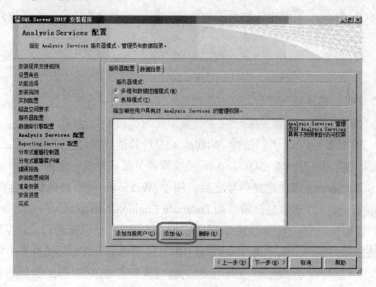

图 3.18　Analysis Services 配置

（17）使用"Reporting Services 配置"页（见图 3.19）指定要创建的 Reporting Services 安装
类型。

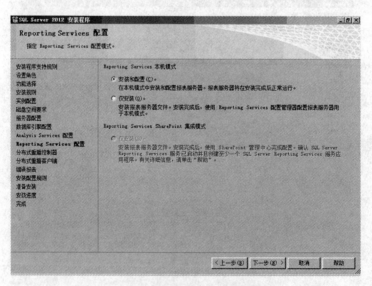

图 3.19　Reporting Services 配置

（18）使用"分布式重播控制器配置"页（见图 3.20）指定您希望向其授予针对分布式重播控
制器服务的管理权限的用户。具有管理权限的用户将可以不受限制地访问分布式重播控制器服务。

单击"添加当前用户"按钮可以添加要向其授予针对分布式重播控制器服务的访问权限的用
户。单击"添加"按钮可以添加针对分布式重播控制器服务的访问权限。单击"删除"按钮可以

从分布式重播控制器服务中删除访问权限。

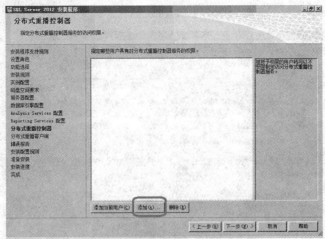

图 3.20　分布式重播控制器配置

（19）使用"分布式重播客户端配置"页（见图 3.21）可以指定您希望向其授予针对分布式重播客户端服务的管理权限的用户。具有管理权限的用户将可以不受限制地访问分布式重播客户端服务。

"控制器名称"是一个可选参数，并且默认值为 <blank>。 输入客户端计算机将与分布式重播客户端服务进行通信的控制器的名称。 注意以下事项。

如果您已经设置了一个控制器，则在配置每个客户端时输入该控制器的名称。

如果您尚未设置控制器，则可以将控制器名称保留为空。但是，您必须在"客户端配置"文件中手动输入控制器名称。

为分布式重播客户端服务指定"工作目录"。默认的工作目录为 <drive letter>:\Program Files\Microsoft SQL Server\DReplayClient\WorkingDir\。

为分布式重播客户端服务指定 "结果目录"。默认的结果目录为 <drive letter>:\Program Files\Microsoft SQL Server\DReplayClient\ResultDir\。

若要继续，请单击"下一步"按钮。

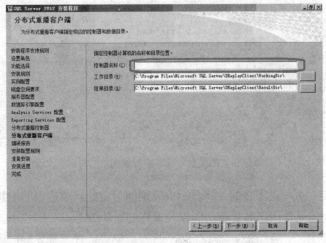

图 3.21　分布式重播客户端器配置

（20）在"错误报告"页（见图 3.22）上指定要发送给 Microsoft 的信息，这些信息将帮助改进 SQL Server。默认情况下，将启用用于错误报告的选项。

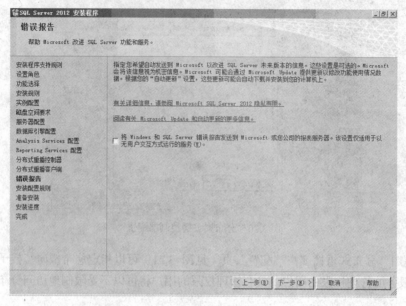

图 3.22　错误报告

（21）系统配置检查器将运行多组规（见图 3.23）则来针对您指定的 SQL Server 功能验证您的计算机配置。

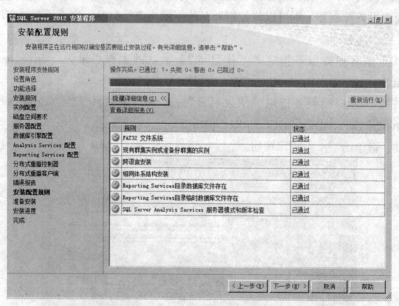

图 3.23　安装配置规则

（22）"准备安装"页（见图 3.24）将显示安装期间指定的安装选项的树状视图。在此页上，安装程序指示是启用还是禁用产品更新功能以及最终的更新版本。

若要继续，请单击"安装"按钮。SQL Server 安装程序将首先安装所选功能的必备组件，然后安装所选功能。

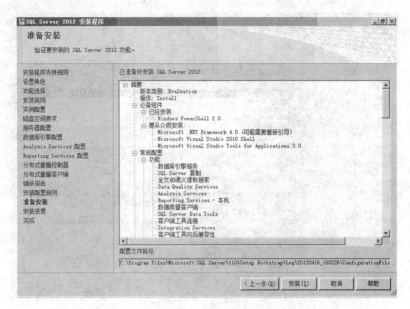

图 3.24　准备安装

（23）在安装过程中，"安装进度"页（见图 3.25）会提供相应的状态，因此您可以在安装过程中监视安装进度。

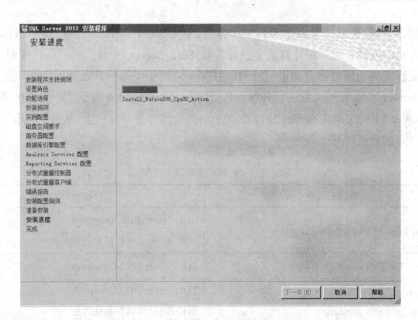

图 3.25　安装进度

（24）安装完成后，"完成"页（见图 3.26）会提供指向安装摘要日志文件以及其他重要说明的链接。若要完成 SQL Server 安装过程，请单击"关闭"按钮。

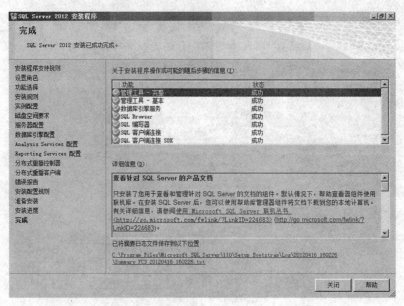

图 3.26　完成安装

3.2.3　版本升级

通过版本升级,可以实现 SQL Server 2008 到 SQL Server 2012 的升级,以及 SQL Server 2012 不同版本之间的升级。例如在计算机上已经装有 SQL Server 2008,则可以升级到 SQL Server 2012。在运行安装程序时将自动进行检测,并在安装过程中选择升级选项。在此进程中,会对所有 SQL Server 2008 程序文件进行升级,并保留 SQL Server2008 数据库中存储的所有数据。另外,SQL Server 2008 的 SQL Server 2012 联机丛书仍会保留在计算机上。表 3.9 所示为 SQL Server 各种版本之间的升级情况。

表 3.9　　　　　　　　　　　　　　　　SQL Server 各种版本之间的升级

升级前的版本	支持的升级途径
SQL Server 2005 SP4 Enterprise	SQL Server 2012 Enterprise
	SQL Server 2012 商业智能
SQL Server 2005 SP4 Developer	SQL Server 2012 Developer
SQL Server 2005 SP4 Standard	SQL Server 2012 Enterprise
	SQL Server 2012 商业智能
	SQL Server 2012 Standard
SQL Server 2005 SP4 Workgroup	SQL Server 2012 Enterprise
	SQL Server 2012 商业智能
	SQL Server 2012 Standard
	SQL Server 2012 Web

续表

升级前的版本	支持的升级途径
SQL Server 2005 SP4 Express、 SQL Server 2005 SP4 Express with Tools 和 SQL Server 2005 SP4 Express with Advanced Services	SQL Server 2012 Enterprise SQL Server 2012 商业智能 SQL Server 2012 Standard SQL Server 2012 Web SQL Server 2012 Express
SQL Server 2008 SP2 Enterprise	SQL Server 2012 Enterprise SQL Server 2012 商业智能
SQL Server 2008 SP2 Developer	SQL Server 2012 Developer
SQL Server 2008 SP2 Standard	SQL Server 2012 Enterprise SQL Server 2012 商业智能 SQL Server 2012 Standard
SQL Server 2008 SP2 Web	SQL Server 2012 Enterprise SQL Server 2012 商业智能 SQL Server 2012 Standard SQL Server 2012 Web
SQL Server 2008 SP2 Workgroup	SQL Server 2012 Enterprise SQL Server 2012 商业智能 SQL Server 2012 Standard SQL Server 2012 Web
SQL Server 2008 SP2 Express、 SQL Server 2008 SP2 Express with Tools 和 SQL Server 2008 SP2 Express with Advanced Services	SQL Server 2012 Enterprise SQL Server 2012 商业智能 SQL Server 2012 Standard SQL Server 2012 Web SQL Server 2012 Express
SQL Server 2008 R2 SP1 Datacenter 和 SQL Server 2008 R2 SP1 Enterprise	SQL Server 2012 Enterprise SQL Server 2012 商业智能
SQL Server 2008 R2 SP1 Developer	SQL Server 2012 Developer
SQL Server 2008 R2 SP1 Standard	SQL Server 2012 Enterprise SQL Server 2012 商业智能 SQL Server 2012 Standard
SQL Server 2008 R2 SP1 Web	SQL Server 2012 Enterprise SQL Server 2012 商业智能 SQL Server 2012 Standard SQL Server 2012 Web

续表

升级前的版本	支持的升级途径
SQL Server 2008 R2 SP1 Workgroup	SQL Server 2012 Enterprise SQL Server 2012 商业智能 SQL Server 2012 Standard SQL Server 2012 Web
SQL Server 2008 R2 SP1 Express、 SQL Server 2008 R2 SP1 Express with Tools 和 SQL Server 2008 R2 SP1 Express with Advanced Services	SQL Server 2012 Enterprise SQL Server 2012 商业智能 SQL Server 2012 Standard SQL Server 2012 Web SQL Server 2012 Express

将 SQL Server 2008 升级到 SQL Server 2012 的操作步骤如下。

（1）将要升级到的 SQL Server 2012 版本的光盘插入光盘驱动器，然后安装程序会自动执行。如果该光盘不自动运行，请双击该光盘根目录中的 Autorun.exe 文件。

（2）选择"安装 SQL Server 2012 组件"，选择"安装数据库服务器"，安装程序于是准备 SQL Server 2012 安装向导。在"欢迎"对话框中单击"下一步"按钮。

（3）在"计算机名"对话框中，"本地计算机"是默认选项，本地计算机名显示在编辑框中。单击"下一步"按钮。

（4）在"安装选择"对话框中，单击"对现有 SQL Server 实例进行升级、删除或添加组件"，然后单击"下一步"按钮。

（5）在"实例名"对话框中，"默认"是被选定的。单击"下一步"按钮。

（6）在"现有安装"对话框中，单击"升级现有安装"选项，然后单击"下一步"按钮。

（7）在"升级"对话框中，会得到是否希望继续进行所请求的升级的提示。单击"是，升级我的<针对升级的文本>"，开始升级过程，然后单击"下一步"按钮。升级进程一直运行直到结束。

（8）在"连接到服务器"对话框中选择身份验证模式，然后单击"下一步"按钮。如果不确定采用哪种模式，请接受默认值："我登录到计算机上所使用的 Windows 账户信息 （Windows）"。

（9）在"开始复制文件"对话框中单击"下一步"按钮。

（10）在"安装完成"对话框中，单击"是，我想现在重新启动计算机"选项，然后单击"完成"按钮。重启计算机后，即可完成安装。

SQL Server 2012 还提供了一个数据库复制向导，利用这个向导可以执行数据库和相关数据的联机升级。在使用该向导升级的过程中，服务器仍然可以正常工作。

可以在安装程序中通过添加安装组件，从 SQL Server 2012 的一个版本升级到另一个版本，并且安装程序提供了升级过程中添加组件的选项。

3.3　SQL Server2012 主要组件简介

SQL Server 2012 是一个完善的数据库管理系统，它为我们提供了一整套管理工具和实用程序。使用这些工具和程序，可以设置和管理 SQL Server，并保证数据库的安全和一致。

成功地安装了 SQL Server2012 后，在"开始"菜单中，即可看到 SQL Server 2012 的安装组件，如图 3.27 所示。

图 3.27　SQL Server 2012 工具菜单

下面对这些组件做一些简单介绍。

3.3.1　Management Studio

SQL Server Management Studio 是用于访问、配置、管理和开发 SQL Server 组件的集成环境。Management Studio 使各种技术水平的开发人员和管理员都能使用 SQL Server。 Management Studio 的安装需要 Internet Explorer 6 SP1 或更高版本。如图 3.28 所示。

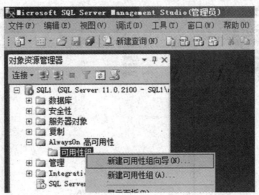

图 3.28　SQL Server 2012 Management Studio

3.3.2　联机丛书

联机丛书提供了一个在使用 SQL Server2012 时可以随时参考的辅助说明，包括了 SQL Server

2012 的安装、数据库管理、新增功能、SQL 函数等相关说明。如图 3.29 所示。

图 3.29　SQL Server 2012 联机丛书

3.3.3　配置管理器

配置管理器是 SQL Server 2012 工具中最重要的一个，用于管理与 SQL Server 相关联的服务、配置 SQL Server 使用的网络协议以及从 SQL Server 客户端计算机管理网络连接配置。SQL Server 配置管理器是一种可以通过"开始"菜单访问的 Microsoft 管理控制台管理单元，用户也可以将其添加到任何其他 Microsoft 管理控制台的显示界面中。Microsoft 管理控制台 (mmc.exe) 使用 Windows System32 文件夹中的 SQLServerManager10.msc 文件打开 SQL Server 配置管理器，如图 3.30 所示。

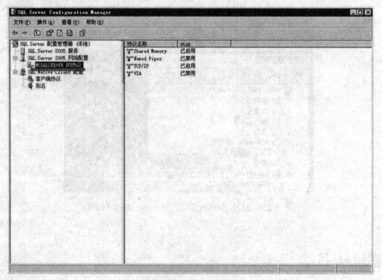

图 3.30　企业管理器

　　在企业管理器中，我们可以设置不同的用户权限来确保数据库的安全性。SQL Server 的 4 类用户对应不同的权限系统层次：系统管理员（sa）对应 SQL 服务器层次级权限；数据库拥有者（dbo）对应数据库层次级权限；数据库对象拥有者（dboo）对应数据库对象层次级权限；数据库对象的一般用户对应数据库对象用户层次级权限。此内容在后续章节中再详细介绍。

3.3.4　服务器网络实用工具和客户网络实用工具

　　服务器网络实用工具和客户网络实用工具对话框分别如图 3.31 和图 3.32 所示。它们用于定义客户和服务器之间通信的网络库和 DB-Library 协议。服务器网络实用程序是安装在服务器端的管理工具，它同安装在客户端的客户端网络实用程序相对应，用来管理 SQL Server 服务器为客户端提供的数据存取接口。客户端网络实用程序用于进行客户端配置，可以让一个客户端连接到多个服务器上。它必须根据服务器端网络实用程序进行相应的设置，才能确保正确的数据通信。

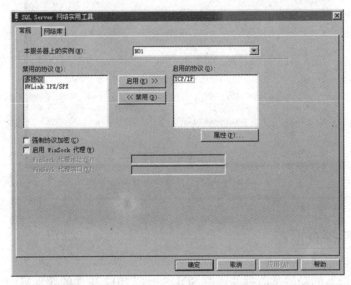

图 3.31　SQL Server 2012 服务器网络实用工具对话框

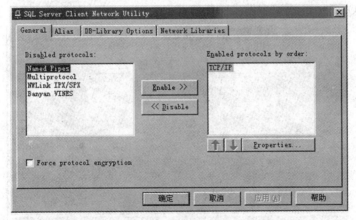

图 3.32　SQL Server 2012 客户端网络实用工具对话框

3.3.5 导入和导出数据

导入导出数据工具可以把其他类型的数据转换存储到 SQL Server 2012 的数据库中，也可以将 SQL Server 2012 的数据库转换输出为其他数据格式。该工具是一个向导，利用该向导，可以很轻松地实现 SQL Server 2012 与其他数据库系统间的数据转换，如图 3.33 所示。

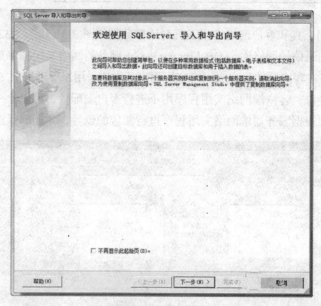

图 3.33　SQL 导入导出数据

3.3.6 事件探查器

SQL 事件探查器的功能是监视并跟踪 SQL Server 2012 事件的图形界面工具。它能够监视 SQL Server 2012 的事件处理日志，并对日志进行分析，如图 3.34 所示。所谓 SQL Server 事件就是指在 SQL Server 引擎中发生的任何行为。

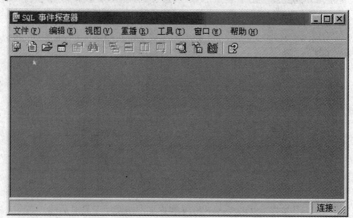

图 3.34　SQL 事件探查器对话框

本章小结

　　Microsoft SQL Server 2012 是一种关系数据库系统, 具有从小的部门网络到企业级网络的可伸缩性。SQL Server 维护核心数据库文件, 而通过使用开发语言, 如 Visual Basic 和 visual C++, 开发客户数据库应用程序, 或者利用应用程序, 如 Microsoft Word,Excel 和 Access, 来使用这些核心数据库文件。

　　在 Microsoft SQL Server 的发展历程中, 有两个版本具有重要的意义, 那就是在 1996 年推出的 SQL Server 6.5 版本和在 2012 年 4 月推出的 SQL Server 2012 版本。6.5 版本使 SQL Server 得到了广泛的应用, 而 2012 版本在功能和易用性上有很大的增强, 并推出了简体中文版, 它包括企业版 (Enterprise)、标准版 (Standard) 以及新增的商业智能版 (Business Intelligence) 等版本。

　　在安装 SQL Server 2012 以前, 必须配置适当的硬件和软件, 并保证它们正常运转。应该在安装 SQL Server 2012 之前,检查硬件和软件的安装情况,这可以避免很多安装过程中发生的问题。SQL Server 2012 是一个完善的数据库管理系统, 它为我们提供了一整套管理工具和实用程序, 使用这些工具和程序, 可以设置和管理 SQL Server, 并保证数据库的安全和一致。

实训 3　SQL Server 安装与升级

目标

完成本实验后, 将掌握以下内容:
(1) 从光盘安装 SQL Server2012 简体中文个人版;
(2) 将 SQL Server 2008 升级到 SQL Server 2012。

准备工作

在进行本实验前, 必须学习完成本章的全部内容。

实验预估时间: 60 分钟

练习 1　从光盘安装 SQL Server2012　Express

完成本练习之前, 首先要明确 SQL Server2012 简体中文个人版的软、硬件需求, 然后在符合安装环境的机器上完成该版本的安装。

练习 2　SQL Server 的版本升级

在一台已成功安装了 SQL Server2008 版本的机器上, 完成升级安装。

习题

1. 安装 SQL Server2012 对硬件有什么需求?
2. SQL Server2012 提供了哪些主要组件, 其功能是什么?

第4章

管理数据库——SQL Server 数据库管理

本章学习目标

创建数据库是所有数据库操作和管理的基础。本章讲解了在企业管理器以及查询分析器中完成数据库的创建、配置以及删除的方法及注意事项，同时提出数据库文件的相关概念。通过本章学习，读者应该掌握以下内容：

- 使用 SQL Server 企业管理器和查询分析器创建数据库
- 理解数据库配置参数及其意义
- 管理数据库以及日志文件
- 掌握数据库的备份和还原方法

4.1 创建数据库

本节内容包括如何使用 SQL Server Management Studio 和在 T-SQL 中创建数据库，如何设置数据库配置参数，以及事务日志如何发挥作用。

创建数据库是一个指定数据库名称、所有者（创建数据库的用户）、大小以及用于存储该数据库的文件和文件组的过程。在创建数据库之前，要注意：

- 创建数据库的权限默认授予 sysadmin 和 dbcreator 固定服务器角色的成员，但是它仍可以授予其他用户；
- 创建数据库的用户将成为数据库的所有者；
- 在一个服务器上，理论上可以创建 32767 个数据库(假设不考虑存储空间的限制)；
- 数据库的命名必须符合标识规范。

4.1.1　在 SQL Server Management Studio 中创建数据库

SQL Server Management Studio 是 SQL Server 系统运行的核心窗口，它提供了用于数据库管理的图形工具和功能丰富的开发环境，方便数据库管理员及用户进行操作。

首先介绍如何使用 SQL Server Management Studio 来创建自己的用户数据库。在 SQL Server 2012 中，通过 SQL Server Management Studio 可以很方便地构建和维护数据库。下面以创建本书的示例数据库为例，对这种方法进行详细介绍。具体的操作步骤如下。

（1）从【开始】菜单中选择【程序】|Microsoft SQL Server2012| SQL Server Management Studio 就可以打开 SQL Server Management Studio 的界面,并使用 Windows 或 SQL Server 身份验证建立连接，如图 4.1 所示。

图 4.1　连接服务器身份验证

（2）在【对象资源管理器】窗格中展开服务器，然后选择【数据库】节点。

（3）在【数据库】节点上右击，从弹出的快捷菜单中选择【新建数据库】命令，如图 4.2 所示。

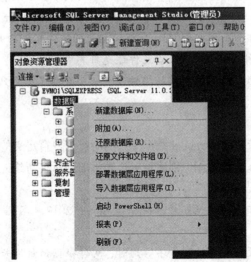

图 4.2　对象资源管理器

（4）执行上述操作后，会弹出【新建数据库】对话框，如图 4.3 所示。

在这个对话框中有 3 个页，分别是【常规】、【选项】和【文件组】页。完成这 3 个选项中的内容之后，就完成了数据库的创建工作。

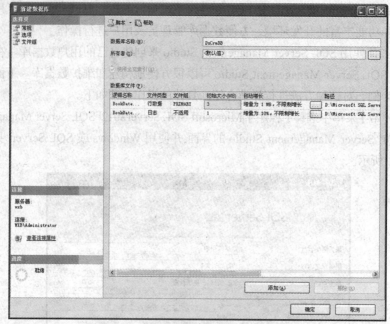

图 4.3　【新建数据库】对话框

（5）在【数据库名称】文本框中输入要新建数据库的名称，例如这里输入"客户关系管理系统"。

（6）在【所有者】文本框中输入新建数据库的所有者，如 sa。根据数据库的使用情况，选择启用或者禁用【使用全文索引】复选框。

（7）在【数据库文件】列表中，包括两行：一行是数据文件，另一行是日志文件。通过单击下面相应按钮，可以添加或者删除相应的数据文件。该列表中各字段值的含义如下：

● 逻辑名称　指定该文件的文件名，其中数据文件与 SQL Server 2000 不同，在默认情况下不再为用户输入的文件名添加下划线和 Data 字样，相应的文件扩展名并未改变。

● 文件类型　用于区别当前文件是数据文件还是日志文件。

● 文件组　显示当前数据库文件所属的文件组。一个数据库文件只能存在于一个文件组里。

技巧

在创建数据库时，系统自动将 model 数据库中的所有用户自定义的对象都复制到新建的数据库中。用户可以在 model 系统数据库中创建希望自动添加到所有新建数据库中的对象，例如表、视图、数据类型、存储过程等。

● 初始大小　制定该文件的初始容量，在 SQL Server 2012 中数据文件的默认值为 3MB，日志文件的默认值为 1MB。

● 自动增长　用于设置在文件的容量不够用时，文件根据何种增长方式自动增长。通过单击【自动增长】列中的省略号按钮，打开【更改自动增长设置】窗口进行设置。图 4.4 和图 4.5 所示分别为数据文件、日志文件的自动增长设置窗口。

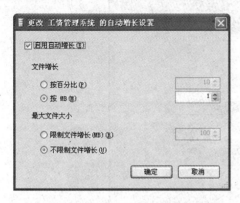
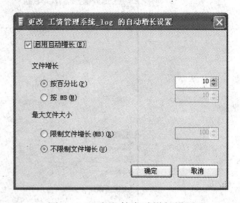

图 4.4　数据文件自动增长设置　　　　　　图 4.5　日志文件自动增长设置

●路径　指定存放该文件的目录。在默认情况下，SQL Server 2012 将存放路径设置为 SQL Server 2012 安装目录下的 data 子目录。单击该列中的按钮可以打开【定位文件夹】对话框更改数据库的存放路径。

（8）单击【选项】按钮，设置数据库的排序规则、恢复模式、兼容级别和其他需要设置的内容，如图 4.6 所示。

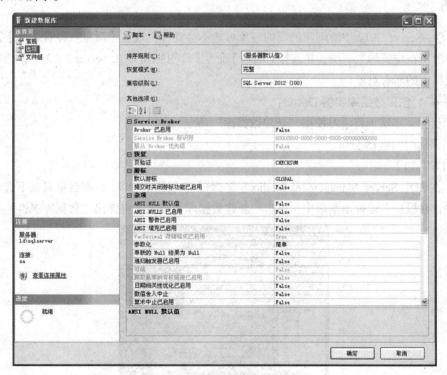

图 4.6　新建数据库【选项】页

（9）单击【文件组】可以设置数据库文件所属的文件组，还可以通过【添加】或者【删除】按钮更改数据库文件所属的文件组，如图 4.7 所示。

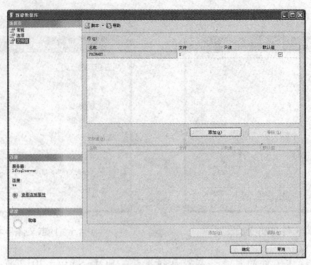

图 4.7　新建数据库【文件组】页

（10）完成以上操作后，就可以单击【确定】关闭【新建数据库】对话框。至此，成功创建了一个数据库，可以通过【对象资源管理器】窗格查看新建的数据库。

技巧

在 SQL Server 2012 中所创建的新的对象可能不会立即出现在【对象资源管理器】窗格中。可右击对象所在位置的上一层，并选择【刷新】命令，即可强制 SQL Server 2012 重新读取系统表并显示数据中的所有对象。

实训 4-1　创建数据库实例 Demo1

实训目标：本实训将学习使用"新建数据库"命令。

实训预估时间：15 分钟。

实训方案如下。

（1）在 SQL Server Management Studio 左部面板上（见图 4.8），控制台根目录下选中"数据库"目录，在鼠标右键弹出菜单中，单击"新建数据库"选项，将弹出"数据库属性"对话框。

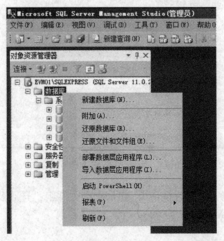

图 4.8　实训步骤 1

（2）在"常规"面板中的"名称"区域里填写新建数据库的名称"Demo1"，如图 4.9 所示。

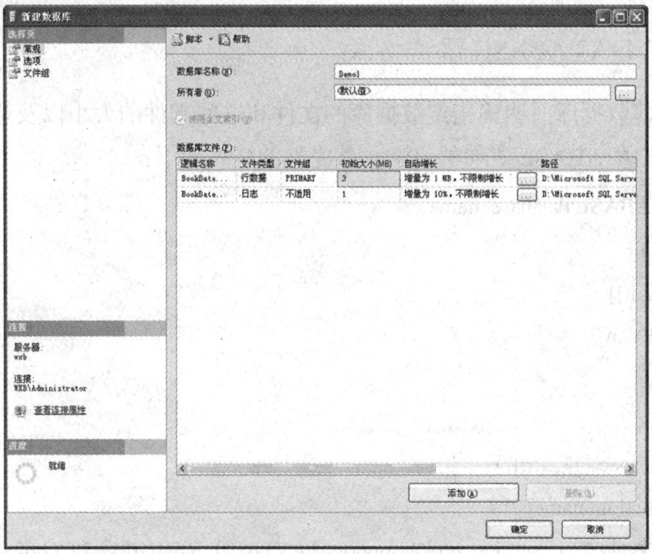

图 4.9　实训步骤 2

（3）在"数据文件"面板中设置数据文件，使其名称为"Demo1"，存储在 D 盘 Data 文件夹下，初始大小为 1MB，当文件存满时，按 15％的比例自动增长。

（4）在"事务日志"面板中设置日志文件，使其名称为"Demo1"，存储在 D 盘 Log 文件夹下，初始大小为 1MB，当文件存满时，按 15％的比例自动增长。

（5）单击"确定"按钮，完成数据库的创建操作。

此时，在企业管理器里，可以查看到数据库 Demo1 以及其部分对象。

试一试：

（6）在计算机操作系统里，定位到 D:\Data\ 文件夹下，可以看到 Demo1.mdf 文件。移除这个文件，看看在企业管理器里是否还能够查看到 Demo1 数据库里的表信息？

4.1.2　使用 Transact–SQL 语句创建数据库

使用 SQL Server Management Studio 创建数据库可以方便应用程序对数据的直接调用。但是，有些情况下，不能使用图形化方式创建数据库。比如，在设计一个应用程序时，开发人员会直接使用 Transact-SQL 在程序代码中创建数据库及其他数据库对象，而不用在制作应用程序安装包时再放置数据库或让用户自行创建。

SQL Server 2012 使用的 Transact-SQL 是标准 SQL（结构化查询语言）的增强版本，使用他提供的 CREATE DATABASE 语句同样可以完成新建数据库操作。下面同样以创建【客户关系管理系统（DsCrmDB）】数据库为例来介绍如何使用 Transact-SQL 语句创建一个数据库。

使用 CREATE DATABASE 语句创建数据库最简单的方式如下所示：

```
CREATE DATABASE databaseName
```

按照方式只需指定 databaseName 参数即可，他表示要创建的数据库的名称，其他与数据库有关的选项都采用系统的默认值。例如，创建【客户关系管理系统（DsCrmDB）】数据库，则语句为：

CREATE DATABASE　　CRMDateBase

1. CREATE DATABASE 语法格式

如果希望在创建数据库时明确指定数据库的文件和这些文件的大小以及增长的方式，首先就需要了解 CREATE DATABASE 语句的语法。其完整的格式如下：

```
CREATE DATABASE database_name
[ON [PRIMARY]
[<filespec> [1,…n]]
[,<filegroup> [1,…n]]
]
[
[LOG ON {<filespec> [1,…n]}]
[COLLATE collation_name]
[FOR {ATTACH [WITH <service_broker_option>]|ATTACH_REBUILD_LOG}]
[WITH <external_access_option>]
]
[;]
<filespec>::=
{
[PRIMARY]
(
[NAME=logical_file_name,]
FILENAME='os_file_name'
[,SIZE=size[KB|MB|GB|TB]]
[,MAXSIZE={max_size[KB|MB|GB|TB]|UNLIMITED}]
[,FILEGROWTH=growth_increment[KB|MB|%]]
)[1,…n]
}
<filegroup>::=
{
FILEGROUP filegroup_name
<filespec> [1,…n]
}
<external_access_option>::=
{
DB_CHAINING {ON|OFF}|TRUSTWORTHY{ON|OFF}
}
<service_broke_option>::=
```

```
{
ENABLE_BROKE|NEW_BROKE|ERROR_BROKER_CONVERSATIONS
}
```

2. CREATE DATABASE 语法格式说明

在语法格式中，每一种特定的符号都表示有特殊的含义，其中：

● 方括号[]中的内容表示可以省略的选项或参数，[1,…, n]表示同样的选项可以重复 1 到 n 遍。

● 如果某项的内容太多需要额外的说明，可以用<>括起来，如句法中的<filespec>和<filegroup>，而该项的真正语法在∷=后面加以定义。

● 大括号{}通常会与符号|连用，表示{}中的选项或参数必选其中之一，不可省略。

例如，MAXSIZE ={ max_size [KB | MB | GB | TB] | UNLIMITED }表示定义数据库文件的最大容量，或者指定一个具体的容量 max_size [KB | MB | GB | TB]，或者指定容量没有限制 UNLIMITED，但是不能空缺。表 4.1 所示为关于语法中主要参数的说明。

表 4.1　　　　　　　　　　　　　　　　　　语法参数说明

参数	说明
database_name	数据库名称
Logical_file_name	逻辑文件名称
os_file_name	操作系统下的文件名和路径
size	文件初始容量
max_size	文件最大容量
growth_increment	自动增长值或比例
filegroup_name	文件组名

3. CREATE DATABASE 关键字和参数说明

● CREATE DATABASE database_name　用于设置数据库的名称，可长达 128 个字符。需要将 database_name 替换为需要的数据库名称，如【客户关系管理系统】数据库。在同一个数据库中，数据库名必须具有唯一性，并符合标识命名标准。

● NAME=logical_file_name　用来定义数据库的逻辑名称，这个逻辑名称将用来在 Transact_SQL 代码中引用数据库。该名称在数据库中应保持唯一，并符合标识符的命名规则。这个选项在使用了 FOR ATTACH 时不是必须的。

● FILENAME=os_file_name　用于定义数据库文件在硬盘上的存放路径与文件名称。这必须是本地目录（不能是网络目录），并且不能是压缩目录。

● SIZE=size[KB|MB|GB|TB]　用来定义数据文件的初始大小，可以使用 KB、MB、GB 或 TB 为计量单位。如果没有为主数据文件指定大小，那么 SQL Server 将创建与 model 系统数据库相同大小的文件。如果没有为辅助数据库文件指定大小，那么 SQL Server 将自动为该文件指定 1MB 大小。

● MAXSIZE={max_size[KB|MB|GB|TB]|UNLIMITED}　用于设置数据库允许达到的最大大小，可以使用 KB、MB、GB、TB 为计量单位，也可以为 UNLIMTED，或者省略整个子句，使文件可以无限制增长。

●FILEGROWTH=growth_increment[KB|MB|%]　用来定义文件增长所采用的递增量或递增方式，可以使用 KB、MB 或百分比（%）为计量单位。如果没有指定这些符号之中的任一符号，则默认以 MB 为计量单位。

●FILEGROUP filegroup_name　用来为正在创建的文件所基于的文件组指定逻辑名称。

4. 使用 CREATE DATABASE 创建数据库

在掌握了上述内容后，接下来介绍如何使用 CREATE DATABASE 语句创建【客户关系管理系统】数据库。

（1）打开 Microsoft SQL Server Management Studio 窗口，并连接到服务器。

（2）选择【文件】|【新建】|【数据库引擎查询】命令或者单击标准工具栏上的【新建查询】按钮（ 新建查询(N) ），创建一个查询输入窗口。

注意

通过选择【文件】|【新建】|【数据库引擎查询】命令创建查询输入窗口会弹出【连接到数据库引擎】对话框并需要身份验证连接到服务器，而通过单击【新建查询】按钮（ 新建查询(N) ）不会出现该对话框。

（3）在窗口内输入语句，创建【客户关系管理系统（DsCrmDB）】数据库，保存位置为"E:\ zs SQL2012 shugao\SQL2012\第 4 章　SQL Server　数据库管理"。CREATE DATABASE 语句如下所示：

CREATE DATABASE　　DsCrmDB

```
ON
(
NAME=DsCrmDB_DAT,
FILENAME='E:\zs SQL2012 shugao\SQL2012\第 4 章 SQL Server 数据库管理\DsCrmDB_DAT.mdf',
SIZE=3MB,
MAXSIZE=50MB,
FILEGROWTH=10%
)
LOG ON
(
NAME=DsCrmDB_LOG,
FILENAME=' E:\zs SQL2012 shugao\SQL2012\第 4 章 SQL Server 数据库管理\DsCrmDB_LOG.ldf',
SIZE=1MB,
MAXSIZE=10MB,
FILEGROWTH=10%
)
  GO
```

（4）单击【执行】按钮（ 执行(X) ）执行语句。如果执行成功，在查询窗口内的【查询】窗格中，可以看到一条"命令已成功完成"的消息。然后在【对象资源管理器】窗格中刷新，展开数据库节点就能看到刚创建的【客户关系管理系统】数据库，如图 4.10 所示。

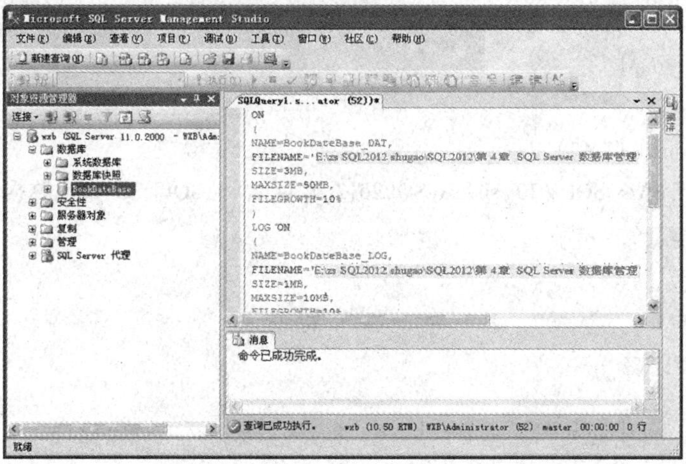

图 4.10　CREATE DATABASE 创建数据库

在上述的例子中，创建了【客户关系管理系统（DsCrmDB）】数据库，其中 NAME 关键字指定了数据文件的逻辑名称是"DsCrmDB_DAT"，日志文件的逻辑名称是"DsCrmDB_LOG"，而数据文件的物理名称是通过 FILENAME 关键字指定的。在【客户关系管理系统（DsCrmDB）】数据库中，通过 SIZE 关键字把数据文件的大小设置为 3MB，最大值为 50MB，按 10%的比例增长，日志文件的大小设置为 1MB，最大值为 10MB，按 10%的方式增长。整个数据库的大小为：数据文件大小（3MB）+日志文件大小（1MB）=4MB。

注意

如果感觉以后数据库会不断增长，那么就指定其自动增长方式。反之，最好不要指定其自动增长，以提高数据的使用效率。

5. 创建文件组的【客户关系管理系统（DsCrmDB）】数据库

如果数据库中的数据文件或日志文件多于 1 个，则文件之间使用逗号隔开。当数据库有两个或两个以上的数据文件时，需要指定哪一个数据文件是主数据文件。默认情况下，第一个数据文件就是主数据文件，也可以使用 PRIMARY 关键字来指定主数据文件。

下面重新创建【客户关系管理系统（DsCrmDB）】数据库，让该数据库包含 3 个数据文件和 2 个日志文件，并将后两个数据文件存储在名称为 group1 的文件组中。代码如下所示：

```
CREATE DATABASE   DsCrmDB
ON PRIMARY
(
NAME= DsCrmDB _DAT,
FILENAME=' E:\zs SQL2012 shugao\SQL2012\第 4 章  SQL Server  数据库管理\DsCrmDB
_DAT.mdf',
    SIZE=3MB,
    MAXSIZE=50MB,
```

```
FILEGROWTH=10%
),
FILEGROUP group1
(
NAME= DsCrmDB _DAT1,
FILENAME=' E:\zs SQL2012 shugao\SQL2012\第 4 章  SQL  Server  数据库管理\DsCrmDB
_DAT1.ndf',
    SIZE=2MB,
    MAXSIZE=10MB,
    FILEGROWTH=5%
),
(
NAME= DsCrmDB _DAT2,
FILENAME=' E:\zs SQL2012 shugao\SQL2012\第 4 章  SQL  Server  数据库管理\ DsCrmDB
_DAT2.ndf',
    SIZE=2MB,
    MAXSIZE=20MB,
    FILEGROWTH=15%
)
LOG ON
(
NAME= DsCrmDB _LOG,
FILENAME='E:\zs SQL2012 shugao\SQL2012\第 4 章  SQL  Server  数据库管理 代码\ DsCrmDB
_LOG.ldf',
    SIZE=1MB,
    MAXSIZE=10MB,
    FILEGROWTH=10%
),
(
NAME= DsCrmDB _LOG1,
FILENAME=' E:\zs SQL2012 shugao\SQL2012\第 4 章  SQL  Server  数据库管理\DsCrmDB
_LOG1.ldf',
    SIZE=1MB,
    MAXSIZE=5MB,
    FILEGROWTH=5%
)
```

提示

重新创建【客户关系管理系统（DsCrmDB）】数据库时必须先删除之前创建的【客户关系管理系统(DsCrmDB)】数据库。鼠标右键单击要删除的数据库，选择"删除"命令，单击"确定"按钮。

上述代码中，创建了 3 个数据文件和 2 个日志文件分别为：DsCrmDB_DAT、DsCrmDB_DAT1、DsCrmDB_DAT2、DsCrmDB_LOG 和 DsCrmDB_LOG1，将"DsCrmDB_DAT"设为了主数据文件。创建之后，就可以在"E:\zs SQL2012 shugao\SQL2012\第 4 章　SQL Server　数据库管理"目录下看到所创建的文件。

实训 4-2　创建数据库实例 HongWenSoft

目标：本实训通过在查询分析器里运行 T-SQL 语句创建新数据库 HongWenSoft。

实训预估时间：15 分钟。

实验方案如下。

（1）打开 Microsoft SQL Server Management Studio 窗口，并连接到服务器。

（2）选择【文件】|【新建】|【数据库引擎查询】命令或者单击标准工具栏上的【新建查询】按钮（ 新建查询(N) ），创建一个查询输入窗口。

（3）在 "查询" 文本框里编辑 T-SQL 语句，创建数据库 HongWenSoft。要求其主文件大小为 10MB，每次增长 20%；日志文件大小为 5MB，每次增长 1MB。数据文件和日志文件名均为 HongWenSoft，均位于 D 盘 Data 文件夹下。

（4）单击查询分析器工具条里的▶按钮，运行编辑好的语句。如果提示错误，进行调试和修正，直到从查询分析器得到以下信息（见图 4.11）。

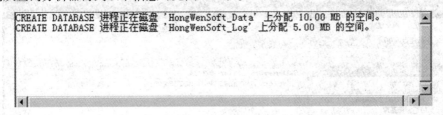

图 4.11　实训步骤 4 执行结果

（5）重启或刷新"Microsoft SQL Server Management Studio"，查看到"数据库"中有新建的 HongWenSoft 数据库存在。

4.2　管理数据库

在创建完成数据库之后，就可以对数据库进行管理操作，主要包括查看、修改和删除。查看是指可以浏览数据库的各种属性和状态；修改是指可以修改数据库的名称、大小、自动增长等；删除数据库是对不需要的数据库进行删除，以释放多余的磁盘空间。

4.2.1 查看数据库信息

Microsoft SQL Server 2012 系统中，查看数据库信息有很多种方法。例如，可以使用目录视图、函数和存储过程等查看有关数据库的基本信息。下面分别来介绍这几种查看数据库信息的基本方式。

1. 使用目录视图

常见的查看数据库基本信息的操作有：

使用 sys.databases 数据库和文件目录视图查看有关数据库的基本信息

使用 sys.database_files 查看有关数据库文件的信息

使用 sys.filegroups 查看有关数据库组的信息

使用 sys.maste files 查看数据库文件的基本信息和状态信息

2. 使用函数

可以使用 DATABASEPROPERTYEX 函数来查看指定数据库中的指定选项的信息，该函数一次只能返回一个选项的设置。例如，要查看【客户关系管理系统（DsCrmDB）】数据库中的 Version 选项的设置信息，可以使用如下语句：

```
select DATABASEPROPERTYEX(' DsCrmDB ','Version')
```

代码的执行结果如图 4.12 所示。

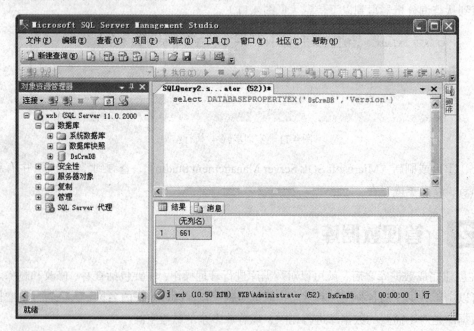

图 4.12　查看数据库选项设置

3. 使用存储过程

使用 sp_spaceused 存储过程可以显示数据库使用和保留的空间。下面来查看【客户关系管理系统（DsCrmDB）】数据库的空间大小和已经使用的空间等信息，如图 4.13 所示。

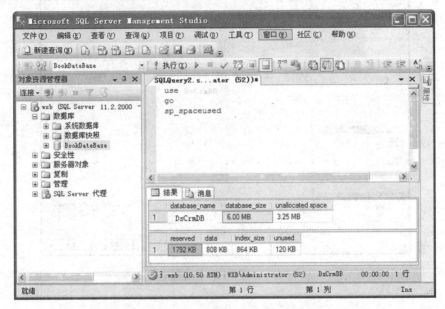

图 4.13　使用 sp_spaceused 存储过程

可以使用 sp_helpdb 查看所有数据库的基本信息。仍然来查看【客户关系管理系统（DsCrmDB）】数据库的信息，如图 4.14 所示。

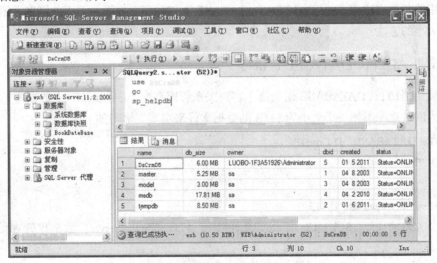

图 4.14　使用 sp_helpdb 存储过程

除上面介绍的几种方法外，还可以利用 Microsoft SQL Server Management Studio 窗口来查看数据库信息。在【对象资源管理器】窗格中右击要查看信息的数据库，选择【属性】命令，在弹出的【数据库属性】对话框中就可以查看到数据库的常规信息、文件信息、文件组信息、选项信息等，如图 4.15 所示。

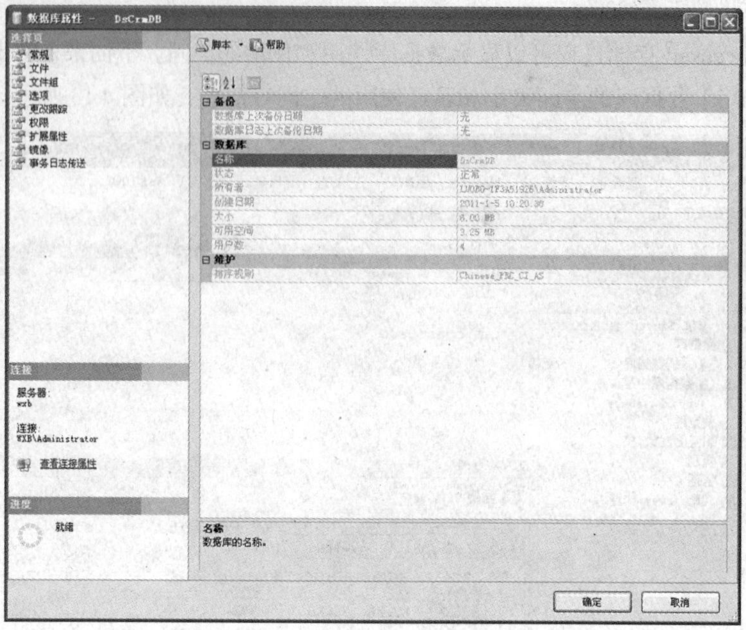

图 4.15　【数据库属性】对话框

4.2.2　修改数据库的大小

修改数据库的大小，其实就是修改数据文件和日志文件的长度，或者增加/删除文件。修改数据库最常用的两种方法为：通过 ALTER DATABASE 语句和图形界面。下面分别来介绍这两种修改数据库大小的方法。

1．使用 ALTER DATABASE 语句

下面使用 ALTER DATABASE 语句将【客户关系管理系统（DsCrmDB）】数据库扩大 5MB，可以通过为该数据库添加一个大小为 5MB 的数据文件来实现。语句如下所示：

```
ALTER DATABASE   DsCrmDB
ADD FILE
(
NAME= BookDateBase_DAT3,
FILENAME=' E:\zs SQL2012 shugao\SQL2012\第 4 章   SQL Server   数据库管理\DsCrmDB
_DAT3.mdf',
    SIZE=5MB,
    MAXSIZE=30MB,
    FILEGROWTH=20%
    )
```

上述语句代码将添加一个名称为客户关系管理系统_DAT3、大小为 5MB 的数据文件，最大

值为 30MB，并可按 20%自动增长。

技巧

如果要增加日志文件，可以使用 ADD LOG FILE 子句。在一个 ALTER DATABASE 语句中，一次可以增加多个数据文件或日志文件，多个文件之间需要使用逗号分开。

2. 使用图形界面

下面来介绍如何在图形界面下修改数据库的大小。

（1）在【对象资源管理器】窗格中，右击要修改大小的数据库（如图书管理系统数据库BookDateBase），选择【属性】命令。

（2）在【数据库属性】对话框的【选择页】下选择【文件】选项。

（3）在【客户关系管理系统】数据文件行的【初始大小】列中，输入要修改的值。同样在日志文件行的【初始大小】列中，输入要修改的值。

（4）单击【自动增长】列中的按钮（······），打开【自动增长设置】窗口，可设置自动增长的方式及大小，如图 4.16 所示。

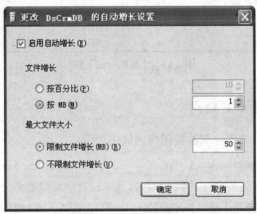

图 4.16　【自动增长设置】窗口

（5）如果要添加文件，可以直接在【数据库属性】对话框中单击【添加】按钮，进行相应大小设置即可。

（6）完成修改后，单击【确定】按钮完成修改数据库大小的操作。

4.2.3　删除数据库

数据库在使用中，随着数据库数量的增加，系统的资源消耗越来越多，运行速度也会越来越慢。这时，就需要调整数据库。调整方法有很多种。例如，将不再需要的数据库删除，以释放被占用的磁盘空间和系统消耗。在 SQL Server 2012 中，有两种删除数据库的方法：使用图形界面和DROP DATABASE 语句。

1. 使用图形界面

（1）在【对象资源管理器】窗格中选中要删除的数据库，右击选择【删除】命令。

（2）在弹出的【删除对象】对话框中，单击【确定】按钮确认删除。删除操作完成后会自动返回 SQL Server Management Studio 窗口，如图 4.17 所示。

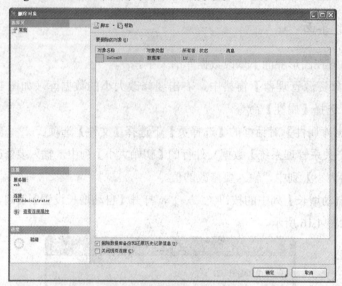

图 4.17　【删除对象】窗口

2. DROP DATABASE 语句

使用 DROP DATABASE 语句删除数据库的语法如下：

```
DROP DATABASE database_name [,…n]
```

其中，database_name 为要删除的数据库名，[,…n]表示可以有多于一个的数据库名。例如，要删除数据库"客户关系管理系统（DsCrmDB）"，可使用如下的 DROP DATABASE 语句：

```
DROP DATABASE　DsCrmDB
```

警告

使用 DROP DATABASE 删除数据库不会出现确认信息，所以使用这种方法时要小心谨慎。此外，千万不能删除系统数据库，否则会导致 SQL Server 2012 服务器无法使用。

4.2.4　其他数据库操作

到目前为止，我们已经学习了基本的数据库操作。除这些操作以外，数据的操作还包括分离数据库、附加数据库、收缩数据库等。下面就分别来简单介绍这些操作。

1. 分离数据库

分离数据库是指将数据库从 SQL Server 2012 的实例中分离出去，但是不会删除该数据库的文件和事务日志文件，这样，该数据库可以再附加到其他的 SQL Server 2012 的实例上去。

首先，可以使用 sp_detach_db 存储过程来执行分离数据库操作。例如，要分离【客户关系管理系统（DsCrmDB）】数据库，则该执行语句如下所示：

```
EXEC sp_detach_db BookDate
```

不过，并不是所有的数据库都可以分离的，如果要分离的数据库出现下列任何一种情况都将无法分离数据库：

●已复制并发布数据库。如果进行复制，则数据库必须是未发布的。如果要分离数据库，必须先通过执行 sp_replicationdboption 存储过程禁用发布后再进行分离；

●数据库中存在数据库快照。此时，必须首先删除所有数据库快照，然后才能分离数据库；

●数据库处于未知状态。在 SQL Server 2012 中，无法分离可疑和未知状态的数据库，必须将数据库设置为紧急模式，才能对其进行分离操作。

当然，也可以使用图形界面来执行分离数据库的操作。操作步骤如下。

（1）在【对象资源管理器】窗格中右击想要分离的数据库（如，客户关系管理系统（DsCrmDB），选择【任务】|【分离】命令。

（2）在打开的【分离数据库】对话框中，查看在【数据库名称】列中的数据库名称，验证这是否为要分离的数据库，如图 4.18 所示。

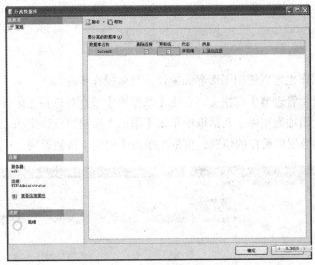

图 4.18　【分离数据库】对话框

（3）【状态】列中如果显示的是"未就绪"，则【消息】列将显示有关数据库的超链接信息。当数据库涉及复制时，【消息】列将显示 Database replicated。

（4）数据库有一个或多个活动连接时，【消息】列将显示"<活动连接数>个活动连接"。在可以分离数据列之前，必须启用【删除连接】复选框来断开与所有活动连接的连接。

（5）分离数据库准备就绪后，单击【确定】按钮。

2．附加数据库

附加数据库是指将当前数据库以外的数据库附加到当前数据库实例中。在附加数据库时，所有数据库文件（.mdf 和.ndf 文件）都必须是可用的。如果任何数据文件的路径与创建数据库或上次附加数据库时的路径不同，则必须指定文件的当前路径。在附加数据库的过程中，如果没有日志文件，系统将创建一个新的日志文件。

下面就将刚分离后的【客户关系管理系统（DsCrmDB）】数据库再附加到当前数据库实例中。可以执行下列语句进行数据库附加操作。附加时会加载该数据库所有的文件，包括主数据文件、辅助数据文件和事务日志文件。执行语句如下所示：

```
CREATE DATABASE    DsCrmDB
ON
(
      NAME=' DsCrmDB _DATA',
      FILENAME = 'E:\zs SQL2012 shugao\SQL2012\第 4 章  SQL  Server  数据库管理\ DsCrmDB
_DAT.mdf'
      )
LOG ON
(
      NAME= DsCrmDB _LOG,
      FILENAME='E:\zs SQL2012  shugao\SQL2012\第 4 章  SQL  Server  数据库管理 DsCrmDB
_LOG.ldf'
      )
FOR ATTACH
```

同样，附加数据库也可以使用图形界面窗口。具体操作步骤如下。

（1）在【对象资源管理器】窗格中，右击【数据库】节点并选择【附加】命令。

（2）在打开的【附加数据库】对话框中单击【添加】按钮，从弹出的【定位数据库文件】对话框中选择要附加的数据库所在的位置，再依次单击【确定】按钮返回，如图 4.19 所示。

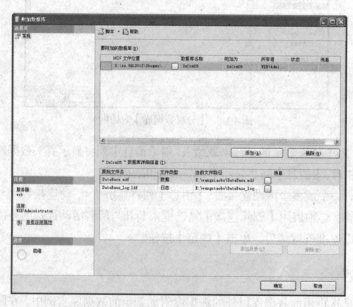

图 4.19   【附加数据库】对话框

（3）回到【对象资源管理器】中，展开【数据库】节点，将看到【客户关系管理系统（DsCrmDB）】数据库已经成功附加到了当前的实例数据库。

3. 收缩数据库

如果数据库的设计尺寸过大，或者数据库中的大量数据被删除了，这时数据库依然会占用大量的磁盘资源。根据用户的实际需要，可以对数据库进行收缩。在 Microsoft SQL Server 2012 系统中，收缩数据库有以下 3 种方式。

● 使用 AUTO_SHRINK 数据库选项设置自动收缩数据库

将 AUTO_SHRINK 选项设置为 ON 后，数据库引擎将自动收缩具有可用空间的数据库。此选项可以使用 ALTER DATABASE 语句来进行设置。默认情况下，此选项设置为 OFF。数据库引擎会定期检查每个数据库的空间使用情况。如果某个数据库的 AUTO_SHRINK 选项设置为 ON，则数据库引擎将自动减小数据库中的文件。设置 AUTO_SHRINK 选项的语法格式如下所示：

```
ALTER DATABASE database_name SET AUTO_SHRINK ON
```

● 使用 DBCC SHRINKDATABASE 命令收缩数据库

使用这种方式，要求手动收缩数据库的大小，这是一种比自动收缩数据库更加灵活的收缩数据库的方式，可以对整个数据库进行收缩。DBCC SHRINKDATABASE 命令的基本语法格式如下所示：

```
DBCC SHRINKDATABASE ('database_name',target_percent)
```

● 使用 DBCC SHRINKDFILE 命令收缩数据库文件

此命令可以收缩指定的数据库文件，还可以将文件收缩至小于其初始创建的大小，并且重新设置当前的大小为其初始创建的大小。DBCC SHRINKDFILE 命令的基本语法形式如下所示：

```
DBCC SHRINKDFILE ('file_name',target_size)
```

4.3　数据库的备份与还原

为了防止计算机灾难事故的出现，备恢复系统的数据备份工作就成为了一项不可忽视的重要工作。本节内容包括备份数据库和还原数据库的概念以及如何使用企业管理器来备份和还原数据库。

4.3.1　在 SQL Server Management Studio 备份数据库

备份就是数据库结构和数据的拷贝，这是保证数据库系统安全的基础性工作，也是系统管理员的日常工作。使用 SQL Server Management Studio 创建备份的操作步骤如下。

（1）在 SQL Server Management Studio 控制台目录中选择要备份的数据库，右键单击"所有任务"，在弹出的快捷菜单里选择"备份数据库"，弹出如图 4.20 所示对话框。

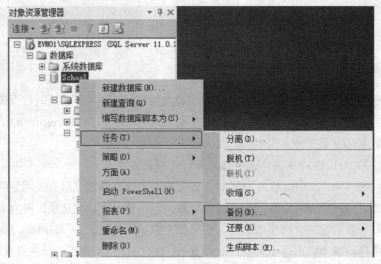

图 4.20　备份数据库操作 (a)

（2）在弹出的备份对话框的"常规"面板中，可以根据实际需求做各种设置。"数据库"对应的下拉列表中可以重新选择任一可备份的数据库，并可在"名称"或"描述"里输入对该备份的某些标识（比如备份的时间等）。在"备份"区域，选择备份的性质。如果选择"完全"备份，则将数据库所有相关信息以及数据进行备份；如果选择"差异"备份，则只备份自从上一次数据库完全备份之后的变化内容。

在"目的"区域中，通过单击"添加"按钮，可以在弹出的对话框中选择备份文件的存放路径和文件名，如图 4.21 所示。

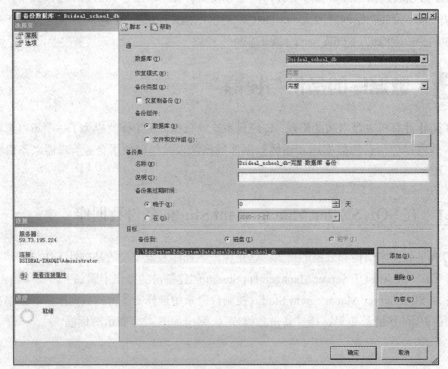

图 4.21　备份数据库操作（b）

（3）在弹出的"选择备份目标"对话框中，选择一个备份的位置。这个位置用户必须有权限访问，不然备份要报错。单击"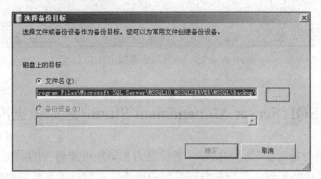"图标，如图 4.22 所示。

图 4.22 备份数据库操作 (c)

（4）"定位数据库文件"，单击"确定"按钮，如图 4.23 所示。

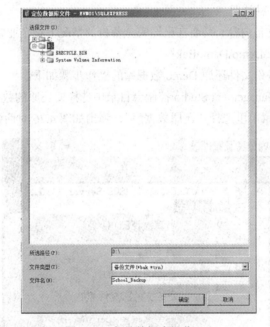

图 4.23 备份数据库操作 (d)

（5）添加完成后，单击"确定"按钮，开始备份，如图 4.24 所示。

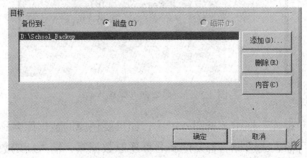

图 4.24 备份数据库操作 (e)

（6）备份成功完成，如图 4.25 所示。

图 4.25　备份数据库操作 (f)

4.3.2　使用 SQL Server Management Studio 还原数据库

数据库的还原是与备份相对应的操作。备份是为了防止可能遇到的系统失败而采取的操作，而还原则是为了对付已经遇到的系统失败而采取的操作。在数据库发生崩溃时能迅速判断出产生非正常状态的原因，并迅速采取有效措施将系统恢复到正常状态，是需要系统管理员拥有非常专业的知识和丰富的实践经验的，这显然超出本书讨论范围。本小节内容只讨论从数据库的完全备份中进行数据库还原这一种情况。

作为本小节案例的准备内容，需要在已经完全备份的情况下在企业管理器中删除 Demo 数据库。完全备份文件是"D:\Demo\DemoBak"。

使用企业管理器从备份文件还原 Demo 数据库的操作步骤如下。

（1）在 SQL Server Management Studio 控制台目录中选择要还原的数据库，鼠标右键单击"所有任务"，在弹出的快捷菜单里选择"还原数据库"，弹出如图 4.26 对话框。

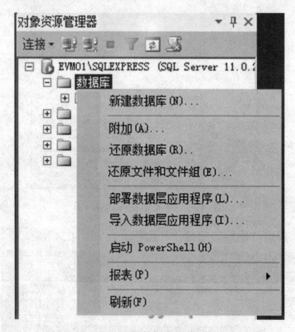

图 4.26　还原数据库操作（a）

（2）在"还原为数据库"框中（见图 4.27），如果要还原的数据库名称与显示的默认数据库名称不同，在其中进行输入或选择。若要用新名称还原数据库，输入新的数据库名称。单击"从设备"单选框，然后单击"选择设备"。

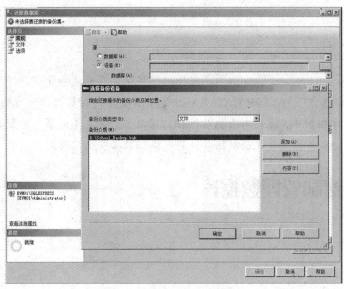

图 4.27 还原数据库操作（b）

（3）检查数据库名称，并选择还原后，单击"确定"按钮，开始执行，如图 4.28 所示。

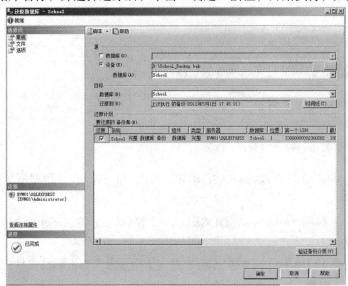

图 4.28 还原数据库操作 (c)

（4）最后单击"确定"按钮，SQL Server 会完成余下的还原工作，并显示成功完成的提示信息。如图 4.29 所示。

图 4.29 还原数据库操作 (d)

本章小结

在 SQL Server Management Studio 内，可使用可视化工具创建和管理数据库。同时，也可以使用 CREATE DATABASE、ALTER DATABASE 等 T-SQL 语句对数据库进行创建和维护。

在数据库的日常维护中，无论对数据库做任何修改，一定要养成事先对数据库进行备份的习惯。一旦出现问题，从备份恢复还原数据库，将是保证数据安全以及完备的唯一方法。

实训 4　创建和管理数据库

目标

完成本实验后，将掌握以下内容：

（1）管理数据库的增长；

（2）备份和还原数据库；

（3）删除数据库。

准备工作

在进行本实验前，必须学习完成本章的全部内容。

实验预估时间：30 分钟。

练习 1　管理数据库

本练习中，请使用 ALTER DATABASE 语句，修改 HongWenSoft 数据库文件的增长。

实验步骤如下。

（1）在"开始｜程序｜Microsoft SQL Server2012｜Microsoft SQL Server Management Studio"路径下打开对象管理器。

（2）选择【文件】|【新建】|【数据库引擎查询】命令或者单击标准工具栏上的【新建查询】按钮（ 新建查询(N) ），创建一个查询输入窗口。

（3）在查询窗口里"查询"文本框里编辑 T-SQL 语句，根据表 4.2 提供的值修改 HongWenSoft 数据。

表 4.2　　　　　　　　　　　　HongWenSoft 数据库初始设置参数

参数	文件名	初始大小	最大文件大小	文件增长
主要数据文件	HongWenSoft_data1	25	100	10%
次要数据文件	HongWenSoft_data2	20	100	10%
日志文件	HongWenSoft_log	10	20	20%

练习 2 使用"数据库向导"备份新 HongWenSoft 数据库

实验步骤如下。Microsoft SQL Server Management Studio

（1）在"Microsoft SQL Server Management Studio"菜单栏的"工具"下拉菜单里，单击"向导"按钮。SQL Server 会显示"选择向导"对话框。

（2）在"数据库"区域选择"备份向导"，然后单击"确定"。SQL Server 将显示向导的第一页，如图 4.30 所示。

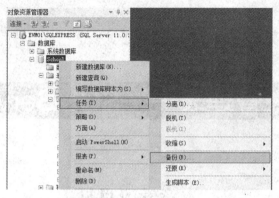

图 4.30 还原数据库操作 (e)

（3）根据"向导"指示，完成 HongWenSoft 数据库的完全备份工作。要求数据库的备份文件位于"D:\Data\"文件夹下，名为"HongWenSoftBak"。

练习 3 使用企业管理器还原数据库

本练习使用练习 2 中生成的备份文件 HongWenSoftBak，在 SQL Server 中还原出一个名为"HongWenSoft"的数据库。该数据库的数据文件和日志文件均放在"E:\HongWenSoft\"目录下。

实验步骤参看本书 4.3 节内容。

习题

1. 什么是数据库文件？数据库文件和日志文件有什么不同？

2. 什么是文件组？

3. 如果你在用 CREATE DATABASE 语句创建数据库时，没有为日志文件指定逻辑名，这个数据库的名字的最大长度是多少？

4. 如果你使用的数据库是非成品型的开发用数据库，你可使用什么数据库选项？

5. 当紧缩一个数据库时，怎样告诉 SQL Server 在数据库留下 50%的空余空间？

第5章

管理表——SQL Server 表管理

本章学习目标

本章讲解数据库表的制作以及表间关系的实现。介绍创建数据类型、表的方法及技术，然后讲解创建表间关系以及约束的各种方法，以及通过查询分析器展示 T – SQL 语句应用方法。通过本章学习，读者应该掌握以下内容：

- ●掌握创建用户自定义数据类型的方法
- ●掌握创建和管理数据库表的方法
- ●掌握数据完整性控制，理解表间关系和约束
- ●能根据关系图，完成数据类型以及数据库表的设计

5.1 SQL Server 2012 的数据类型

关系数据库中，所有的数据是存放在数据表里的。在创建表之前，必须定义所要存储数据的类型。如果读者曾经使用过某种编程语言，那么一定对数据类型的概念或指定数据类型只能存储指定类型的数据的概念很熟悉。SQL Server 2012 提供了多种系统数据类型，同时也允许基于系统数据类型的用户定义数据类型。

5.1.1 SQL Server 2012 内置数据类型

在 Microsoft SQL Serve 2012 中，每个列、局部变量、表达式和参数都有一个相关的数

据类型，这是指定对象可持有的数据类型（整型、字符、money 等等）的特性。SQL Server 提供系统数据类型集，定义了可与 SQL Server 一起使用的所有数据类型。下表列出系统提供的数据类型集：

表 5.1　　　　　　　　　　　　　　　SQL Server 2012 内置数据类型

bigint	Binary	bit	char	cursor
datetime	Decimal	float	image	int
money	Nchar	ntext	nvarchar	real
smalldatetime	Smallint	smallmoney	text	timesamp
tinyint	Varbinary	Varchar	uniqueidentifier	

上表中的数据类型归纳起来，可以分为以下几大类，在实际操作中可根据需求选取恰当的数据类型：

1. 精确数字

● 整数

bigint

从-2^63 (-9223372036854775808)到 2 ^ 63-1(9223372036854775807)的整型数据（所有数字）。存储大小为 8 个字节。

int

从-2^31 (-2,147,483,648) 到 2^31 - 1 (2,147,483,647) 的整型数据（所有数字）。存储大小为 4 个字节。int 的 SQL-92 同义字为 integer。

smallint

从-2^15 (-32,768)到2^15 - 1 (32,767)的整型数据。存储大小为 2 个字节。

tinyint

从 0 到 255 的整型数据。存储大小为 1 字节。

注意

在支持整数值的地方支持 bigint 数据类型。但是，bigint 用于某些特殊的情况，当整数值超过 int 数据类型支持的范围时，就可以采用 bigint。在 SQL Server 中，int 数据类型是主要的整数数据类型。

SQL Server 不会自动将其他整数数据类型（tinyint、smallint 和 int）提升为 bigint。

● bit

整型数据 1、0 或 NULL。

注意：不能对 bit 类型的列使用索引。SQL Server 会优化用于 bit 列的存储。例如，如果一个表中有不多于 8 个的 bit 列，这些列将作为一个字节存储。如果表中有 9 到 16 个 bit 列，这些列将作为两个字节存储。更多列的情况依此类推。

● decimal 和 numeric

带定点精度和小数位数的 numeric 数据类型。使用格式如下：

decimal[(p[, s])] 和 **numeric**[(p[, s])]

使用最大精度时，有效值从 - 10^38 +1 到 10^38 - 1。

p（精度）：指定小数点左边和右边可以存储的十进制数字的最大个数。精度必须是从 1 到最大精度之间的值。最大精度为 **38**。

s（小数位数）：指定小数点右边可以存储的十进制数字的最大个数。小数位数必须是从 0 到 *p* 之间的值。默认小数位数是 0，因而 0<= *s* <= *p*。最大存储大小基于精度而变化。

表 5.2　　　　　　　　　　　　　　精确数字类型

精度	存储字节数
1-9	5
10-19	9
20-28	13
28-38	17

●money 和 smallmoney

代表货币或现金值的货币数据类型。

money

货币数据值介于 -2^63 与 2^63 - 1 之间，精确到货币单位的千分之十。存储大小为 8 个字节。

smallmoney

货币数据值介于 -214 748.3648 与 +214.748 3647 之间，精确到货币单位的千分之十。存储大小为 4 个字节。

2. 近似数字

用于表示浮点数字数据的近似数字数据类型。浮点数据为近似值。并非数据类型范围内的所有数据都能精确地表示。

float

从 - 1.79E + 308 到 1.79E + 308 之间的浮点数字数据。使用语法为 float（n），n 为用于存储科学记数法 float 数尾数的位数，同时指示其精度和存储大小。n 必须为从 1 到 53 之间的值。

表 5.3　　　　　　　　　　　　　　近似数字类型

n 所在范围	精度	存储字节数
1-24	7 位	4
35-53	15 位	8

real

从 3.40E + 38 到 3.40E + 38 之间的浮点数字数据。存储大小为 4 字节。在 SQL Server 中，real 的同义词为 float(24)。

3. 日期

datetime

从 1753 年 1 月 1 日到 9999 年 12 月 31 日的日期和时间数据，精确到百分之三秒（或 3.33 毫秒）。

smalldatetime

从 1900 年 1 月 1 日到 2079 年 6 月 6 日的日期和时间数据，精确到分钟。

注意

Microsoft SQL Server 用两个 4 字节的整数内部存储 datetime 数据类型的值。第一个 4 字节存储 base date（即 1900 年 1 月 1 日）之前或之后的天数。基础日期是系统参考日期。不允许早于 1753 年 1 月 1 日的 datetime 值。另外一个 4 字节存储以午夜后毫秒数所代表的每天的时间。

smalldatetime 数据类型存储日期和每天的时间，但精确度低于 datetime。SQL Server 将 smalldatetime 的值存储为两个 2 字节的整数。第一个 2 字节存储 1900 年 1 月 1 日后的天数。另外一个 2 字节存储午夜后的分钟数。日期范围从 1900 年 1 月 1 日到 2079 年 6 月 6 日，精确到分钟。

4. 字符串

char

固定长度的非 Unicode 字符数据，最大长度为 8 000 个字符。

varchar

可变长度的非 Unicode 数据，最长为 8 000 个字符。

text

可变长度的非 Unicode 数据，最大长度为 $2^{31} - 1$ (2 147 483 647) 个字符。

5. Unicode 字符串

nchar

固定长度的 Unicode 数据，最大长度为 4 000 个字符。

nvarchar

可变长度 Unicode 数据，其最大长度为 4 000 个字符。sysname 是系统提供用户定义的数据类型，在功能上等同于 nvarchar(128)，用于引用数据库对象名。

ntext

可变长度 Unicode 数据，其最大长度为 $2^{30} - 1$ (1 073 741 823) 个字符。

6. 二进制字符串

binary

固定长度的二进制数据，其最大长度为 8 000 个字节。

varbinary

可变长度的二进制数据，其最大长度为 8 000 个字节。

image

可变长度的二进制数据，其最大长度为 $2^{31} - 1$ (2 147 483 647) 个字节。

7. 其他数据类型

cursor

游标的引用。

timestamp

数据库范围的唯一数字，每次更新行时也进行更新。

uniqueidentifier

全局唯一标识符(GUID)。

5.1.2　用户自定义数据类型

用户可自行定义数据类型基于 Microsoft SQL Serve 2012 中的系统数据类型。当多个表的列中要存储同样类型的数据，且想确保这些列具有完全相同的数据类型、长度和为空性时，可使用用户定义数据类型。例如，可以基于 vchar 数据类型创建名为 postal_code 的用户定义数据类型。

创建用户定义的数据类型时必须提供以下 3 个参数：

● 名称

● 新数据类型所依据的系统数据类型

● 为空性（数据类型是否允许空值）

如果为空性未明确定义，系统将依据数据库或连接的 ANSI Null 默认设置进行指派。

说明：　如果用户定义数据类型是在 model 数据库中创建的，它将作用于所有用户定义的新数据库中。如果数据类型在用户定义的数据库中创建，则该数据类型只作用于此用户定义的数据库。

使用 SQL Server2012 可以很方便地创建用户自定义数据类型。

（1）在 SQL Server management studio 中展开数据库 HongWenSoft（在本书光盘中可找到本数据库备份）。

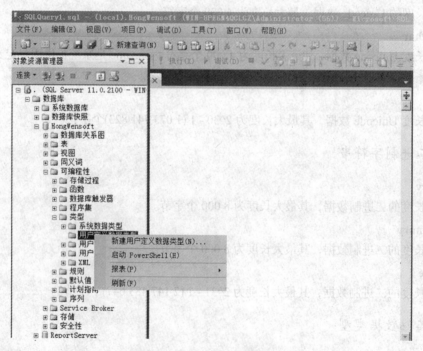

图 5.1　定义用户数据类型操作

随后弹出如图 5.2 所示的"用户定义数据类型属性"对话框。

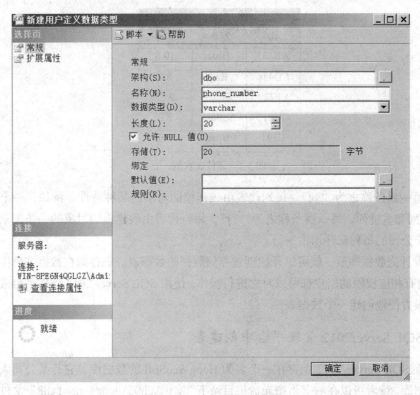

图 5.2   定义用户数据类型操作

（2）输入新建数据类型的名称 phone_number，在"数据类型"列表中，选择基数据类型。

（3）如"长度"处于活动状态，若要更改此数据类型可存储的最大数据长度，可键入另外的值。长度可变的数据类型有：binary、char、nchar、nvarchar、varbinary 和 varchar。

（4）若要允许此数据类型接受空值，可选择"允许空值"命令。

（5）在"规则"和"默认值"列表中选择一个规则或默认值（若有）以将其绑定到用户定义数据类型上。（可选）

以上操作完成了数据类型 phone_number 的创建。在其他用到数据类型的对象中（例如表、视图、变量等）可以像使用系统数据类型一样对其加以使用，因为系统能自动将其解析为 varchar（20）。这样做的好处是提供一个便利的方法确保数据类型的一致性，例如数据库中可能将在很多表中储存各种电话号码，但这些号码的存储方法将是统一的。

因此使用用户自定义数据类型能使数据库更协调和清晰。当不再使用自定义某数据类型时，可选中该数据类型，在右键快捷菜单中单击"删除"命令来删除，但要注意，若该数据类型被一个或多个表所使用时，删除将不会成功。

5.2   创建表

数据库表是组成关系数据库最常见的数据库对象之一。每个表代表某类对用户有意义的对象。与日常生活中使用的表格类似，数据库表也是由行（Row）和列（Column）组成的。下图是一个简单的表例：

部件表		
ID	颜色	重量
AB123	Blue	10.5
CD456	Red	8.0
EF789	Green	9.25
GH012	Yellow	8.0
IJ341	Blue	1.0

图 5.3 部件表表例

上图中每一纵条称之为"列"。每列代表由表建模的对象的某种特性。例如，一个部件表有 ID 列、颜色列和重量列。每一横条称之为"行"。每行代表由表建模的对象的一条记录。例如，部件表中属于公司的每种部件均占一行。

通常在设计完数据库后，就可以开始创建存储数据的数据表。表存储在数据文件中，只要不被删除，任何有相应权限的用户都可以对之进行操作。使用 SQL Server 2012 管理平台或者 T-SQL 语句都可以很方便地创建一个数据表。

1. 在 SQL Server2012 管理平台中创建表

现假设在 SQL Server 2012 上存在一个名为 HongWenSoft 的数据库，它是某公司人事管理系统的后台数据库。读者可以在随书附赠光盘根目录下"实训\Ch05\HongWenSoftHR"文件夹下找到该数据库的备份文件。本章的实例均基于此数据库。

创建一个表，必须指定表名、表中所含的列名以及每列的数据类型。

下例使用管理平台创建一个名为"Employee"的表。该表用于记录公司员工基本信息，并将作为基础表与数据库中其他的表联系。

（1）在管理平台根目录下选中"数据库"文件夹中的 HongWenSoft 数据库。展开"表"对象后，在右键弹出的快捷菜单中，选择"新建表"。

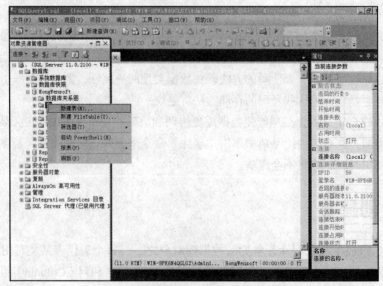

图 5.4 使用管理平台创建表操作 (a)

（2）当前弹出的就是 SQL Server 表设计器。表设计器是一种可视化工具，通过它可以对所连接的数据库中的单个表进行设计和可视化处理。

表设计器分两部分。上半部分显示网格，网格的每一行描述一个数据库列。网格显示每个数据库列的基本特征：列名、数据类型、长度和允许空值设置。表设计器的下半部分为在上半部分中突出显示的任何数据列显示附加特性。从表设计器中还能访问属性页，通过属性页可以创建和修改表的关系、约束、索引和键。这将在本章后面小节中讨论。

在设计列的时候要考虑以下情况。

●每个表最多有 1024 列，每列最多有 8060 字节（但不含 image、text 和 ntext 类型）；

●SQL Server 支持在一个数据库中以不同规则存储对象，因此可以在表设计器中列的附加属性部分为每个列指定不同的排序规则。

●由于列名常常会被重复引用，因此最好避免冗长或不利于记忆的名字。同一个表里不能有重复的列名，但不同的表中的列名可以相同。列名的选择是自由的，只要遵从标识符规则以及避免保留关键字（例如 "select"、"table" 等）就可以。

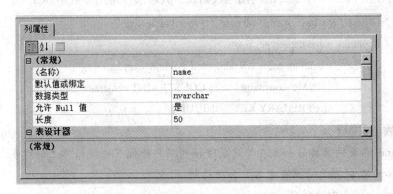

图 5.5　使用管理平台创建表操作 (b)

●表设计的目标之一是在每个表中应有个唯一值列，这个列或字段被称为主关键字段。主关键字段将作为各项记录在表中唯一标识。主关键字段也可以是多个列的组合，这种情况下，就由多个列值的组合来标识单个记录。在本实例中，将使用 ⚲ 使 "EmployeeID" 列成为主关键字段。

●当设置某列为标识列时，选择的数据类型决定列的性质。表示列有 int、smallint、tinyint 或 decimal 几种数据类型。当 SQL Server 在有标识的列中插入行时，它将自动产生基于最新值的列值（从标识种子值开始，每添一条记录标识值按标识递增量逐条递增）。例如，若定义标识列是标识种子 50 和标识增量为 5 的 int 型，那么指定列插入的第一行是 50，第二行是 55，第三行是 60，以此类推。需要注意的是，表中只有一列可以设置标识属性。

●可以在每一列上指定该列的值是否允许为空。一般来说 SQL 能够识别存储在一列中的内容，但空值（NULL）几乎是个矛盾的反例。因为空值意味着该字段实际没有存储任何值。如果选择某列为不允许空值（NOT NULL），那么插入该表的记录中，指定列必须要有一个实在的值存在。根据经验，一般来说不要使表的主关键字段和所有外部关键字段包含空值。

（3）完成表中每个列的设计后，单击表设计器工具栏菜单上的保存按钮，在弹出的对话框中输入表名，单击"确定"按钮，保存新建的表。该表的信息将被写入数据库数据文件。

图 5.6　使用管理平台创建表操作 (c)

至此，已完成了 HongWenSoft 数据库中"Employee"表的建立。

2. 在查询分析器中创建表

虽然管理平台只使用鼠标就能很方便地创建数据库以及数据库中的对象，但根据经验，创建好的 SQL 程序安装脚本也是非常重要的。在数据库项目开发过程中，当不断地对初始数据库进行修改、并偶尔想用所做的最新变化重建数据库时，将会看到这个脚本的价值，因为使用图形化工具重建数据库，将会非常耗时。此外，知道这个过程的 SQL 格式可将同一知识运用到其他数据库系统。

T-SQL 语言使用 CREATE TABLE 语句创建数据表，其语法及常用参数描述如下：

```
CREATE TABLE   [ database_name.[ owner ] .| owner.] table_name
        ( { column_name data_type
                | column_name AS computed_column_expression
                | < table_constraint > ::= [ CONSTRAINT constraint_name ] }
                | [ { PRIMARY KEY | UNIQUE } [ ,..., n ]   )
```

其中各参数说明如下。

●table_name 新表的名称。如果在非当前连接的用户所拥有的数据库上创建表，则要在表名前使用"数据库的名.数据库的拥有者名"加以标明。

●column_name　表中的列名。

●data_type　指定列的数据类型。可以是系统数据类型或用户定义数据类型。用户定义数据类型必须先用 sp_addtype 创建，然后才能在表定义中使用。

●PRIMARY KEY 指定该列为主关键字段。

●IDENTITY　指定该列为自动增长。

在查询分析器里用下列代码在 HongWenSoft 数据库创建表"Department"，该表用于记录企业内部的部门信息。每个独立的部门在该表中都对应一条记录。该表通过与 Employee 表关联可以确定员工所属的部门。该表中还记录了部门经理的员工编号，可以确定每个部门的部门经理。

```
CREATE TABLE Department
```

```
        ( DeptID int IDENTITY (50, 1) not null    PRIMARY KEY,
          DeptName    char(10),
      Desciption    char(50),
      ManagerID    int
       )
```

返回到管理平台，将 HongWenSoft 数据库刷新后，可以在表对象里面看到新建的表
Department。双击该表，可以查看该表的属性。

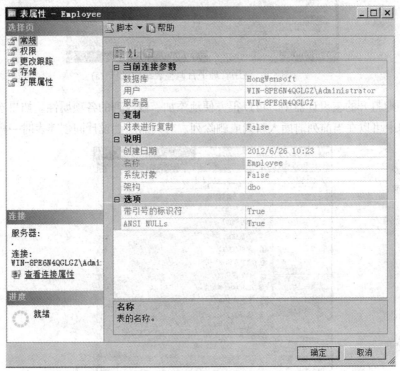

图 5.7　"表属性"对话框

5.3　添加、修改、删除列

在数据库项目的开发过程中，不可避免要对初期的数据库设计进行一定的修正、对现有表进
行改动。例如在表中添加、修改或删除某一列。可使用管理平台或 T-SQL 语句对表进行这些操作。

1. 在管理平台中调整表结构

使用管理平台修改 HongWenSoft 数据库中名为"Salary"的表。该表用于记录员工每月的工
资信息，包括工资发放日期、工资组成等。

（1）在管理平台根目录下选中"数据库"文件夹中的 HongWenSoft 数据库。展开"表"对象
后，选择"Salary"表，从右键弹出快捷菜单中选择"设计"。

图 5.8   使用管理平台调整表结构操作 (a)

（2）在随即打开的表设计器中，可以很方便地添加、修改列的各项属性。如果选中某列，在右键弹出菜单中可以在当前列前插入新列或删除列。对列的属性设计同创建表时一样。

图 5.9   使用管理平台调整表结构操作 (b)

（3）最后单击保存图标保存修改，关闭表设计器。

2. 在查询分析器中调节表结构

在查询分析器中可以使用 ALTER TABLE 语句对表进行修改。
其语法格式为

```
ALTER TABLE    [ database_name.[ owner ] .| owner.] table_name
    { ADD column_name data_type
            | ALTER COLUMN column_name new_data_type [NULL|NOT NULL]
            | DROP { [ CONSTRAINT ] constraint_name | COLUMN column } [ ,..., n ]
    }
```

（1）添加列操作

添加列时，需要注意每个 ALTER TABLE 语句只能添加一列。如果新列不允许 NULL 值并且不是标识列时那么新列必须定义默认值。如果新添加的列是空的并且有默认值时，那么表中已有的记录当前列不会填充默认值而是 NULL 值。下列在表"tblSalary"中添加允许空值的列 OtherSalary，数据类型是 money 型：

```
ALTER TABLE Salary
ADD    OtherSalary    money    null
```

（2）修改列操作

下列语句执行后将使 OtherSalary 列的类型改为 int 型：

```
ALTER TABLE    Salary
ALTER COLUMN    OtherSalary    int
```

（3）删除列操作

下列语句执行后将删除 OtherSalary 列：

```
ALTER TABLE    Salary
DROP COLUMN    OtherSalary
```

5.4　删除表

删除表将永久删除表的定义、所有数据以及该表的相应权限，恢复的唯一方法是数据库的备份。数据库中表与表之间可能有某种约束关系（参看本章第 5 节数据完整性），因此在删除表前，应该首先删除该表与其他对象之间任何相关性。

1. 在管理平台中删除表

在管理平台中删除表的步骤如下。

（1）在数据库的表详细信息中选择需要删除的表。

（2）按键盘上"Delete"键，将弹出"除去对象"对话框。

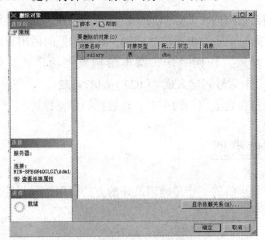

图 5.10　使用管理平台删除表操作 (a)

（3）单击"显示依赖关系"按钮，可以显示由于删除表而受影响的任何对象。只有在表和其他对象完全没有联系的情况下，该表才能被删除。例如下图中的情况，需要先删除 tblManager 表和 tblDepartment 表间的关系（此操作需参看本章第 5 节数据完整性）。

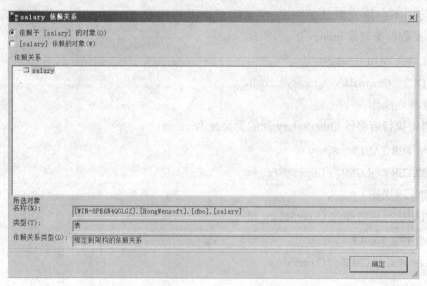

图 5.11　使用管理平台删除表操作 (b)

（4）当确定表不与其他对象相关后单击"全部除去"，SQL Server 2012 将删除所选择的表。

2.　在查询分析器中删除表

使用 DROP TABLE 语句可以删除表。例如在查询分析器里运行下列语句将删除 tblManager 表和 tblSalary 表：

```
DROP TABLE    tblManager，tblSalary
```

5.5　数据完整性

数据完整性是指存储在数据库中的数据的一致性和准确性。我们必须保证数据准确且在数据库中一致存储，才能从数据库中检索出正确的数据，并在数据间做出正确的比较。例如，当人们往数据库中输入数据的时候，任何时候，都不希望数据的录入员录入某人的电话号码为"027-63839216"，而另一个电话号码输入成"（027）64879322"。

在关系数据库中，通过在表上应用约束来处理数据的完整性。

5.5.1　数据完整性类型

在数据库规划过程中最重要的一步是确定最好的方法以用于强制性数据完整性。数据完整性分为以下几种类型。

●域（列）完整性

域完整性指定一组对列有效的数据值，并确定是否允许有空值。通常使用有效性检查强制域完整性，也可以通过限定列中允许的数据类型、格式或可能值的范围来强制数据完整性。

●实体（表）完整性

实体完整性要求表中所有的行具有唯一的标识符，即主键值（primary key value）。是否可以改变主键值或删除一整行，取决于主键和其他表之间要求的完整性级别。

●引用完整性

引用完整性确保始终保持主键（在被引用表中）和外键（在引用表中）的关系。如果有外键引用了某行，那么不能删除被引用表中的该行，也不能改变主键，除非允许级联操作。可以在同一个表中或独立的表之间定义。

●用户自定义完整性

用户定义完整性使您得以定义不属于其他任何完整性分类的特定业务规则。所有的完整性类型都支持用户定义完整性（CREATE TABLE 中的所有列级和表级约束、存储过程和触发器）。

5.5.2　强制数据完整性

可以通过两种方法强制数据的完整性：由声明保证的数据完整性和由代码保证的数据完整性。

1．由声明保证的数据完整性

使用由声明保证的数据完整性，是定义数据必须满足的标准。将该标准作为对象定义的唯一一部分，然后由 Microsoft SQL Server 2012 自动确保数据符合该标准。由声明保证的完整性是实现基本数据完整性的首选方法。常用的声明方法有：

●通过使用直接在表或列上定义的声明约束，可以使完整性作为数据库定义的一部分被声明；

●通过使用约束、默认值和规则实现声明保证。

2．由代码保证的数据完整性

使用由代码保证的数据完整性，即可以通过编写脚本来定义数据必须满足的标准，并执行这个标准。使用由代码保证的完整性可以处理比较复杂的业务逻辑。可以通过在服务器或客户机上使用其他编程语言和工具，以及使用触发器或存储过程来实现由代码保证的数据完整性。

5.5.3　定义约束

约束（constraint）是关系数据库中的对象用以存放关于插入到一个表的某一列数据的规则。约束是强制数据完整性的首选方法。下面将介绍约束的类型、每种约束强制哪种数据完整性以及如何定义约束。

1．约束的类型

下面是关系数据库中不同类型的约束的列表，每种约束都有自己的功能。

表 5.4 约束的类型

完整性类型	约束类型	说　　明
域	DEFAULT	当 INSERT 语句中没有明确的提供值时，为列指定的值
	CHECK	指定在列中可接受的值
	REFERENTIAL	基于另一表中的列值，指定可接受的数值进行更新
实体	PRIMARYKEY	唯一标识每一行，确保没有重复记录，不允许空值，并创建了索引
	UNIQUE	防止的每一行（非主键）列出现重复值，允许空值（最多有一行为空值），创建了索引，以提高性能
引用	FOREIGN KEY	定义单列或组合列，列值匹配同一个表或其他表的主键

2. 创建约束

通过使用 CREATE TABLE 语句或 ALTER TABLE 语句来创建约束。可以向已有数据的表添加约束，并且可以将约束放置在单列或多列上。如果约束用于单列，则成为列级约束；如果约束涉及多列，则称为表级约束。创建约束的语法如下：

```
CREATE TABLE
  [ database_name.[ owner ] .| owner.] table_name
( { < column_definition >
    | column_name AS computed_column_expression
    | < table_constraint > ::= [ CONSTRAINT constraint_name ] }
      | [ { PRIMARY KEY | UNIQUE } [ ,...,n ]
)

[ ON { filegroup | DEFAULT } ]
[ TEXTIMAGE_ON { filegroup | DEFAULT } ]

< column_definition > ::= { column_name data_type }
  [ COLLATE < collation_name > ]
  [ [ DEFAULT constant_expression ]
    | [ IDENTITY [ ( seed , increment ) [ NOT FOR REPLICATION ] ] ]
  ]
  [ ROWGUIDCOL]
  [ < column_constraint > ] [ ...n ]

< column_constraint > ::= [ CONSTRAINT constraint_name ]
  { [ NULL | NOT NULL ]
    | [ { PRIMARY KEY | UNIQUE }
      [ CLUSTERED | NONCLUSTERED ]
      [ WITH FILLFACTOR = fillfactor ]
```

```
            [ON {filegroup | DEFAULT} ] ]
        ]
        | [ [ FOREIGN KEY ]
            REFERENCES ref_table [ ( ref_column ) ]
            [ ON DELETE { CASCADE | NO ACTION } ]
            [ ON UPDATE { CASCADE | NO ACTION } ]
            [ NOT FOR REPLICATION ]
        ]
        | CHECK [ NOT FOR REPLICATION ]
        ( logical_expression )
    }
< table_constraint > ::= [ CONSTRAINT constraint_name ]
    { [ { PRIMARY KEY | UNIQUE }
        [ CLUSTERED | NONCLUSTERED ]
        { ( column [ ASC | DESC ] [ ,...,n ] ) }
        [ WITH FILLFACTOR = fillfactor ]
        [ ON { filegroup | DEFAULT } ]
    ]
    | FOREIGN KEY
        [ ( column [ ,...,n ] ) ]
        REFERENCES ref_table [ ( ref_column [ ,...,n ] ) ]
        [ ON DELETE { CASCADE | NO ACTION } ]
        [ ON UPDATE { CASCADE | NO ACTION } ]
        [ NOT FOR REPLICATION ]
    | CHECK [ NOT FOR REPLICATION ]
        ( search_conditions )
    }
```

下面示例创建了 employee 表，定义了列以及列级和表级约束。

```
CREATE TABLE employee
(   employeeID   int   IDENTITY(1,1)   NOT NULL,
    employeeName nvarchar(40)          NOT NULL,
    baseSalary   money     NULL   DEFAULT(800),
    managerID    int    NULL,
    onBoardDate   datetime   NULL   CONSTRAINT CK_boardDate_
                                CHECK (onBoardDate < getdate()),
    depmID       int     NULL   DEFAULT(1),
    CONSTRAINT PK_Employees primary key (employeeID),
    CONSTRAINT      FK_Employees_Managers      FOREIGN      KEY      (managerID)      references
```

Manager(managerID),

    CONSTRAINT   FK_Employees_Deptments   FOREIGN   KEY   (depmID)   references Department(depmID)

)

3. 使用约束的注意事项

在实现或修改约束时，要考虑以下情况。

● 不需要删除和重建表就可以创建、修改和删除约束；

● 必须在应用程序和事务处理中建立错误检查逻辑，以检测是否违反了约束；

● 向表添加约束时，SQL Server 将验证现有数据；

● 在创建约束时应该对其命名，因为 SQL Server 提供了复杂的、系统生成的名字（如上例创建 employee 表中的某一外键约束名被命名为 "FK_Employees_Managers"）。另外对于数据库所有者来说，名字必须是唯一的，并且遵循 SQL Server 标识符的规则。

本章小结

SQL Server 2012 中除提供各种基本数据类型外，还允许用户创建自定义数据类型。在创建以及维护数据表时，可以根据需要，为表中的各域选取合适的数据类型。

使用表设计器可以很方便地对表进行创建、修改等操作。在需要多次部署或创建表时，可以使用 CREATE TABLE、ALTER TABLE 等语句来简化操作。

在对数据库中的表进行修改或删除操作时，还需要注意该表与数据库中其他表的约束关系。

实训 5　创建和管理数据表

目标

完成本实验后，将掌握以下内容：

（1）使用 T-SQL 语言或管理平台创建表；

（2）使用 T-SQL 语言或管理平台修改表；

（3）使用 T-SQL 语言或管理平台删除表；

（4）使用 T-SQL 语言创建、修改表关系。

准备工作

在进行本实验前，必须具备以下条件：

完成本章节所有实训部分内容。

实验预估时间：30 分钟。

练习 1　创建和管理表

根据下列要求在 HongWenSoft 数据库中创建 Employee、Department 以及 Salary 三个表。各个表的设计如下。

Employee 表：用于记录员工基本信息，并作为基础表与其他表连接。

表 5.5　　　　　　　　　　　　　　Employee 表结构

名称	类型	可否为空	说明	备注
EmployeeID	int 4	否	员工编号	主键，自动生成
Name	nvarchar 50	否	员工姓名	
LoginName	nvarchar 20	否	员工登录名	建议为英文字符，且与姓名不同
Password	binary 20	可	员工登录密码	
Email	nvarchar 50	否	员工电子邮件	
DeptID	int 4	可	员工所属部门编号	
BasicSalary	int 4	可	员工基本工资	
Title	nvarchar 50	可	员工职位名称	
Telephone	nvarchar 50	可	员工电话	
OnboardDate	datetime 8	否	员工报到日期	
SelfIntro	nvarchar 200	可	员工自我介绍	初始为空，由员工自行输入
VacationRemain	int 4	可	员工剩余假期	小时数
EmployeeLevel	int 4	可	员工的级别	
PhotoImage	image 16	可	员工照片	

Department 表：用于记录企业内部的部门信息。每个独立的部门在该表中都对应一条记录。该表通过与 Employee 表关联可以确定员工所属的部门。该表中还记录了部门经理的员工编号，可以确定每个部门的部门经理。

表 5.6　　　　　　　　　　　　　　Department 表结构

名称	类型	可否为空	说明	备注
DeptID	int 4	否	部门编号	主键，自动生成
DeptName	char 10	可	部门名称	
Desciption	char 50	可	部门描述	
ManagerID	int 4	可	部门经理编号	

Salary 表：用于记录员工每月的工资信息，包括工资发放日期、工资组成等。表 Salary 通过字段 EmployeeID 与表 Employee 关联。

表 5.7   Salary 表结构

名称	类型	可否为空	说明	备注
SalaryID	int 4	否	工资编号	主键，自动生成
EmployeeID	int 4	否	员工编号	
SalaryTime	datetime 8	否	工资发放时间	
BasicSalary	int 4	可	员工基本工资	
OvertimeSalary	int 4	可	加班工资	
AbsenseSalary	int 4	可	缺勤扣除	
OtherSalary	int 4	可	其他工资	

练习 2　创建、修改练习 1 中创建表之间的约束关系

各个表的外键和约束设计如下：

Employee 表

表 Employee 的外键有 DeptID，类型为 int，用于与表 Department 中的 DeptID 字段关联。DeptID 字段可以为空，在此情况下表示员工不在任何部门中。

表 Employee 的外键有 EmployeeLevel，类型为 int，用于与表 EmployeeLevel 中的 EmployeeLevel 字段关联。

表 Employee 中的 LoginName 字段建议为英文字符，且不能与员工姓名相同也不可以为空字符串。

Department 表

表 Department 的外键为 ManagerID，类型为 int，用于与表 Employee 的 EmployeeID 相关联。

Salary 表

表 Salary 的外键是 EmployeeID，类型为 int，用于与表 Employee 中的 EmployeeID 字段关联。本章实训部分的所有脚本，可以从本书光盘中得到。

习题

1. 什么是表？
2. 什么是列？
3. &Column1 是一个有效的列名吗？为什么？
4. 数据类型用来作什么？
5. CREATE TABLE 语句可做什么用？
6. 如果创建表时，没有指定 NULL 或 NOT NULL，SQL Server 在缺省情况用什么？
7. 更改表 Table1 并增加一列 Column3，数据类型为 int，用什么命令？
8. 如果你从一个数据库中误删了一个表，要想恢复它，必须做什么？

第6章

管理数据——SQL Server 数据管理

本章学习目标

数据库管理系统的主要功能就是数据管理。本章所讲述内容是软件开发人员最常运用到的技术，也是后续 SQL Server 数据库设计技术的基础。通过本章学习，读者应该掌握以下内容：

- ●掌握使用 T–SQL 语句完成插入数据的操作
- ●掌握使用 T–SQL 语句完成更新数据的操作
- ●掌握使用 T–SQL 语句完成删除数据操作
- ●学习相应 T–SQL 语句的各种选项和子句，完成数据管理

本章对于涉及的简单 T–SQL 查询语句（SELECT 语句），将给予少量必要解释，具体详细内容请参看本书第七章。

6.1 条件表达式及逻辑运算符

1. 条件表达式

数据库管理着数以千计的数据。根据实际需要在数据库里找出一个或多个数据，需要一个或多个条件。例如，寻找名字为"Brown"的人，将使用如下条件：

NAME = 'Brown'

再比如在公司里找出上个月工作超过 100 小时的人，可以用下列条件：

NUMBEROFHOUS > 100

这些条件将以条件表达式的形式存在于 T-SQL 语言中，完成对特定数据的管理。条件表达式最常见的形式是由变量、常量和比较操作符组成。第一个例子中，变量是 NAME，常量是"Brown"，比较操作符是"="；第二个例子中，变量是 NUMBEROFHOUS，常量是 100，比较操作符是">"。常用的操作符如下。

●算术操作符

四则运算符，如"+"、"-"、"*"、"/"以及取模运算符"%"等；下面的语句将查询出每个产品单价都加 5 元的新价格。

```
SELECT   price + 5   newPrice
FROM     products
```

●比较操作符

■ 等号"="

表示两者相等关系；

■ 大于">"和大于等于号">="

■ 小于"<"和小于等于号"<="

表示两者之间大小关系；

■ 不等号"! ="或"<>"

表示两者间不等关系；下面的语句将查询出所有公司不在北京的客户名称：

```
SELECT   customerName
FROM     Customers
WHERE    companyArea   <> 'Beijing'
```

●字符操作符

■ LIKE 操作符

用于从数据库中查询符合某种模式而又不完全精确的查询。

■ 通配符%

与 LIKE 结合使用达到模糊查询的目的

下列语句将查询出所有姓名以"Back"开头的员工数据：

```
SELECT   *
FROM     employees
WHERE    emplyeeName   LIKE   'Back%'
```

2. 逻辑操作符

对于某些复杂的问题而言，单个的条件表达式是不够的。例如，如需要找出所有 NAME 以"P"打头，并有 3 天以下的休假的工作人员时，就需要逻辑操作符将两个或更多的条件表达式连接起来。逻辑操作符有以下 3 种。

●AND（与）

AND 表示只有在它两边的条件表达式都是 TRUE 时才返回 TRUE。只要有一个表达式是 FALSE，那么 AND 运算返回 FALSE。例如上面的问题就可以用下面的语句解决：

```
SELECT    employeeID
FROM      employees
WHERE     emplyeeName  LIKE  'P%'
AND       daysOfHoliday < 3
```

●OR（或）

OR 表示在它两边的条件表达式只要有任何一个值为 TRUE，则 OR 运算后返回 TRUE。下面语句将查出所有工作 5 年以上或休假少于 5 天的员工：

```
SELECT    employeeID
FROM      employees
WHERE     workyears  >  5
OR        daysOfHoliday < 5
```

●NOT（非）

NOT 就是"非"的意思。如果条件表达式值为 TRUE，经过 NOT 运算后将返回 FALSE。下面语句将查出所有名字不以'B'打头的员工：

```
SELECT    *
FROM      employees
WHERE     emplyeeName  NOT  LIKE  'B%'
```

6.2　插入数据

在管理平台中，在数据库中选择需要插入数据的表，单击鼠标右键，在弹出的快捷菜单中选择"打开表"|"返回所有行"命令，将得到该表中所有的行记录。例如下图的操作将显示 Northwind 数据库中 Categorise 表中所有的行。

图 6.1　查看表里的所有数据

在行记录里可以在新的一行方便地插入新的记录。

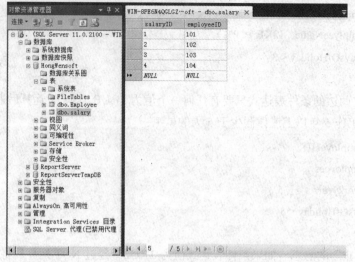

图 6.2　使用管理平台插入新数据

通过 T-SQL 语句，也可以指定一组值或由 SELECT 语句生成的结果作为插入值插入到创建好的表中；还可以在创建表的同时插入数据，而不必为一行中所有字段插入数据。常用于插入数据的语句有以下两种形式：使用 VALUES 子句和使用 INSERT…SELECT 语句。

1. 使用 VALUES 子句插入一行数据

使用 INSERT 语句可以把一行数据插入到表中，其语法如下：

```
INSERT [ INTO]
{ table_name WITH ( < table_hint_limited > [ ...n ] )
        | view_name
    | rowset_function_limited
}
{   [ ( column_list ) ]
    { VALUES
        ( { DEFAULT | NULL | expression } [ ,...,n ] )
  | derived_table
  | execute_statement
    }
}
| DEFAULT VALUES
```

例如，下面的语句用 VALUES 子句将一个新的 shipper 插入到 Shippers 表中：

```
INSERT INTO Northwind.dbo.Shippers (CompanyName, Phone)
VALUES (N'Snowflake Shipping', N'(503)555-7233')
```

在使用 INSERT VALUES 语句的时候，要注意以下几条原则。

●插入的新行数据必须满足被插入记录表的约束关系，否则该操作将不会成功；

●如果有选择的插入表中几列的值，可以使用 column_list 保存所需的列，这时必须使用括号（ ）将 column_list 括起来，并使用"，"将各列隔开。如果是插入所有的列的值，则 column_list 可以省略。

●使用 VALUES 子句指定需要插入的数据，其数据的类型和顺序必须和 column_list 中列的数据类型及顺序相对应，保持一致。

●如果列存在默认值或允许空值，就可以在 column_list 中忽略该列。SQL Server 将自动插入。

2. 使用 INSERT…SELECT 语句

通过 INSERT…SELECT 语句可以把其他数据源的行添加到现有的表中。使用 INSERT…SELECT 语句比使用多个单行的 INSERT 语句效率要高得多，相应的，使用前所需做的检查工作也比较严格：所有满足 SELECT 语句的来自数据源的行，都必须要能满足目标表中的约束，以及目标表中各列相对应的数据类型。该语句的语法如下：

```
INSERT    table_name
SELECT    column_list
FROM    table_list
WHERE search_conditions
示例：
//创建 employee 表
 CREATE    TABLE employee(eid    int,
                          ename    varchar(8),
                          did    varchar(10)
                          )

GO
//创建 example 表
CREATE TABLE example(exid    int,
                     exname    varchar(20)
                     )

GO


//向 employee 表插入数据
INSERT INTO employee VALUES(1214,'张三林',211)
INSERT INTO employee VALUES(2134,'李四新',212)
INSERT INTO employee VALUES(3124,'王五能',213)
//将 employee 表数据复制到 example 表
INSERT example(exname)
SELECT SUBSTRING(did,1,3)+SUBSTRING(ename,1,2)
FROM    employee
GO
```

当表中插入行时，若只需插入部分数据，可以通过 INSERT 语句中的关键字 DEFAULT 或 DEFAULT VALUES 进行值的输入，以节省时间。当插入部分数据时，需要注意以下几项原则：

● 在 INSERT 语句中只需为提供数据列出列名；

● 在 column_list 中指定要提供值的列。VALUES 子句中的数据要对应于所指定的列。未指明的列由默认值填充。

● 具有默认值或允许空值，或是设定为标识值的列，可以在 column_list 中省略；

● 使用 "NULL" 显示的指明空值，而不要使用 " ' ' "。

实例 6–1 运用 T–SQL 语句添加数据

下面将向 HongWenSoft 数据库中的 employee 表中添加一行记录。从 employee 表的表属性窗体中可以看出，该表有 "employeeID"、"name" 和 "Phone" 三个列。其中，"employeeID" 列被设为标识值列，"Phone" 列中允许空值，对于这两种类型的列（以及设置了默认值的列），可以不提供数据输入。

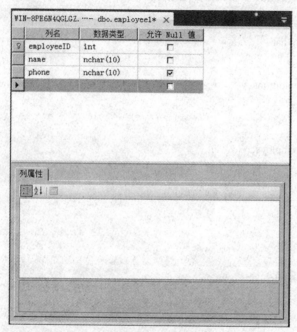

图 6.3 employee 表属性

实验步骤如下。

（1）打开 "新建查询" 窗口；

（2）在窗口中选择连接的数据库为 "HongWenSoft"，在编辑框的空白处输入向 employee 表插入一条行记录的 T-SQL 语句；

（3）单击编译按钮编译语句。如果有语法错误，进行修正，直到编译通过。单击执行按钮，出现 "命令已成功完成" 结果提示。

图 6.4　打开查询窗口

图 6.5　连接到 HongWenSoft 数据库

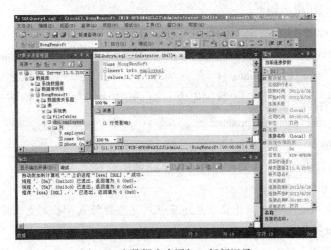

图 6.6　向数据表中添加 1 行新记录

（4）单击工具栏中的执行按钮执行查询。如果查询语句中的数据满足表 employee1 中各种约束，则成功添加一条记录到表 employee1 中。消息框中将显示"（所影响的行数为 1 行）"。

（5）可以使用 SELECT 语句查询出 employee1 表中的所有行，这时可以很清楚地看到新添加的第 2 行记录，其中"Phone"列被自动赋为"NULL"值。

图 6.7　查看新记录的添加结果

6.3　更新数据

在管理平台中更新数据的方式与插入数据类似，在返回数据表的所有行后，直接在所需要修改的行记录里更改数据，然后进行保存就可以了。

这里将介绍如何使用 UPDATE 语句更改表中的单行、多行或者表或视图中所有行的值。用户既可以根据本表中的数据更新，还可以根据其他表的数据进行更新。

1. 根据表中的内容进行更新

UPDATE 语句使用语法如下：

> UPDATE {table_name | view_name }
>
> SET { column_name = {expression | DEFAULT | NULL | @variable = expression } [, ...,n]}
>
> WHERE 　{ search_conditions 　}

下面示例把当前 Northwind 数据库中 products 表中所有的产品价格全部增加 10%：

> UPDATE 　northwind.dbo.products
>
> SET 　unitprice = （unitprice * 1.1）

当使用 UPDATE 语句时，需要注意遵守以下原则：

● 使用 SET 子句指定新值；

● 新值要与原数据类型一致，并且不能违反任何完整性约束，否则更新操作将无效；

● 每次只能修改一个表中的数据；

● 表达式的形式是多样的，可以是一个列或多个列、含一个或多个变量的有效表达式；

●使用 WHERE 子句指定要更新行，关于查询语句，将在本书第 7 章进行讨论。如果忽略 WHERE 子句，则修改表中所有行中的数据。

2. 根据其他表的内容进行更新

使用带有 FROM 子句的 UPDATE 语句可以用其他表中的数据来修改表：

```
UPDATE {table_name |   view_name }
SET
{   column_name = {expression | DEFAULT | NULL | @variable = expression } [, …,n]}
FROM    { table_source}
WHERE    { search_conditions   }
```

下面示例将更改 customers 表中与 suppliers 表中记录有相同公司名记录的 "city" 列城市名：

```
UPDATE   customers
SET       city  =  s.city
FROM   suppliers  s
WHERE s.companyName = customers.companyName
```

实例 6-2 运用 T-SQL 语句更新数据

本实例依然采用数据库 HongWenSoft。下面将向数据库中的 employee1 表中修改一行记录，将实例 6-1 中新添加记录的 "Phone" 列值改为 "9381"。

实验步骤如下。

（1）打开 "新建查询窗口"；

（2）在窗口中选择连接的数据库为 "HongWenSoft"，在 "查询" 编辑框的空白处输入向 employee1 表修改一条行记录的 T-SQL 语句；

图 6.8 添加 1 行新数据并查看添加结果

（3）正确通过编译后，如果更改语句中的数据满足表 employee1 中各种约束，则成功修改了一条记录；

（4）可以使用 SELECT 语句查询出 employee1 表中的所有行，这时可以很清楚地看到实例 6-1 新添加的第 2 行记录，其中 "Phone" 列数据被更改为 "9381"。

6.4 删除数据

在管理平台中删除行非常简单。在表所有行记录中选中需要删除的记录，单击鼠标右键，选择 "删除" 命令，或直接使用键盘上的 "del" 键，然后确认删除，保存即可。

图 6.9　删除 1 行记录

T-SQL 语言提供了 DELETE 语句用来从表或视图中删除一行或多行记录。其语句部分语法如下：

```
DELETE    [FROM]    { table_name ｜  view_name }
WHERE     search_conditions
```

与 UPDATE 语句一样，若忽略 WHERE 子句，将删除表中所有的行。

下面示例显示如何从 Order 表中删除所有订购记录大于 6 个月的行：

```
DELETE    northwind.dbo.orders
WHERE     DATEDIFF（MONTH, shippeddate, GETDATE（ ））> 6
```

有关 DELETE 语句，值得注意的一件事是它没有提示。由于人们往往已经习惯了在删除前被询问是否确定的提示，比如在操作系统中删除文件或目录时，通常需要再次向系统确认。而对于 SQL Server，使用 DELETE 时，它将直接执行删除命令。以下几点也必须熟记。

●DELETE 语句不能删除单个列的值（可用 UPDATE），只能删除表中的整行记录；

●同 INSERT、UPDATE 一样，从一个表中删除某行记录必须不违背数据库中的任何约束，否则 SQL Server 将拒绝执行该操作。在修改数据库时，头脑中应该始终不要忘记这个潜在问题。

●使用 DELETE 语句仅删除行记录，不删除表本身（可用 DROP TABLE 语句）。

实例 6-3　运用 T-SQL 语句删除数据

本实例依然采用数据库 HongWenSoft。下面将从数据库中的 employee1 表中删除新添加的一行记录。

实验步骤如下。

（1）打开"新建查询窗口"；

（2）选择连接的数据库为"HongWenSoft"，在"查询"编辑框的空白处输入向 employee1 表删除一条行记录的 T-SQL 语句；

（3）正确通过编译后，单击执行按钮执行查询。如果删除语句中的数据满足表 employee 中各种约束，则成功删除了一条记录。

（4）可以使用 SELECT 语句查询出 employee1 表中的所有行，这时可以很清楚地看到以上操作引起的变化已经出现在 employee1 表上了。

图 6.10 使用 TSQL 语句删除记录并查看删除结果

以上使用了全部三种数据操作命令——NSERT、UPDATE 和 DELETE——在 employee1 表上执行了一组操作。DELETE 语句是这 3 条语句中最容易使用的。

另外，任何对数据库的修改都会影响数据库的相关完整性，因此应仔细考虑所有的数据库编辑步骤，以确保正确地更新了所有的表。

6.5 数据的导入与导出

在数据库程序中，INSERT、UPDATE 和 DELETE 语句是极其有用的。它们和 SELECT 语句一起使用，为执行的所有其他数据库操作提供了基础。然而，T-SQL 作为一种语言，不能从外部的数据源输入或向外导出数据。试想某公司已经使用了多年的 Access 数据库，而现在需要升级到 SQL Server 2012，如果必须将 Access 中数以千计的数据导入到新数据库中，使用 T-SQL 语句显然是不可想象的。幸运的是，SQL Server 提供了非常便捷的数据导入导出工具。

下面将使用该工具将 HongWenSoft 数据库中 salary 表中的所有数据导出到 Test 数据库的 t1 表中。后者表中的列或者允许空值或有默认值，或者与前者表中的列具有相同的设计。这是数据在不同数据库中导入的先决条件。

具体步骤如下。

（1）打开 Microsoft SQL Server2012"中的"导入导出数据"，弹出"DTS 导入/导出"数据转换服务向导；

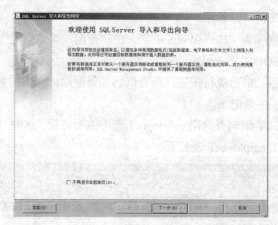

图 6.11　数据转换服务向导

（2）单击"下一步"按钮，在弹出的对话框中选择要导出的数据源。使用相应的数据库连接提供程序以及合适的身份连接到数据库服务器后，登录到数据源所在的数据库。这里选择"HongWenSoft"数据库。

（3）单击"下一步"按钮，在弹出的对话框中选择数据将要导入的目的。这里"目的"选择 test 数据库。

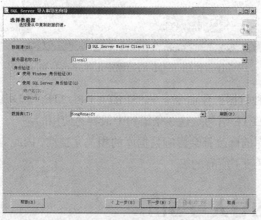

图 6.12　选择数据源

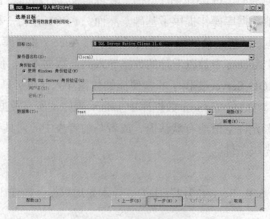

图 6.13　选择数据目的

（4）单击"下一步"按钮，在弹出的对话框中选择复制的方式。可以使用查询语句实现更为复杂的数据源，这里只需要选择"从源数据复制表或视图"，直接从表导出数据。

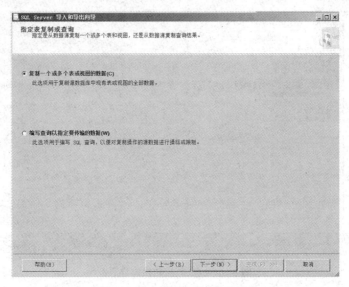

图 6.14 指定数据复制或查询方式

（5）单击"下一步"按钮，在弹出的对话框中选择源表，以及相应的目的表。这里都选择 salary
表。单击"转换"栏目中的 图标，可以查看源表和目的表之间各列之间详细的映射。

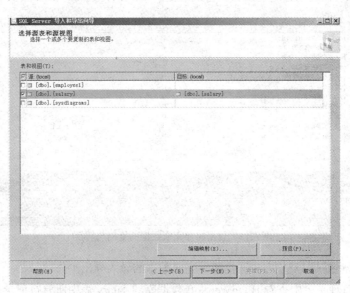

图 6.15 选择源表或视图

（6）单击"下一步"按钮。如有需要可以保存导入导出数据包。这里跳过这一步，单击"下一步"按钮。

（7）在新弹出的对话框中，单击"完成"按钮。数据向导将进行数据的转换工作。

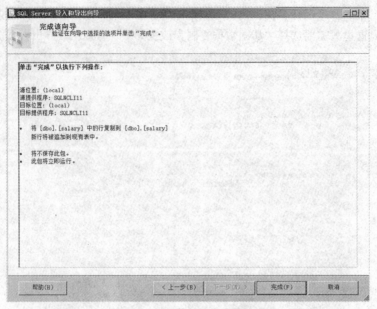

图 6.16　完成数据转换向导服务

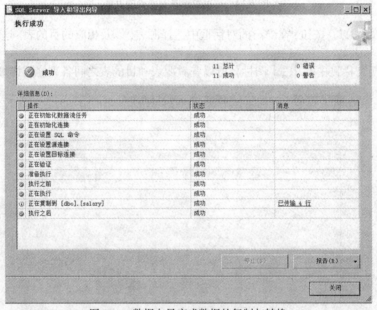

图 6.17　数据向导完成数据的复制与转换

（8）单击"确定"以及"完成"按钮，完成数据的导入导出工作。

这时，若在管理平台中查看 HongWenSoft 数据库的 salary 表中所有行记录，可以看到新导入的原 test 数据库中 t1 表中所有的数据。

导入/导出数据还可以在不同类型的数据源中进行，例如可以把 SQL Server 中的数据导入到 Access 数据库文件中或文本本件，甚至 Excel 文件中。方法与此类似，只需要在步骤 3 中的"目的"选择其他 ODBC 数据源即可。

本章小结

　　数据管理技术在应用 DBMS 进行数据库管理以及各种数据库相关软件开发中有着非常重要的作用。在管理平台中对数据可视化的操作，以及熟练运用 T-SQL 语句按指定条件完成插入、更新以及删除数据的操作，是软件开发人员最常运用到的技术，也是后续 SQL Server 数据库设计技术的基础。

　　另外，SQL Server 2012 提供的数据导入导出服务工具，使得开发人员可以很方便地在不同数据源中对数据进行更加快速与便捷的操作。

实训 6　管理和修改数据

目标

完成本实验后，将掌握以下内容：
（1）使用 INSERT、UPDATE 和 DELETE 语句修改数据库表中的数据；
（2）SQL Server 与其他数据之间的数据转换。

准备工作

在进行本实验前，必须具备以下条件：掌握本章内容；完成本书第 5 章实训部分内容。

实验预估时间：30 分钟。

练习 1　修改数据

（1）使用 INSERT 语句

　　本练习要求使用 T-SQL 语句、INSERT 语句，为 HongWenSoft 数据库中的 Employee 表、Department 表各添加 3 行数据记录。记录中各数据的值如表 6.1 所示。

表 6.1　　　　　　　　　　　　插入 Employee 表中的记录

列名	数据值（1）	数据值（2）	数据值（3）
Name	Nancy Davolio	Andrew Fuller	Michael Ameida
LoginName	nancy	andrew	michael
Email	nancy@hotmail.com	andrew@163.com	michael@yahoo.com
DeptID	1	NULL	2
BasicSalary	1500	2500	3000
Telephone	NULL	85930028	NULL
OnboardDate	2000-8-1	1998-3-9	1999-5-3

表6.2   插入 Department 表中的记录

列名	数据值（1）	数据值（2）	数据值（3）
DeptName	Sales	Products	Suppliers
ManagerID	1	2	3

提示：插入的行记录中没有给出列的数据，可由 DEFAULT 关键字给出。插入数据时应注意表与表之间的关系，不能违反任何约束。如有必要，可向相关的表中插入合适的记录。

数据插入完后，查看操作是否更改成功。

（2）使用 UPDATE 语句

本练习要求使用 T-SQL 语句、UPDATE 语句，更改上一步骤中 Employee 表中部分的行记录数据。将 Michael Ameida 的登录密码改为"ameida123"，Nancy Davolio 的电话改为"8423971"，基本工资改为"1800"元。

数据修改完后，查看操作是否更改成功。

（3）使用 DELETE 语句

本练习要求使用 T-SQL 语句、DELETE 语句，删除第一步中 Department 表的第 3 行记录。

数据删除完成后，查看操作是否更改成功。

思考：能否删除第 2 条记录？为什么？动手试一试。

练习 2　将练习 1 中的数据库导出成 Access 数据库文件

本练习具体步骤可参见本章第 6.5 节部分数据导入导出内容，注意在步骤 3 选择目的数据源时，需要选择"其他（ODBC 数据源）"。

习题

1. 如果在 INSERT 语句中列出了 6 个列，你必须提供几个值？
2. 如果向一个没有缺省值而且也不允许空值的列中插入一个空值，结果会怎样？
3. UPDATE 语句的作用是什么？DELETE 语句的作用是什么？
4. 使用 DELETE 语句能一次删除多个行吗？

第7章

查询数据——SQL Server 数据查询

本章学习目标

数据查询技术是 DBMS 中非常重要的技术之一。本章重点介绍如何编写各种查询语句，以实现从表中查询数据，实现简单查询、模糊查询、分组查询以及连接查询。还将进一步阐述分组查询的技术原理、连接以及综合应用查询语句。通过本章学习，读者应该掌握以下内容：

- 掌握并能熟练运用各种查询语句以及各种子句
- 理解并能熟练运用各种聚合函数，进行分组查询
- 掌握并能够熟练运用模糊查询
- 理解连接的概念，并能运用连接查询

7.1 使用 T-SQL 查询数据

作为数据库日常操作的一部分，常常需要从数据库中提取数据。大多数时候，用户使用为向数据库输入数据而写的那些应用程序来访问数据库中的数据。但有时，也可以用其他方法访问数据。其中最主要的方法是使用 T-SQL 语言中的 SELECT 语句。

7.1.1 查询语句的语法

SELECT 语句是从数据库的表中访问和提取数据的一种工具。它是最强有力的工具之一，而且它有比 SQL 中其他语句多得多的可用选项。SELECT 语句可以从表中取出所有的行和列，

或者两者任一个的子集。最基本的 SELECT 语句是从表中取出所有的行和列。使用下面的语句，将取出 authors 表中所有的行和列：

```
SELECT *
FROM employee
```

以上语句中包含四个基本部分。

第一部分是关键字 SELECT。它告诉 SQL Server 将要做什么；

语句下一部分是列名的列表，用来列出所要从表中输出的列。稍后，我们将详细讨论。这里所做的只是用星号(*)表示想取出表中所有的列。关键字 SELECT 和列的列表组合在一起，有时称作 SELECT 子句和 SELECT 列表；

语句的下一部分是关键字 FROM。使用 FROM 关键字是为了告诉 SQL Server 想从哪里取出列；

最后一部分告诉 SQL Server 需要从哪个表中取出数据。关键字 FROM 和表的名字组合在一起，通常叫做 FROM 子句。

这是最基本的 SELECT 语句，仅仅演示了需要用 SELECT 语句所做的工作的很小部分。需要说明的一件事是，SELECT 语句中这些组成部分的位置和间隔并不重要，只要所写的单词次序是正确的。例如，下面所有的语句都得到同一个结果，只是上例中语句的排列较为合适。

```
SELECT *    FROM employee
```

或：

```
SELECT
*
FROM
employee
```

运行以上语句，都将得到如图 7.1 中所示的结果集：

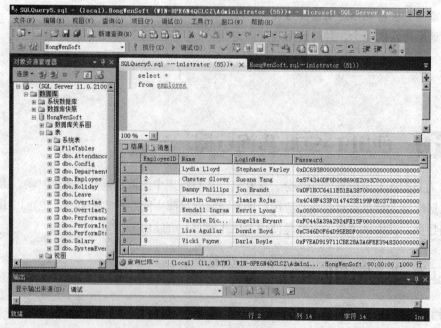

图 7.1　基本 SELECT 语句运行结果

7.1.2 基本查询语句

如果仅仅使用上节中的查询语句，将返回大量的信息。在非常大的表中，这样要比所需分类取出的信息多得多。例如，如果需要一张包含每位作者的名字、姓氏和电话号码的清单，在以上的结果集里寻找是一件非常痛苦的事情。如果只看到所需要的数据，工作将容易得多。因此掌握一些基本的查询语句是必须的。

实例 7-1 T-SQL 语句查询

1. 限制查询列数

要达到以上要求，需要列出希望看到的列的名称，只需要去查询名为"employeeid"、"name"和"email"的列。下面语句实现了这一要求的查询：

```
SELECT employeeid, name, email
FROM   employee
```

运行该语句，得到结果集如下：

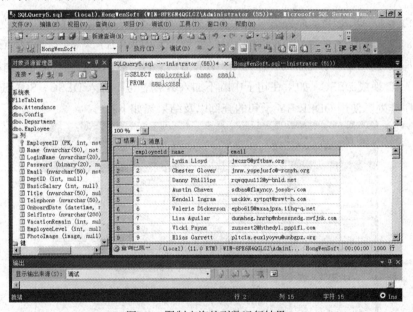

图 7.2 限制查询的列数运行结果

2. 使用字符串和别名功能

在 SELECT 语句中利用字符串连接功能，还可以把 name 和 loginname 两列合并为一个逻辑列，并取一个"fullname"的别名。这样将得到一个更友好的结果集：

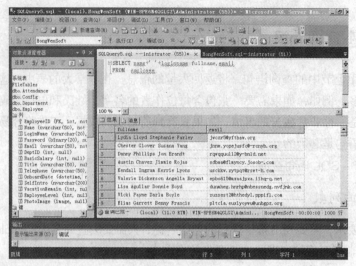

图 7.3　使用字符串和别名运行结果

3. 改变行序

使用关键字 ORDER BY，需要指明按照哪个列或列别名中的数据进行排序。本例中要使姓名按升序排列，即从 A 到 Z 排序。在查询语句中，关键字 ORDER BY、需要排序的列(列别名)以及升降序说明都放在 FROM 子句后面，称为 ORDER BY 子句。假如要对同样的信息用降序方式排列，只需将 ASC 换成 DESC。如果在句子中既不加入 ASC，也不加入 DESC，SQL Server 将自动把结果按升序排列。使用 ODER BY 子句的查询以及结果集如下：

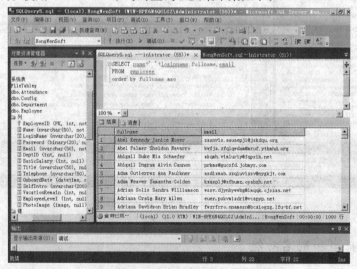

图 7.4　改变行序运行结果

4. 限制查询行数

以上介绍如何利用 SELECT 语句在表中选择所有或部分列。但通常也会需要限制所返回的行数，这样可提供更多的控制，以便能在表中查找用户感兴趣的特定记录。为此，我们所要做的只是向 SELECT 语句中加入另一个关键字，它就是 WHERE 关键字。

一般，当需要从表中选取行的一个子集时，可用行中的一个值与另一个已知的值相比较。这是通过使用第 6 章第 6.5 节介绍的比较操作符来完成的。

以下语句实现只返回 email 地址是 jwczr5@yftbaw.org 的登录名而不是所有的登录名：

```
SELECT    loginname
FROM      employee
WHERE     email='jwczr5@yftbaw.org'
ORDER BY  loginname asc
```

运行结果集如下：

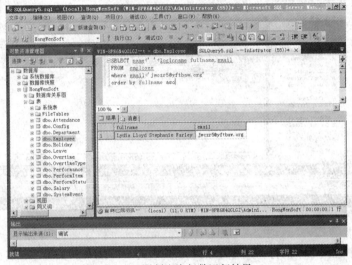

图 7.5　限制查询行数运行结果

WHERE 子句如果配合逻辑表达式，则可以实现更为复杂的条件检索，获得更为精确的数据。

另外，使用关键字 BETWEEN 可以查找那些介于两个已知值之间的一组未知值。要实现这种查找，必须知道告诉 SQL Server 开始查找的初值以及终值。这个最大值和最小值用单词 AND 分开。

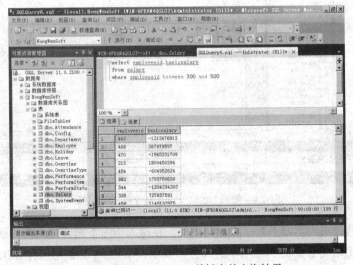

图 7.6　使用 BETWEEN 关键字的查询结果

　　SQL Server 允许还使用关键字 IN 来搜索符合给定列举值的那些值。

　　进行这种搜索，必须知道所要求的值。回到电话号码清单的例子，假定现在需要居住在犹他州和俄亥俄州的所有作者的电话单，当然可以用以关键字 AND 连接的两个比较操作符来完成它，不过此例中使用关键词 IN 来做将少打一些字。下列实例显示了如何使用关键词 IN 返回需要的结果集。

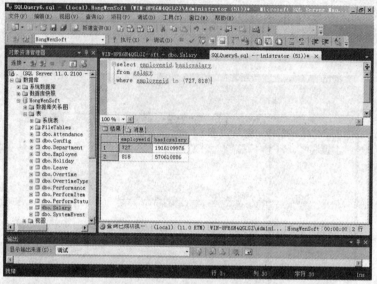

图 7.7　使用 IN 关键字的查询结果

　　若只想从表中返回唯一的行，用 SELECT 子句中的 DISTINCT 关键字，告诉 SQL Server 只要彼此不相同的行。下面的语句以及其运行的结果集显示了 DISTINCT 关键字的用法。

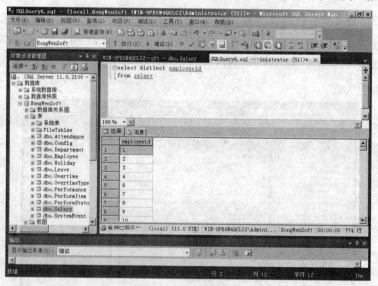

图 7.8　使用 DISTINCT 关键字的查询结果

　　至此，已经通过实例学习了基本的查询语句。在深入学习下面课程之前，回顾一下 SELECT 语句以及 SELECT 语句必要的 3 个基本的部分。其中， SELECT 子句包含 SELECT 关键字和用户希望得到的列的名称。FROM 子句包含要从中提取数据的表的名称，WHERE 子句用于精简返回给用户的行数。这些术语将在以后的内容中多次用到。

7.2　聚合函数与分组查询

聚合函数用来完成一组值的计算，并且有一个返回值。大部分情况下，所有这些函数都忽略传递给它们的空值。这个规则的特例是 COUNT ( )函数。聚合函数有时用 GROUP BY 子句进行分组查询。使用聚合函数时应遵循一些规则，它们是：

- 聚合函数允许用在 SELECT 语句的 SELECT 列表中；
- 聚合函数允许用在 COMPUTE 或 COMPUTE BY 子句的 SELECT 列表中；
- 聚合函数允许用在后面将要讨论的 HAVING 子句中。

7.2.1　聚合函数

最常用的聚合函数在下表列出。

表 7.1　　　　　　　　　　　　　　　　　常用的聚合函数

函数	描述
AVG	AVG 函数用来返回一组值的平均值。在这组值中，所有的空值是被忽略不计的。使用该聚合函数有两个选项： ALL 和 DISTINCT。当选用 ALL 时，SQL Server 将把所有的数据聚合而成为平均值。ALL 是缺省值。如果使用 DISTINCT 关键字， SQL Server 仅把不相同的值平均，而无论这个值在表中出现多少次。该函数的语法是 AVG(ALL DISTINCT 表达式)
COUNT	COUNT 函数用来返回一组值的个数。通常情况下，这个函数用来统计一个表中的行数，空值也被计算在内。像 AVG 函数一样，也可以有两种选择：ALL 和 DISTINCT。若选择 ALL，SQL Serve 统计所有的值。若选择 DISTINCT， SQL Server 仅统计不相同的值 该函数的语法是 COUNT(ALL DISTINCT 表达式*)。这个表达式通常是一个列，若指明*，SQL Server 将统计表中所有行。*参数不能和 ALL 关键字一起用
MAX	MAX 函数用来在列的一组值中找出最大值。这个函数的语法是 MAX (表达式)，表达式是需要找的最大值的列的名称
MIN	MIN 函数用来在列的一组值中找出最小值。这个函数的语法是 MIN (表达式)，表达式是需要找的最小值的列的名称
SUM	SUM 函数用来返回一组值的总和。SUM 函数只能用来对数值进行计算，而且忽略不计所有的空值。对该函数有两种选择： ALL 和 DISTINCT。若选择 ALL，SQL Serve 将对表中的所有值求和。ALL 是缺省值，若选择 DISTINCT，SQL Server 只对不同的值求和

7.2.2　分组查询

在初步了解聚合函数的用法之后，下面将学习使用 GROUP BY 和 HAVING 子句来产生更有意义的数据。

GROUP 和 HAVING 子句用于扩展聚合函数的功能。GROUP BY 用来指定分组，这些组按照需要输出的行进行划分编排。当进行任何聚合操作时，该子句都将对组进行统计计算。在使用 GROUP BY 时，必须注意两条规则：

● SELECT 列表必须包含一个或多个聚合表达式。

● GROUP BY 子句可以选用 ALL 关键字来指定 SQL Server 创建所有的组，即使没有任何行满足搜寻条件。

实例 7-2 分组查询

假设现在想知道按管理者分类，统计一个管理者所管理的部门数，可以通过执行如图 7.9 所示的查询来实现。

图 7.9 使用 GROUP BY 关键字的查询结果

如果把 deptname 加入到 select 语句后会产生如图 7.10 所示的错误。

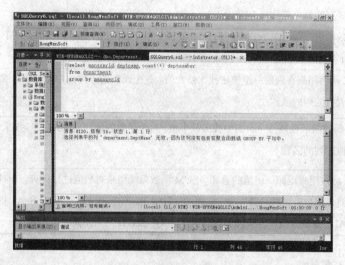

图 7.10 使用 GROUP BY 关键字的常见错误

这是因为 SELECT 列表中任何项只能仅把一个值返回到 GROUP BY 子句。SQL Server 无法判断到底返回哪一个值，所以它将产生一个错误。解决的方法是如下示例所示那样，把新列也加到 GROUP BY 子句中。

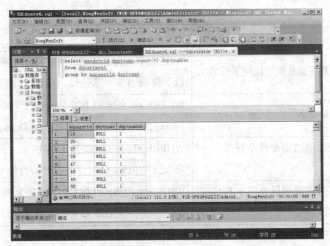

图 7.11　使用 GROUP BY 关键字的正确方法

GROUP BY 子句经常和 HAVING 子句结合使用。HAVING 子句为一个组或一个聚合指定搜索条件。HAVIN G 子句只能和 SELECT 语句一起使用，而且如果不用 GROUP BY 子句，它的用法会和 WHERE 子句很相似。当用到 GROUP BY 子句时，它将限制从聚合函数中返回的行的数量。下面的查询语句以及其执行结果说明了 H AVING 子句的用法。

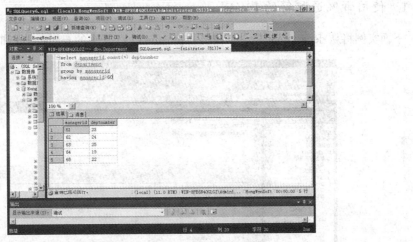

图 7.12　使用 HAVING 关键字的查询结果

7.3　SQL Server 模糊查询

本书前一章讨论过字符串操作符，使用 LIKE 关键字和通配符与字符串联合使用，将允许按某种式样将列连成一串，或允许使用通配符搜索方式来模糊查询所需要的数据。当使用 LIKE 关键字搜索时，任何所要查找的指定字符都必须准确匹配，但通配符字符可以是任意的。

7.3.1　SQL　Server 通配符

表 7.2 列出了 SQL Server 所支持的通配符：

表 7.2   通配符

字符	描述	例子
%	匹配从 0 到任意长度的任何字符串	WHERE au_lname LIKE 'M%' 子句将从表中提取作者姓氏以字符 M 开头的那些行
_	匹配任意单个字	WHERE au_fname LIKE '_ean' 子句将从表中提取作者名字以 ean 三字母结尾的那些行。如 Dean、Sean 和 Jean
[]	匹配指定范围内的全部字符或一个字符	WHERE phone LIKE '[0-9] 19%' 子句将提取作者电话号码以数字 019、119、219 等开头的行
[^]	匹配任何指定范围以外的字符或字符	WHERE au_fname LIKE '[^ABER]%' 子句将提取的作者名字不以字符 ABE 或 R 开头的那些行

7.3.2 模糊查询

在了解通配符之后，结合 LIKE 关键字，能进行各种需要的模糊查询。

实例 7-3 模糊查询

1. 使用带%通配符的 LIKE

下面实例将从 department 表中查找出 deptname 以 G 开头的 managerid 和 deptname：

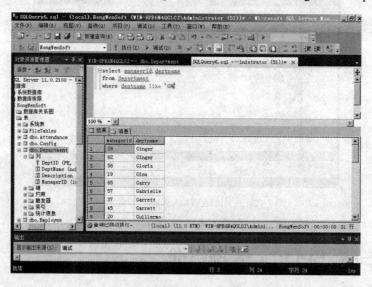

图 7.13 使用带通配符的 LIKE 关键字查询结果(a)

2. 使用带[]通配符的 LIKE

下面实例将从 authors 表中查找出名字为 Cheryl 或 Sheryl 的作者。

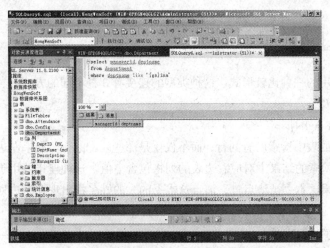

图 7.14　使用带通配符的 LIKE 关键字查询结果(b)

7.4　连接查询

到此为止，在所有已经看到的语句和查询中，都仅仅提到了从一个表中一次性获取数据。但在实际数据库应用中，对完全标准化的表，这几乎是不可能的。如果想要从多个表中获得数据，就要进行连接查询。

7.4.1　连接

只要参与连接的表之间有一些逻辑关联存在，SQL Server 就可以通过使用连接来从多个表产生关联并返回数据。连接可以在 SELECT 语句中的 FORM 子句或 WHERE 子句中被指定。实践中，最好让连接保留在 FORM 子句里，因为这是 SQL 标准指定的。

下面是 3 个基本的连接类型：

● 内连接 (INNER JOIN)

● 外连接 (OUTER JOIN)

● 交叉连接 (CROSS JOIN)

7.4.2　内连接与自连接

内连接是将要用到的最常见的连接操作。它将会使用一个比较操作符，像等于(=)或不等于(< >)。一个内连接操作将以两个表中共同的值为基础来匹配两个表中的行。关于该连接的一个例子是，将 authors 表和 publishers 表中城市相同的行从数据库中检索出来。

自连接是指表与自身的连接。例如，可以使用自连接查找居住在加州的 Oakland 相同邮码区域中的作者，由此涉及 authors 表与其自身的连接，因此 authors 表以两种角色显示。要区分这两个角色，必须在 FORM 子句中为 authors 表提供两个不同的别名。这些别名用来限定其余查询中的列名。

7.4.3　外连接

外连接是不常用的一种比较形式。这种类型的连接有 3 种不同的方式：右连接、左连接和全连接。

● 左连接(LEFT JOIN)

将从连接左边的表中检索所有的行，而不仅仅是那些匹配的行。如果左边表中的行在右边表中没有相匹配行，检索的结果中对应右边表的列将包含空值。这种连接可用于返回一张图书馆中所有书的清单。如果这本书被清点过，清点这本书的人的姓名将出现在右边列中；否则，该字段为空值。

● 右连接(RIGHT JOIN)

将检索右边表中所有行和左边表中与右边表相匹配的行。如果在左边没有与右边相匹配的行，则在该位置返回一个空值。

● 全连接

将不管另一边的表是否有匹配行而检索出两表中所有的行。

7.4.4　交叉连接

交叉连接是返回左表所有行并匹配上右表所有行的一种特殊的连接类型。如果左右两表各有 10 行，SQL Server 将返回 100 行。交叉连接的结果也被当作是一种笛卡尔乘积。

实例 7-4　连接查询

1.　内连接与自连接查询

下例将 employee 表和 department 表中检索数据。其 T-SQL 语句以及其执行结果如下。

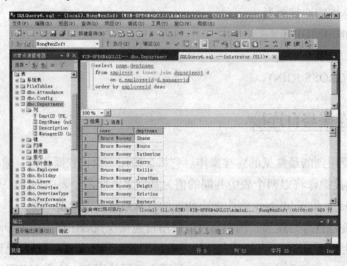

图 7.15　内连接查询

2. 外连接查询

默认情况下，在两个表之间创建内连接。如果要在结果集中包含在连接表中没有匹配项的数据行，可以创建外连接。

当创建外连接时，表在 SQL 语句中出现的顺序（与在 SQL 窗格中反映的一样）非常重要。添加的第一个表成为"左"表，第二个表成为"右"表（表在关系图窗格中出现的实际顺序并不重要。）。当指定左或右外连接时，即是指明将表添加到查询中的顺序以及表在 SQL 窗格的 SQL 语句中出现的顺序。

下面的外连接是一个左连接，其 T-SQL 语句以及其执行结果如下。

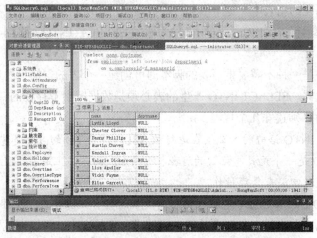

图 7.16　外连接查询

3. 交叉连接查询

下面实例将返回 employee 表中所有行并匹配上 department 表中的所有行。这是两个表所有行的乘积。只在少数情况下，才必须使用这类查询。

其 T-SQL 语句以及其执行结果如下。

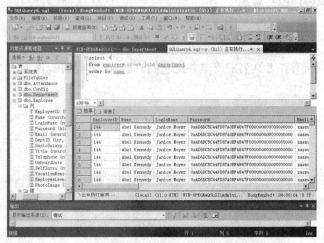

图 7.17　交叉连接查询

7.5 数据管理高级应用

SQL 查询语句的主要部分已经介绍完毕，下面将探讨查询语句在数据管理中的高级应用。

7.5.1 插入数据

除了前一章介绍的 INSERT 插入语句外， SELECT 语句中还有一个很特别的 SELECT INTO 语句可以用来插入数据。 这个语句用于获取由一个普通 SELECT 语句所产生的结果集，并把它放到一个由该语句创建的新表中。这个语句会在数据库中用所指定的列类型和标题创建一个新的表。更妙的是，如果运行 WHERE 子句中条件为假的 SELECT INTO，将创建一个不含数据的表的拷贝。

SELECT INTO 是一种不需要重写表的脚本即可创建一个表的空拷贝的最佳方法，但这个拷贝不包括索引和触发器。SELECT INTO 产生的表必须是数据库中不存在的，否则就会产生错误。

使用这个语句时必须遵守几个规则：

●执行 SELECT INTO 语句的人必须在运行该 SELECT INTO 的数据库中有创建表的许可。

●SELECT INTO 是一个无日志记载的过程，所以在成品系统上运行 SELECT INTO 时必须十分小心，因为不能通过回滚来复原操作。

●SELECT INTO/BULK COPY 数据库选项需要在运行 SELECT INTO 的数据库中打开。

例如创建一个所有作者姓名的清单并把它们放进自己的表中，可以通过使用 SELECT INTO 语句来实现。

7.5.2 更新数据

在更新数据时，如果在 UPDATE 语句中结合查询语句或聚合函数，将能很方便地使数据从其他表中得到更新。例如假设修改表 titles 中的 ytd_sales 列，以反映表 sales 中的最新销售记录。

实例 7-5 数据管理综合应用

1. 使用 SELECT INTO 插入数据

下例将创建一个所有作者姓名的清单并把它们放进自己的表中。其 T-SQL 语句以及其执行结果如下：

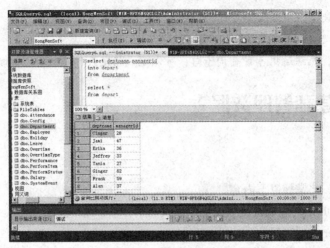

图 7.18　使用 SELECT　INTO 插入数据

2.　使用子查询更改数据

下例修改表 titles 中的 ytd_sales 列，以反映表 sales 中的最新销售记录。其 T-SQL 语句以及其执行结果如下：

```
Update titles
    Set  ytd_sales=titles.ytd_sales+sales.qty
      From  titles,sales
        Where  titles.title_id=sales.title_id
            and  sales.ord_date=(select  max(sales.ord_date)  from  sales)
```

这个例子假定一种特定的商品在特定的日期只记录一批销售量，而且更新是最新的。如果不是这样（即如果一种特定的商品在同一天可以记录不止一批销售量），这里所示的例子将出错。例子可正确执行，但是每种商品只用一批销售量进行更新，而不管那一天实际销售了多少批。这是因为一个 UPDATE 语句从不会对同一行更新两次。对于特定的商品在同一天可能销售不止一批的情况，每种商品的所有销售量必须在 UPDATE 语句中合计在一起。其 T-SQL 语句以及其执行结果如下：

```
Update    titles
    Set   ytd_sales=
          (select   sum(qty)
            From   sales
             Where   sales.title_id=titles.title_id
                        and sales.ord_date in   (select   max(ord_date) from   sales))
    from   titles, sales
```

本章小结

数据查询技术是 DBMS 中非常重要的技术之一。软件开发人员需要掌握编写各种查询语句，以实现从表中查询数据，实现简单查询、模糊查询、分组查询以及连接查询。同时，还需要理解分组查询的技术原理、连接以及综合应用查询语句。

在实际开发中，熟练运用各种查询子句，可以完成指定条件下对数据的操作。

实训 7 创建和管理数据表

目标

完成本实验后，将掌握以下内容。
（1）运用 T-SQL 语句完成查询数据操作以及运用分组、连接技术。
（2）SQL Server 数据管理综合技术的运用。

准备工作

在进行本实验前，必须具备以下条件。
完成本章节所有实训部分内容；
将本书光盘实验文件夹下的 HongWenSoft 数据库备份文件还原成数据库。

实验预估时间：30 分钟。

练习 1 根据要求完成各种数据查询功能

（1）通过内连接表 Department 和 Employee，得到经理的所有基本信息。
得到结果集应包含列：
（2）通过内连接表 Salary 和 Employee，左外连接表 Department，得到员工工资的详细信息。

练习 2 填充数据库表达到指定要求，对形成的数据进行更新，形成新的结果。

（1）使用 SELECT INTO 语句创建一个和 Employee 表一样的新的空表 "tblEmployee"。
（2）将在过去 1 年中，加班时间超过 30 天、休假时间少于 5 天的所有员工的基本工资上调10%。
本实训部分的 SQL 脚本，可以在本书光盘里找到。

习题

1. 使用什么样的语句能提取表中的数据？
2. SELECT 语句的那一部分可以告诉 SQL Server 要从何处提取数据？
3. 怎样才能限制从 SQL Server 中返回的行数？
4. 怎样才能改变由 SELECT 语句返回的行的排序？
5. 什么数据类型可与 LIKE 关键字一起使用？
6. 什么函数能将字符串末尾的空格去掉？
7. 什么函数能将一个表达式从一种数据类型改变为另一种数据类型？

第**8**章

数据库规范化——应用关系数据理论

本章学习目标

本章主要讲解关系规范化的作用、函数依赖及其关系范式的概念以及关系规范化的方法。关于模式分解算法不在本书中介绍，有兴趣的读者可以参看相关书籍。通过本章学习，读者应该掌握以下内容：

- ●进行关系规范化的目的
- ●函数依赖相关概念
- ●关系规范化的主要方法

8.1 关系模式规范化的作用

我们在进行数据库设计的时候，无论是关系的还是非关系的，都要考虑应该如何构造一个适合的数据模式，也就是应该构造几个关系模式、每个关系由哪些属性组成等。这就涉及关系数据库的逻辑设计问题。由于关系模型有严格的数学理论基础，因此，人们就以关系模型为背景来讨论这个问题，形成了数据库逻辑设计的有力工具——关系数据库的规范化理论。

8.2 函数依赖及其关系范式

要学习关系数据库的规范化理论，首先要了解函数依赖和范式的概念。所谓范式（Normal Form）是指规范化的关系模式。由规范化程度不同，就产生了不同的范式。从 1971 年起，

E.F.Codd 相继提出了第一范式、第二范式、第三范式，Codd 与 Boyce 合作提出了 Boyce-Codd 范式。在 1976 年 ~ 1978 年，Fagin、Delobe 以及 Zaniolo 又定义了第四范式。到目前为止，已经提出了第五范式。每种范式都规定了一些限制约束条件。

8.2.1 函数依赖

关系是所涉及属性的笛卡尔积的一个子集。从笛卡尔积中选取哪些元组构成该关系，通常是由现实世界赋予该关系的元组语义来确定的。元组语义实质上是一个 N 目谓词（其中 N 是属性集中属性的个数）。使该 N 目谓词为真的笛卡尔积中的元素（或者说凡符合元组语义的元素）的全体就构成了该关系。

关系模式是用来描述关系的，它可以用一个五元组来表示：

R（U, D, DOM, F）

R 表示关系的名称，U 表示组成该关系的属性名集合，D 表示属性组 U 中属性所来自的域，DOM 表示属性向域的映像集合，F 表示属性间数据的依赖关系集合。

由于属性 U 和 DOM 对模式设计关系不大，因此可以把关系的五元组表示简化，用一个三元组表示：

R（U, F）

当且仅当 U 上的一个关系满足 F 时，称 r 为关系模式 R（U, F）的一个关系。

F 数据依赖集是关系数据库设计理论的中心问题。所谓数据依赖是实体属性值之间相互联系和相互制约的关系，是现实世界属性间相互联系的抽象，是数据内在的性质，是语义的体现。函数依赖（Functional Dependency，简称为 FD）和多值依赖（Multivalued Dependency，简称为 MVD）是数据库设计理论中最重要的两种数据依赖类型。

函数依赖普遍存在于现实生活中。比如一个"学校图书管理"数据库，在这个数据库涉及的对象包括图书的书号(Bid)、读者借书卡号(Cid)、借书时间(Bdate)、还书时间(Sdate)、读者类别(Class) 和允许最多的可借书的数量(Mcount)。则该图书关系模式的属性集合可以表示为：U={ Bid , Cid , Bdate , Sdate , Class , Mcount }

从现实世界可以得知以下结论。

（1）一个读者只属于一个类型，但一个类型一般对应有多名读者。

（2）读者类别决定允许最多可以借书的数量。

（3）一个读者可以同时借阅多本图书，但一本图书不能在同一时间被同一个读者借阅多次。

（4）一个读者对一本图书的借阅时间被确定之后就会有一个唯一的还书时间。

从以上分析可以得到属性组 U 上一组函数依赖 F（如图 4.1 所示）。

F = ｛Cid→Class, Class→Mcount,（Bid, Cid, Bdate）→Sdate｝

如果仅仅考虑函数依赖这一种数据依赖，还不足以得到一个规范的关系模式。

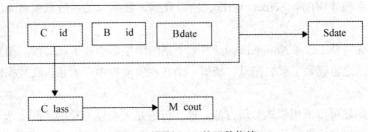

图 8.1　属性组 U 的函数依赖

例如，要设计一个教学管理数据库，希望从这个数据库中得到学生学号(sno)、学生姓名 (sname)、学生年龄(sage)、学生性别(ssex)、学生所在系(sdept)、学生学习的课程(cname)、学生该 门课的成绩(grade)。则该关系模式可以设计为

R (sno, sname, sage, ssex, sdept, cname, grade)

可以推出此关系的键为(sno，cname)，虽然该关系中已经包括了需要所有信息，但如果对此 关系进行深入分析，就会发现它所存在问题。

表 8.1　　　　　　　　　　　　　　不规范关系实例——教学关系

sno	sname	sage	ssex	sdept	cname	grade
2004001	李华	22	男	计科系	数据库原理	74
2004001	李华	22	男	计科系	数据结构	80
2004001	李华	22	男	计科系	程序设计	90
2004001	李华	22	男	计科系	计算机基础	85
2004002	陈平	20	女	计科系	C 语言	82
2004002	陈平	20	女	计科系	数据库原理	94
2004002	陈平	20	女	计科系	数据结构	77
2004002	陈平	20	女	计科系	程序开发	81
2004003	马林	21	男	艺术系	美术	92
2004003	马林	21	男	艺术系	音乐欣赏	77
2004003	马林	21	男	艺术系	实地写生	88
2004003	马林	21	男	艺术系	素描	89

从表 8.1 中的数据情况可以看出，该关系存在以下问题。

（1）存在较大数据冗余（Date Redundancy）　每一个系名存储的次数等于该系学生人数乘以 每个学生选修的课程门数。

（2）更新异常（Update Anomalies）　若某学生转系，系名要更换，数据库中该学生所在的系 名要全部修改。如有失误，某些记录漏改了，则会使数据库中的数据发生不一致的错误，出现更 新异常。

（3）插入异常（Insertion Anomalies）　若学校开设一个新系还没有招生，使得 sno 和 cname

无值，而在此关系模式中(sno，cname)为键，所以在插入数据时关系数据库将无法操作，引起了插入异常。

（4）删除异常（Deletion Anomalies） 当某个系的学生都毕业了而又没有招新生时，删除了全部学生记录，随之也删除了系名记录，使得一个在现实世界中存的系，在数据库中不存在了，即出现了删除异常。

要解决以上问题可以采用模式分解方法。模式分解是关系规范化的主要方法。

例如，上述不规范的教学关系模式可以分解为"学生表" Student、"教学系表" Depart 和"选课表" Study，其关系模式可以表示为

> Student (sno, sname, sage, ssex, sdept)
>
> Depart (sdept)
>
> Study (sno, cname, grade)

分解后的关系表如表 8.2 所示：

表 8.2   教学关系分解后的三个关系

Student

sno	sname	sage	ssex	sdept
2004001	李华	22	男	计科系
2004002	陈平	20	女	计科系
2004003	马林	21	男	艺术系

Depart

sdept
计科系
艺术系

Study

sno	cname	grade
2004001	数据库原理	74
2004001	数据结构	80
2004001	程序设计	90
2004001	计算机基础	85
2004002	C 语言	82
2004002	数据库原理	94
2004002	数据结构	77
2004002	程序开发	81
2004003	美术	92
2004003	音乐欣赏	77
2004003	实地写生	88
2004003	素描	89

下面给出函数依赖的定义。

定义 8.1：设 R（U）是属性集 U 上的关系模式，X、Y 是 U 的子集。若对于 R（U）的任意一个可能的关系 r，r 中不可能存在两个元组在 X 上的属性值相等而在 Y 上的属性值不等，则称 X 函数确定 Y 或 Y 函数依赖于 X，记作 X→Y。

函数依赖相关概念：

（1）X→Y，但 Y ⇸ X 则称 X→Y 是非平凡的函数依赖。若不特别声明，总讨论非平凡的函数依赖。

（2）X→Y，但 Y ⇸ X 则称 X→Y 是平凡的函数依赖。

（3）若 X→Y，则 X 叫做决定因素（Determinant）。

（4）若 X→Y，Y→X，则叫做 X，Y 相互决定，记作 X⟷Y。

（5）若 Y 不函数依赖于 X，则记作 X⇸Y。

定义 8.2：在 R（U）中，如果 X→Y，并且对于 X 的任何一个真子集 X′，都有 X′⊆Y，则称 Y 对 X 完全函数依赖，记作：$X \xrightarrow{F} Y$。

若 X→Y，但 Y 不完全函数依赖于 X，则称 Y 对 X 部分函数依赖，记作：$X \xrightarrow{P} Y$。

定义 8.3：在 R（U）中，如果 X→Y，（Y⊄X），Y ⇸ X，Y→Z，则称 Z 对 X 传递函数依赖，记作：$X \xrightarrow[Z]{传递}$

8.2.2　关系的 1NF、2NF、3NF

定义 8.4：如果关系模式 R，其所有的属性均为简单属性，即每个属性都是不可再分的，则称 R 属于第一范式（First Normal Form），简称 1NF，记作 R∈1NF。

简而言之，第一范式就是要求关系中的属性必须是原子项，严禁出现"表中有表"的情况。

在任何一个关系数据库系统中，第一范式是关系模式的一个最起码的要求。不满足第一范式的数据库模式不能称为关系数据库。

BOOK(Bid,Cid,Readername,Class,Mcount,Bdate,Sdate)此关系模式符合第一范式要求。

在 BOOK 中 Class 为读者类型，它决定一个读者可以借书的最大数量。学生和老师可以借书的最大数量是不一样的。Mcount 为最多可借书的数量；Bid 为图书的 ISDN 号；Cid 为读者借书证号；Readername 为读者姓名；Bdate 为借书日期；Sdate 为还书日期。

BOOK 的候选键为（Cid,Bid,Bdate）。函数依赖关系为

Cid→Readername

Class→Mcount

$Cid \xrightarrow{传递} Mcount$

（Cid,Bid,Bdate）⟶ Class

（Cid,Bid,Bdate）⟶ Readername

（Cid,Bid,Bdate）⟶ Sdate

在函数依赖关系中存在非主属性 Readername 对键（Cid,Bid,Bdate）的部分函数依赖，因此 BOOK 关系在使用时会出现插入异常、删除异常、数据冗余大、修改复杂的问题。所以满足第一范式的关系模式并不一定是一个好的关系模式。

定义 8.5：若 R∈1NF，且每一个非主属性完全依赖于键，则 R∈2NF。

为了消除在 BOOK 关系中的部分函数依赖，可以采用模式分解的方法，把 BOOK 关系分解成为两个关系模式：借阅者和读者。

BORROW(Bid,Cid,Bdate,Sdate)

READER(Cid,Readername,Class,Mcount)

READER 关系模式的键为（Cid），BORROW 关系模式的键为（Bid,Cid,Bdate）。他们的函数依赖可以表示为图 8.2。

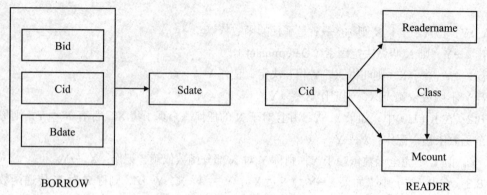

图 8.2　BORROW 函数依赖与 READER 函数依赖

分解后的关系模式中，非主属性都完全依赖于键了，从而使分解前的问题在一定程度上得到了解决。BORROW 关系和 READER 关系是符合第二范式要求的。简而言之，第二范式 2NF 就是不允许关系模式的属性之间存在部分函数依赖。

将一个 1NF 关系分解为多个 2NF 的关系，并不一定能完全消除关系模式中的各种异常情况。属于 2NF 的关系模式也不完全是一个好的关系模式。

例如，READER（Cid,Readername,Class,Mcount）关系模式是符合 2NF 的，它存在下列函数依赖：

Cid→Readername

Cid→Class

Class→Mcount

Cid $\xrightarrow{\text{传递}}$ Mcount

可以看到，在 READER 关系模式中存在传递函数依赖，所以在此关系中还是会存在一些问题。

定义 8.6：关系模式 R<U，F>中若不存在这样的键 X、属性组 Y 及非主属性 Z（Z⊆Y）使得 X→Y、Y→X、Y→X 成立，则称 R<U，F>∈3NF。

若 R∈3NF，则每一个非主属性既不部分函数依赖于键，也不传递函数依赖于键。

为了消除 READER 关系模式中的传递函数依赖，还是可以采用模式分解的方法，把 READER 关系分解为两个关系模式：读者和读者类别。

READER（Cid,Readername,Class）

READERCLASS(Class,Mcount)

其中，READER 关系模式中的键为 Cid，READERCLASS 中的键为 Class。这两个关系模式的函数依赖可以用图 8.3 表示：

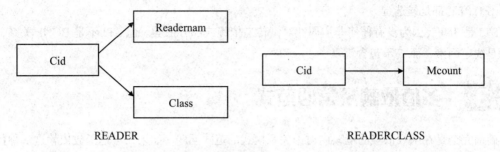

图 8.3　READER 函数依赖与 READERCLASS 函数依赖

可以看到，在分解后的关系模式中既没有非主属性对键的部分函数依赖，也没有非主属性对键的传递函数依赖，这在一定程度上解决了分解前的关系存的问题。

简而言之，如果一个关系模式 R 不存在部分函数依赖和传递函数依赖，则 R 满足 3NF。

在实际应用中，一般将关系模式分解到 3NF 就可以满足需要了。

8.2.3　BCNF

BCNF 比 3NF 又进了一步，通常认为 BCNF 是修正的第三范式。

定义：关系模式 R<U，F> ∈ 1NF。若 X→Y 且 Y ⊄ X 时 X 必含有键，则 R<U，F> ∈ BCNF。

简而言之，关系模式 R<U，F> ∈ 1NF，若每一个决定因素都包含键，则 R<U，F> ∈ BCNF。

由 BCNF 的定义可以得到结论，一个满足 BCNF 的关系模式有：

（1）所有非主属性对每一个键都是完全函数依赖；

（2）所有的主属性对每一个包含它的键，也是完全函数依赖；

（3）没有任何属性完全函数依赖于非键的任何一组属性。

一个关系属于 3NF，但不一定属于 BCNF。下面举几个例子。

例如，在关系 C（CNO，CNAME，CCREDIT）中，CNO 表示课程编号，CNAME 表示课程名称，CCREDIT 表示课程学分。在此关系模式中只有一个键 CNO，没有任何属性对 CNO 部分依赖或传递依赖，所以 C 属于 3NF。同时 C 中 CNO 是唯一的决定因素，所以 C 属于 BCNF。

例如，在关系 STJ（S，T，J）中，S 表示学生，T 表示教师，J 表示课程。每一教师只教一门课。每门课有若干教师，某一学生选定某门课，就对应一个固定的教师。在此关系中有如下函数依赖：

（S，J）→T；（S，T）→J；T →J。可用图 8.4 表示。

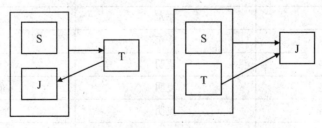

图 8.4　STJ 函数依赖

(S,J),(S,T)都是候选键。

STJ 是 3NF，因为没有任何非主属性对键传递依赖或部分依赖。但 STJ 不是 BCNF 关系，因为 T 是决定因素，而 T 不包含键。

8.3 多值依赖及第四范式

前面完全是在函数依赖的范畴内讨论关系模式的范式问题。如果仅考虑函数依赖这一种数据依赖，属于 BCNF 的关系模式已经很完美了。但如果考虑其他数据依赖（多值依赖），则属于 BCNF 的关系仍可能存在问题。

例如，有关系模式 Teach(C，T，B)，C 表示课程，T 表示教师，B 表示参考书。该关系如图 8.5 所示。

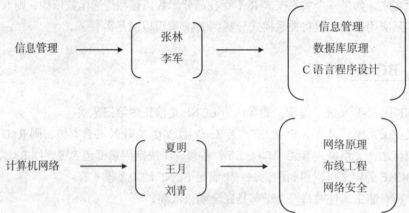

图 8.5 课程、教师、参考书之间的关系

该关系可用二维表表示如下。

表 8.3   Teacher 关系表

课程 C	教师 T	参考书 B
信息管理	张林	信息管理
信息管理	张林	数据库原理
信息管理	张林	C 语言程序设计
信息管理	李军	信息管理
信息管理	李军	数据库原理
信息管理	李军	C 语言程序设计
计算机网络	夏明	网络原理
计算机网络	夏明	布线工程
计算机网络	夏明	网络安全
计算机网络	王月	网络原理
计算机网络	王月	布线工程
计算机网络	王月	网络安全

续表

课程 C	教师 T	参考书 B
计算机网络	刘青	网络原理
计算机网络	刘青	布线工程
计算机网络	刘青	网络安全

Teach 具有唯一候选键（C，T，B），即全键，因而 Teach 属于 BCNF。但 Teach 模式中存在一些问题：插入异常、删除异常、数据冗余大、修改复杂。之所以产生以上问题；是因为参考书的取值和教师的取值是彼此毫无关系的，它们都只取决于课程名。也就是说，关系模式 Teach 中存在一种称之为多值依赖的数据依赖。

定义 8.7：设 R（U）是一个属性集 U 上的一个关系模式，X、Y 和 Z 是 U 的子集，并且 Z = U－X－Y，多值依赖 X→→Y 成立当且仅当对 R 的任一关系 r，r 在（X，Z）上的每个值对应一组确定 Y 的值，这组 Y 值仅仅决定于 X 而与 Z 值无关。

若 X→→Y，而 Z = φ 即 Z 为空，则称 X→→Y 为平凡的多值依赖。

多值依赖具有以下性质：

（1）多值依赖具有对称性。

（2）多值依赖具有传递性。

（3）函数依赖可以看作是多值依赖的特殊情况。

（4）若 X→→Y，X→→Z，则 X→→Y∩Z。

（5）若 X→→Y，X→→Z，则 X→→Y-Z，X→→Z-Y。

（6）多值依赖的有效性与属性集的范围有关。

（7）若多值依赖 X→→Y 在 R（U）上成立，对于 Y′⊂Y，并不一定有 X→→Y′成立。

定义 8.8：关系模式 R<U，F> ∈ 1NF，如果对于 R 的每个非平凡多值依赖 X→→Y（Y ⊄ X），X 都含有候选键，则 R ∈ 4NF。

简而言之，一个关系模式如果已满足 BCNF，且没有非平凡且非函数依赖的多值依赖，则关系模式属于 4NF。一个关系模式 R ∈ 4NF，则必有 R ∈ BCNF。4NF 就是限制关系模式的属性之间不允许有非平凡且非函数依赖的多值依赖。

8.4　规范化小结

在关系数据库中，只要是满足第一范式要求的关系模式都可以认为是合法、允许的。但是有些关系模式存在插入异常、删除异常、修改复杂、数据冗余等问题。人们寻求解决这些问题的方法就是规范化的目的。

关系模式的规范化过程是通过对关系模式的分解来实现的。把低一级的关系模式分解为若干高一级的关系模式，这种分解不是唯一的。各种范式及规范化过程如图 8.6 所示。

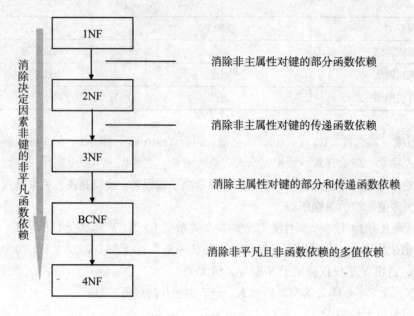

图 8.6   各范式规范化过程

本章小结

在进行数据库设计时，设计一个好的关系模式对于一个数据库来说是至关重要的。因此数据库专家提出的范式的概念。到目前为止，已经提出了第五范式。每种范式都规定了一些限制约束条件。一个低范式的关系模式可以通过模式分解使其达到更高范式的要求。

在本章我们讨论了函数依赖及相关概念以及各范式的规范化要求。

实训 8   关系模式的规范化

目标

完成本实验后，将掌握以下内容：
（1）判断一个关系模式属于第几范式；
（2）将一个不规范的关系模式通过模式分解得到规范的关系模式。

准备工作

在进行本实验前，必须学习完成本章的全部内容。

实验预估时间：20 分钟。

练习 1   判断该关系模式属于第几范式

有关系模式 S-L-C(SNO,SDEPT,SLOC,CNO,GRADE)

其中：

    SNO 表示学生的学号

    SDEPT 表示学生所属的系

    SLOC 表示学生住处，并且每一个系的学生住在同一个的地方

    CNO 表示课程号

    GRADE 表示学生的成绩

（1）请同学们分析此关系模式的函数依赖；

（2）举例分析此关系模式所具有的（如冗余、插入删除异常等）缺点；

（3）并分析此关系模型属于几类范式。

练习 2　通过模式分解使该关系模式达到第三范式要求

习题

1. 为什么要对关系模式进行规范化？

2. 什么是平凡的函数依赖？什么是非平凡的函数依赖？在没有特别指明的情况下，我们讨论的是哪一种函数依赖？

3. 一个关系模式应该达到的最低范式要求是第几范式？一个可用的关系模式应该达到第几范式要求？

第9章
索引——提高数据检索速度

本章学习目标

本章主要讲解数据库系统中索引的工作原理以及索引的创建和管理方法。通过本章学习，读者应该掌握以下内容：

- 了解各种索引
- 理解索引的工作原理
- 创建索引
- 管理索引
- 应用索引来提高数据的查询速度

9.1 索引简介

索引提供了一种基于一列或多列的值对表的数据进行快速检索的方法。索引可以根据指定的列提供表中数据的逻辑顺序，并以此提高检索速度。

9.1.1 索引

索引是对数据库表中一个或多个列的值进行排序的结构。与书的索引可以快速找到需要的内容一样，数据库中的索引可以快速找到表或索引视图中的特定信息。索引包含从表或视图中一个或多个列生成的键，以及映射到指定数据的存储位置的指针。通过创建设计良好的索引，可以显著提高数据库查询和数据库应用程序的性能。

索引提供指针以指向存储在表中指定列的数据值，然后根据指定的次序排列这些指针。数据库中的索引与书籍中的目录相类似，对于书而言，可以利用目录快速查找和定位所需内容的位置，在数据库中，利用索引可以无须对整个表的数据进行扫描，就可以根据指定的要求快速找到所需的数据。数据库使用索引的方式与使用书的目录很相似：通过搜索索引找到特定的值，然后跟随指针到达包含该值的行。

9.1.2　使用索引的优缺点

索引并不是必须的，索引是为了加速检索而创建的一种存储结构，使用索引的主要优点就是可以大幅度提高对数据库表中数据的查询速度。每个索引在一个表的数据页面以外建立索引页面，在索引页面中的行包含了对应表中数据行的逻辑指针，通过该指针可以直接检索到数据行，以此加快了对物理数据的检索。

当数据的操作需要先对数据进行检索时，使用索引即能提高执行速度，如数据的查询、对于具有主键约束的表进行插入数据行的操作等。

索引有时也可能导致数据库进行添加、删除和更新行操作的速度降低，因为使用索引后，进行添加、删除和更新行操作时，将要对索引也进行相应的操作。同时，索引将占用磁盘空间。但是，在多数情况下，索引所带来的数据检索速度的优势大大超过它的不足之处。

合理地规划和使用索引，能较大程度地提高数据操作的速度，但对索引的不当使用却可能降低数据操作的速度。所以，使用索引的原则是：

通常情况下，只有当经常查询索引列中的数据时，才需要在表上创建索引。如果应用程序非常频繁地更新数据，或磁盘空间有限，那么最好限制索引的数量。

9.1.3　SQL Server 对索引的支持

SQL Server 2012 全面支持索引，不仅支持针对数据库表的一列或多列创建索引，而且能在计算列上创建索引，此外，还能通过在视图上创建索引以提高查询速度。

SQL Server 2012 既能通过 SQL 语句实现对索引的创建和管理，也能通过 SQL Server Management Studio 实现对索引的创建和管理，同时，SQL Server 2012 的查询优化器还能自动地应用索引以提高各种操作速度。

9.2　索引类型

在 SQL Server 2012 中可以创建多种类型的索引，主要有以下的分类。

9.2.1　聚集索引和非聚集索引

依据索引的顺序和数据库的物理存储顺序是否相同可以将索引分为聚集索引(Clustered Index)和非聚集索引(Non-clustered Index)。

聚集索引和非聚集索引都是使用 B-树的结构来建立的（B-树的相关内容请参见数据结构相应资料），而且都包括索引页和数据页。其中索引页用来存放索引和指到下一层的指针，数据页用来存放记录。聚集索引有更快的数据访问速度。

1. 聚集索引

聚集索引的 B-树是由下而上构建的，一个数据页(索引页的叶节点)包含一条记录，再由多个数据页生成一个中间节点的索引页。接着由数个中间节点的索引页合成更上层的索引页，组合后会生成最顶层的根节点的索引页。

聚集索引的两个最大的优势是：

（1）快速缩小查询范围；

（2）快速进行字段排序。

聚集索引在确定表中数据的物理顺序、创建聚集索引后，将对指定被索引的列的数据进行排序，一个表中只能包含一个聚集索引。聚集索引实际上是和被索引的数据保存在一起，就像汉语字典的正文本身也就是一个聚集索引一样，汉语字典是按汉字拼音排列数据。由于聚集索引规定数据在表中的物理存储顺序，因此一个表只能包含一个聚集索引，但这个聚集索引可以包含多个列。

例如，DsCrmDB 数据库中 BaseDictionary 表中的记录没有进行排序，则可以通过创建聚集索引来实现排序。图 9.1 为未创建聚集索引时的 BaseDictionary 表中数据排列，图 9.2 为对 DictValue 列创建聚集索引后 BaseDictionary 表中数据的排列结果，表自动实现了对 DictValue 列的排序。

DictId	DictType	DictItem	DictValue	IsEditable
4	客户等级	普通客户	1	False
6	客户等级	大客户	3	False
8	客户等级	战略合作伙伴	5	False
14	客户等级	重点开发客户	2	False
15	客户等级	合作伙伴	4	False
NULL	NULL	NULL	NULL	NULL

图 9.1　未创建聚集索引时的 BaseDictionary 表

DictId	DictType	DictItem	DictValue	IsEditable
4	客户等级	普通客户	1	False
14	客户等级	重点开发客户	2	False
6	客户等级	大客户	3	False
15	客户等级	合作伙伴	4	False
8	客户等级	战略合作伙伴	5	False
NULL	NULL	NULL	NULL	NULL

图 9.2　创建聚集索引后的 BaseDictionary 表

聚集索引对于经常需要搜索范围值的列特别有效。使用聚集索引找到包含第一个值的行后，便可以确定包含后续索引值的行在物理上相邻。例如，某个表有一个时间列，把聚合索引建立在了该列，这时查询 2012 年 1 月 1 日至 2012 年 9 月 1 日之间的全部数据时，这个速度就将是很快的。因为这本字典正文是按日期进行排序的，聚类索引只需要找到要检索的所有数据中的开头和结尾数据即可；而不像非聚集索引，必须先查到目录中查到每一项数据对应的页码，然后再根据页码查到具体内容。同样，如果对从表中检索的数据进行排序时经常要用到某一列，则可以将该表在该列上聚集(物理排序)，避免每次查询该列时都进行排序。

在创建聚集索引之前，应该先了解数据是如何被访问的。可考虑将聚集索引用于以下几种情况。

（1）包含数量有限的唯一值的列。

（2）使用下列运算符返回一个范围值的查询：BETWEEN、>、>=、<和<=。

（3）被连续访问的列。

（4）经常被使用连接或 GROUP BY 子句的查询访问的列。一般来说，这些是外键列。对 ORDER BY 或 GROUP BY 子句中指定的列进行索引，可以使数据库不必对数据进行排序，因为这些行已经排序。这样可以提高查询性能。

（5）返回大结果集的查询。

对于频繁增加或删除数据的列，则不适合创建聚集索引。SQL Server 默认对于表中的主键自动创建聚集索引。

2. 非聚集索引

非聚集索引指定表的逻辑顺序，一个表中可以包含多个非聚集索引。非聚集索引类似于书籍的目录，索引中的项按照索引键值的顺序单独存储，表中信息的保持其自身的顺序不变存储在另一个位置。索引中包含指向数据存储位置的指针，而书籍中的目录则仅记录指定章节的页码。如果没有为表创建聚集索引，则表中行的排列并没有特定的顺序。在非聚集索引中，表中各行的物理顺序与键值的逻辑顺序不匹配。图 9.3 显示了非聚集索引如何存储索引值并指向表中包含信息的数据行。

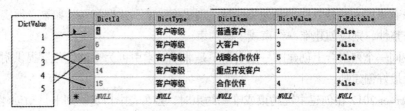

图 9.3 非聚集索引

与使用书籍中目录的方式相似，数据库在搜索数据值时，先对非聚集索引进行搜索，找到数据值在表中的位置，然后从该位置直接检索数据。

在创建非聚集索引之前，同样需要了解数据是如何被访问的。可考虑将非聚集索引用于下面的情况。

（1）包含大量非重复值的列，如姓氏和名字的组合(如果聚集索引用于其他列)。如果只有很少的非重复值，如只有 1 和 0，则大多数查询将不使用索引，因为此时表扫描通常更有效。

（2）不返回大型结果集的查询。

（3）返回精确匹配的查询的搜索条件(WHERE 子句)中经常使用的列。

（4）经常需要连接和分组的决策支持系统应用程序。应在连接和分组操作中使用的列上创建多个非聚集索引，在任何外键列上创建一个聚集索引。

（5）在特定的查询中覆盖一个表中的所有列。这将完全消除对表或聚集索引的访问。

9.2.2 组合索引和唯一索引

将索引创建为唯一索引或组合索引可以增强聚集索引和非聚集索引的功能。

1. 组合索引

使用表中的不止一个列对数据进行索引的索引。组合索引与多个单列索引相比，在数据操纵过程中所需的开销较小。

创建组合索引时的原则。

（1）当需要频繁地将两个或多个列作为一个整体进行检索时，可以创建组合索引。

（2）创建组合索引时，先列出唯一性最好的列。

（3）组合索引中列的顺序和数量的不同都能作为不同的组合索引，并会影响查询的性能。

2. 唯一索引

唯一索引(UNIQUE Index)不允许索引列中存在重复的值。当在有唯一索引的列上增加和已有数据重复的新数据时，数据库拒绝接受此数据。

聚集索引和非聚集索引都可以是唯一的，因此，只要列中的数据是唯一的，就可以在同一个表中创建一个唯一的聚集索引和多个唯一的非聚集索引。

创建唯一索引应注意的事项。

（1）尽管唯一索引有助于找到信息，但为了获得最佳性能，建议使用主键约束(PRIMARY KEY)或唯一约束(UNIQUE)。

（2）只有当唯一性是数据本身的特征时，创建唯一索引才有意义，如果必须实施唯一性以保证数据的完整性，则应创建唯一约束或主键约束。

（3）在同一个列组合上创建唯一索引而不是非唯一索引可为查询优化器提供附加信息，所以创建索引时最好创建唯一索引。

SQL Server 2012 在创建主键约束或唯一约束时，会在表中指定的列上自动创建唯一索引，其中创建主键时自动创建的是聚集唯一索引。

9.2.3　其他类型的索引

1. XML 索引

可以对 XML 数据类型列创建 XML 索引。它们对列中 XML 实例的所有标记、值和路径进行索引，从而提高查询性能。在下列情况下，可以从 XML 索引中获益。

（1）经常对 XML 列进行查询。必须考虑数据修改过程中的 XML 索引维护开销。

（2）XML 值相对较大，而检索的部分相对较小。生成索引避免了在运行时分析所有数据，并能实现高效的查询处理。

XML 索引分为下列类别：

（1）主 XML 索引；

（2）辅助 XML 索引。

2. 列存储索引（Columnstore Index）

列存储索引是一种基于按列对数据进行垂直分区的索引，作为大型对象 (LOB) 存储。列存储索引对每列的数据进行分组和存储，然后连接所有列以完成整个索引。随着数据仓库、决策支持和商业智能应用爆炸式增长，迫切需要快速读取和处理极其大量的数据集并准确地将其转换为有用的信息和知识。

3. 空间索引

SQL Server 2008 及更高版本支持空间数据。这包括对平面空间数据类型 geometry 的支持，该数据类型支持欧几里得坐标系统中的几何数据（点、线和多边形）。geography 数据类型表示地球表面某区域上的地理对象，如一片陆地。

空间索引是对包含空间数据的表列（"空间列"）定义的。每个空间索引指向一个有限空间。例如，geometry 列的索引指向平面上用户指定的矩形区域。

9.3　创建索引

SQL Server 2012 可以直接通过 SQL Server Management Studio 创建索引，也可以通过 T-SQL 语句的 CREATE INDEX 完成索引的创建。

9.3.1　通过 SQL Server Management Studio 创建索引

通过 SQL Server Management Studio 有两种方式创建索引，一是在"索引节点"中创建，一是在"表设计器"中创建。

1. 在"索引节点"中创建索引

在"索引节点"中创建索引的操作步骤如下。

（1）打开 SQL Server Management Studio，并展开相应的服务器组、数据库 DsCrmDB 和表节点，展开要创建索引的表 Customer，找到"索引"节点，在上面单击右键，在弹出菜单中，将鼠标指向"新建索引"，然后选择"聚集索引"命令，如图 9.4 所示，将打开"新建索引"窗口，如图 9.5 所示。

图 9.4　打开"新建索引"

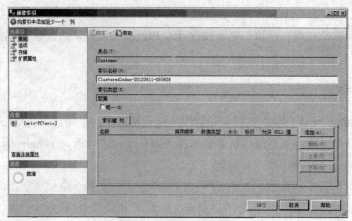

图 9.5   "新建索引"窗口

（2）在"新建索引"窗口中，"索引名称"文本框中数据库已经自动生成了一个索引名，也可以进行更改。窗口中有"唯一"复选框，选中表示创建唯一索引。单击"添加"按钮，弹出如图 9.6 所示的"选择列"窗口，用来选择建立索引的列。

图 9.6   "选择列"窗口

（3）选择用于创建索引的列以建立索引，单击"确定"按钮，回到前一窗口，索引创建成功。

（4）在"新建索引"窗口，单击左边的"选项"选项卡，出现如图 9.7 所示的"索引选项设置"界面，显示了索引的各个特征选项。一般情况下可以使用其默认值，其含义如下。

●自动重新计算统计信息   当建立索引时，SQL Server 会默认建立该索引字段的统计数据，以提高检索的效率。当记录改变时，原来该字段的统计数据就不是最新的，则 SQL Server 会自动重新统计。

●忽略重复值   当"唯一值"选中时，该选项才可用。若该选项处于选中状态，表示在表中加入一个和此索引字段重复的值时，INSERT 语句会被执行，但是会自动取消这个新加入的记录；如果不选择该选项，加入一个和此索引字段重复的值的 INSERT 语句将会出错。

●填充因子   指定每个索引页的填满程度。创建索引时很少需要指定填充因子，提供该选项是用于微调性能。

●填充索引   指定填充索引。填充索引在索引的每个内部节点上留出空格。

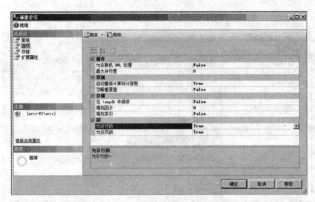

图 9.7　"索引选项设置"窗口

2. 在"表设计器"中创建索引

在"表设计器"中创建索引的操作步骤如下。

（1）打开 SQL Server Management Studio，并展开相应的服务器组、数据库 DsCrmDB 和表节点，展开要创建索引的表 Customer，右击在弹出菜单中选择"设计"，打开"表设计器"，在"表设计器"中右击，在弹出对话框中选择"索引/键"，如图 9.8 所示。

图 9.8　打开"索引/键"对话框

（2）这时会显示创建索引的"索引/键"对话框，如图 9.9 所示。注意，这里已经有了一个主键和外键，是前面设置的。

图 9.9　"索引/键"对话框

（3）单击"添加"按钮，创建新的索引并设置索引的属性，如图 9.10 所示。

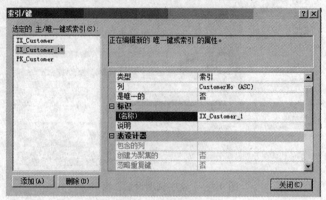

图 9.10　添加新的索引

对话框中显示了索引的属性选项，主要属性的含义如下。

●类型　可以选择"索引"或者"唯一键"。

●列　这个对话框中显示的列是预设的，可以根据需要改变。不管已经创建了什么索引，为索引所选择的初始列总会是表中定义的第一个列。在这里可以选择索引的排序，如果存在多个不同排序的列，而一个列在查询的 ORDER BY 子句中被使用，那么为该列设置索引时采用相应的排序是比较有用的。如果在索引中为某列所设置的排序顺序，同该列在查询的 ORDER BY 子句中所使用的排序顺序可以一致，则 SQL Server 就可以避免执行额外的排序工作，从而提高查询的性能。

●是唯一的　在添加记录时，SQL Server 会自动为索引列的值按顺序生成下一个数字，因为该列具有 IDENTITY 特性。该值不能在表中被修改，因为允许创建自己的标识值的选项开关没有打开，所以通过将信息的这两项组合起来，就可以确认值是唯一的。因此，将"是唯一的"选项设置为"是"。

●名称在"名称"文本框中，SQL Server 已经创建了一个可能的名称，名称的前缀为 IX_ 加上表的名称，这是一种好的命名系统。

●说明　在"说明"中可以添加某些描述。

●创建为聚集的　选择是否创建为聚集索引。

（4）单击"关闭"按钮，关闭对话框，然后关闭"表设计器"窗口，在提示是否要保存改变时，选择"是"，就将索引添加到了数据库中。

9.3.2　使用 SQL 语言创建索引

只有表或视图的所有者才能为表创建索引。无论数据库的表中是否有数据，表或视图的所有者都可以随时创建索引。

SQL Server 在其系统表 sysindexes 中存储索引的相关信息。

创建索引是通过 CREATE INDEX 语句来完成的，其语法格式为

```
CREATE [UNIQUE] [CLUSTERED | NONCLUSTERED] INDEX index_name
ON {table | view} (column [ASC | DESC][,…n])
```

```
[WITH index_option [,···n]]

[ON filegroup]

其中 index_option 定义为

{ PAD_INDEX | FILLFACTOR = fillfactor |

IGNORE_DUP_KEY | DROP_EXISTING |

STATISTICS_NORECOMPUTE | SORT_IN_TEMPDB

}
```

其中各参数说明如下。

● UNIQUE　为表或视图创建唯一索引(不允许存在索引值相同的两行)。视图上的聚集索引必须是 UNIQUE 索引。在创建索引时,如果数据已存在,SQL Server 2012 会检查是否有重复值,并在每次使用 INSERT 或 UPDATE 语句添加数据时进行这种检查。如果存在重复的键值,将取消 CREATE INDEX 语句,并返回错误信息。

● CLUSTERED　创建聚集索引。如果没有指定 CLUSTERED,则创建非聚集索引。具有聚集索引的视图称为索引视图。必须先为视图创建唯一聚集索引,然后才能为该视图定义其他索引。

● NONCLUSTERED　创建一个指定表的逻辑排序的对象。每个表最多可以有 249 个非聚集索引(无论这些非聚集索引的创建方式是使用 PRIMARY KEY 和 UNIQUE 约束隐式创建,还是使用 CREATE INDEX 显式创建)。每个索引均可以提供对数据的不同排序次序的访问。对于索引视图,只能为已经定义了聚集索引的视图创建非聚集索引。因此,索引视图中非聚集索引的行定位器一定是行的聚集键。

● index_name　是索引名。索引名在表或视图中必须唯一,但在数据库中不必唯一。索引名必须遵循标识符规则。

● table　包含要创建索引的列的表。可以选择指定数据库和表所有者。

● view　要建立索引的视图的名称。必须使用 SCHEMABINDING 定义视图才能在视图上创建索引。视图定义也必须具有确定性。如果选择列表中的所有表达式、WHERE 和 GROUP BY 子句都具有确定性,则视图也具有确定性。而且,所有键列必须是精确的。只有视图的非键列可能包含浮点表达式(使用 float 数据类型的表达式),而且 float 表达式不能在视图定义的其他任何位置使用。

● column　应用索引的列。指定两个或多个列名,可为指定列的组合值创建组合索引。在 table 后的圆括号中列出组合索引中要包括的列(按排序优先级排列)。

注意

由 ntext、text 或 image 数据类型组成的列不能指定为索引列。另外,视图不能包括任何 text、ntext 或 image 列,即使在 CREATE INDEX 语句中没有引用这些列。

● n　表示可以为特定索引指定多个 column 的占位符。

● ON filegroup　在给定的 filegroup 上创建指定的索引。该文件组必须已经通过执行 CREATE DATABASE 或 ALTER DATABASE 创建。

● index_option　指定创建索引的选项,这些选项可以用来优化名 T-SQL 语句的性能,并可进行多项组合。

1. 创建一般索引

以下示例为 DsCrmDB 数据库的 Employee 表 EmployeeName 列创建了名为 EmployeeName 的一般索引。

USE DsCrmDB

--如果已存在索引 EmployeeName，则删除原有的 EmployeeName 索引

```
IF EXISTS (SELECT name FROM sysindexes WHERE name = 'EmployeeName')
DROP INDEX Employee.EmployeeName
GO
```

--在 Employee 表 EmployeeName 字段创建名为 EmployeeName 的索引

```
CREATE INDEX EmployeeName
ON Employee(EmployeeName)
GO
```

此时由于没有加特别的参数，所以 Employee 表中不同行的 EmployeeName 列可以有相同的值，同时此索引也是非聚集索引。

2. 创建唯一索引

创建唯一索引时，不允许两行有相同的关键字值。

以下示例为 DsCrmDB 数据库 Customer 表 CustomerLicenceNo 列创建了名为 U_CustLiNo 的唯一索引。

USE DsCrmDB

--如果已存在索引 U_CustLiNo，则删除原有的 U_CustLiNo 索引

```
IF EXISTS (SELECT name FROM sysindexes WHERE name = 'U_CustLiNo')
DROP INDEX Customer.U_CustLiNo
GO
```

--在 Customer 表中 CustomerLicenceNo 字段创建名为 U _ CustLiNo 的索引

```
CREATE UNIQUE NONCLUSTERED INDEX U_CustLiNo
ON Customer(CustomerLicenceNo)
GO
```

如果此时 Customer 表中有多行在 CustomerID 列上有相同的值，则此创建索引的语句将失败。

由于 CREATE INDEX 语句中加入了 UNIQUE 参数，所以创建了索引为唯一索引。同时加入 NONCLUSTERED 参数，所以索引为非聚集索引。

3. 创建组合索引

创建组合索引时，将指定多个列作为关键字值。

以下示例为 DsCrmDB 数据库 OrderDetails 表的 OrderId 和 ProductId 两列创建组合索引。

USE DsCrmDB

--如果已存在索引 U_OrderId_ProdID，则删除原有的 U_OrderId_ProdID 索引

```
IF EXISTS (SELECT name FROM sysindexes WHERE name = 'U_OrderId_ProdID')
DROP INDEX [OrderDetails].U_OrderId_ProdID
GO
```

--创建 U_OrderId_ProdID 索引

```
CREATE UNIQUE NONCLUSTERED INDEX U_OrderId_ProdID
ON [OrderDetails] (OrderId, ProductId)
GO
```

上例由于加了 UNIQUE 和 NONCLUSTERED 参数,所以 U_OrderId_ProdID 也是唯一、非聚集索引。

4. 创建聚集索引

以下示例试图为 DsCrmDB 数据库的 Employee 表 EmployeeName 列创建了名为 EmployeeName 的聚集索引。

```
USE DsCrmDB
```

--如果已存在索引 EmployeeName,则删除原有的 EmployeeName 索引

```
IF EXISTS (SELECT name FROM sysindexes WHERE name = 'EmployeeName')
DROP INDEX Employee.EmployeeName
GO
USE DsCrmDB
```

--在 Employee 表 EmployeeName 字段创建名为 EmployeeName 的索引

```
CREATE CLUSTERED INDEX EmployeeName
ON Employee(EmployeeName)
GO
```

此时由于加了 CLUSTERE 参数,所以试图创建一个聚集索引,但是由于此时 Employee 表中在设置 EmployeeID 列为主键时,自动添加了一个聚集索引,所以再次创建聚集索引时将出错,错误提示如下所示:

服务器:消息 1902,级别 16,状态 3,行 3

不能在表“Employee”上创建多个聚集索引。请在创建新聚集索引前除去现有的聚集索引“PK_Employee”。

5. FILLFACTOR 选项

FILLFACTOR 选项为 index_option 参数中的选项之一,可以用来优化有聚集索引和非聚集索引的表中 INSERT 语句和 UPDATE 语句的性能。

FILLFACTOR 指定在 SQL Server 创建索引的过程中,各索引页叶级的填满程度。如果某个索引页填满,SQL Server 就必须花时间拆分该索引页,以便为新行腾出空间,这需要很大的开销。对于更新频繁的表,选择合适的 FILLFACTOR 值将比选择不合适的 FILLFACTOR 值获得更好的更新性能。FILLFACTOR 的原始值将在 sysindexes 中与索引一起存储。

注意

FILLFACTOR 选项仅用于在索引被创建和重建时。SQL Server 并不主动维护索引页上分配

空间的比例。

表 9.1 显示了 FILLFACTOR 选项的设置和这些填充因素所使用的典型环境。

表 9.1　　　　　　　　　　　　　FILLFACTOR 填充因素及使用环境

FILLFACTOR 百分比	叶级页	非叶级页	关键字值上的操作	典型商业环境
0（默认）	全填充	为一个索引条目留下空间	无或轻微改变	分析服务
1-99	以指定的比例填充	为一个索引条目留下空间	中等程度的修改	混合或 OLTP
100	全填充	为一个索引条目留下空间	无或轻微改变	分析服务器

在使用 FILLFACTOR 选项时，考虑以下事实和准则：

（1）填充因素的值从 1%到 100%。

（2）默认的填充因素值为 0。该值将页级索引页填充为 100%，并且在非页级索引页上为最大的索引条目留下了空间。不能明确指定填充因素 = 0。只有不会出现 INSERT 或 UPDATE 语句时(例如对只读表)，才可以使用 FILLFACTOR 100。如果 FILLFACTOR 为 100，SQL Server 将创建叶级页 100%填满的索引。如果在创建 FILLFACTOR 为 100%的索引之后执行 INSERT 或 UPDATE，会对每次 INSERT 操作以及有可能每次 UPDATE 操作进行页拆分。

（3）通过使用 sp_configure 系统存储过程，可以在服务器级别改变默认的填充因素值。

（4）sysindexes 系统表存储最后使用的填充因素值，并带有其他索引的信息。

（5）填充因素值以百分比指定。该百分比决定了叶级如何被填充。例如，填充因素为 65%将叶级页填满 65%，为新行保留 35%的自由空间，行的大小会影响行如何填充或以指定的填充因素比例来填充。

（6）在将插入行的表上使用 FILLFACTOR 选项，或在簇索引关键字值经常被修改时使用该选项。

6. PAD_INDEX 选项

PAD_INDEX 选项指定填充非叶级索引页的比例。只有在指定 FILLFACTOR 时才能使用 PAD_INDEX 选项。因为 PAD_INDEX 比例值由 FILLFACTOR 选项指定的比例值决定。

以下示例在 DsCrmDB 数据库 Order 表的 OrderId 列上创建 OrderId_ind 索引。通过指定带有 FILLFACTOR 选项的 PAD_INDEX 选项，SQL Server 创建 70%满的叶级页。但是，如果不使用 PAD_INDEX 选项，叶级页为 70%满，而非叶级页几乎为全满。

```
USE DsCrmDB
--如果已存在 OrderId_ind 索引，删除原有索引
IF EXISTS (SELECT name FROM sysindexes WHERE name = 'OrderId_ind')
DROP INDEX Orders.OrderId_ind
GO
USE DsCrmDB
```

--以 70%的填充因素值创建 OrderId_ind 索引

```
CREATE INDEX OrderId_ind
ON [Order] (OrderId)
WITH PAD_INDEX, FILLFACTOR = 70
GO
```

7. DROP_EXISTING

指定应除去并重建已命名的先前存在的聚集索引或非聚集索引。指定的索引名必须与现有的索引名相同。因为非聚集索引包含聚集键，所以在除去聚集索引时，必须重建非聚集索引。如果重建聚集索引，则必须重建非聚集索引，以便使用新的键集。

为已经具有非聚集索引的表重建聚集索引时(使用相同或不同的键集)，DROP_EXISTING 子句可以提高性能。

DROP_EXISTING 子句代替了先对旧的聚集索引执行 DROP INDEX 语句，然后再对新的聚集索引执行 CREATE INDEX 语句的过程。非聚集索引只需重建一次，而且还只是在键不同的情况下才需要。

提示：如果健没有改变(提供的索引名和列与原索引相同)，则 DROP_EXISTING 子句不会重新对数据进行排序。在必须压缩索引时，这样做会很有用。并且无法使用 DROP_EXISTING 子句将聚集索引转换成非聚集索引；不过，可以将唯一聚集索引更改为非唯一索引，反之亦然。

8. STATISTICS_NORECOMPUTE

指定过期的索引统计不会自动重新计算。若要恢复自动更新统计，可执行没有 NORECOMPUTE 子句的 UPDATE_STATISTICS。

如果禁用分布统计的自动重新计算，可能会妨碍 SQL Server 查询优化器为涉及该表的查询选取最佳执行计划。

9. SORT_IN_TEMPDB

指定用于生成索引的中间排序结果将存储在 tempdb 数据库中。如果 tempdb 与用户数据库不在同一磁盘集，则此选项可能减少创建索引所需的时间，但会增加创建索引时使用的磁盘空间。

9.4　查看和删除索引

和创建索引一样，查看和删除索引也有两种方法：使用 SQL Server Management Studio 和 SQL 语言。

9.4.1　使用 SQL Server Management Studio 查看和删除索引

通过 SQL Server Management Studio 查看和删除索引有两种方式，一是通过"索引节点"，一是通过"表设计器"。

1. 通过"索引节点"中查看和删除索引

通过"索引节点"查看和删除索引的操作步骤如下：

（1）打开 SQL Server Management Studio，并展开相应的服务器组、数据库和表节点，展开要创建索引的表，再展开"索引"节点。

（2）找到需要修改的索引，右击，在弹出菜单中选择"属性"，会显示索引属性窗口，如图 9.11 所示。这个窗口中列出了索引的很多选项，可以查看和修改。这些列出的属性很多和新建索引时的出现的属性相同。

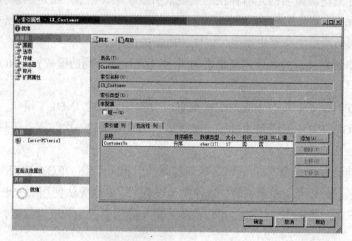

图 9.11 "索引属性"窗口

在需要删除的索引上右击，在弹出菜单中选择"删除"，会显示"删除对象"窗口，如图 9.12 所示，单击"确定"按钮可以删除该索引。

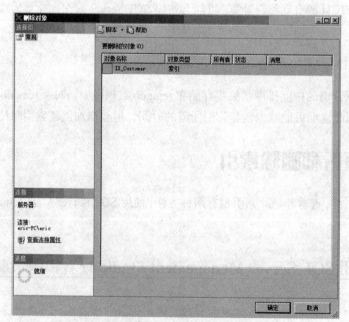

图 9.12 "删除对象"窗口

2. 通过"表设计器"查看和删除索引

通过"表设计器"查看和删除索引的操作步骤如下。

打开 SQL Server Management Studio，并展开相应的服务器组、数据库和表节点，展开要创建索引的表，右击在弹出菜单中选择"设计"，打开"表设计器"，在"表设计器"中右击，在弹出菜单中选择"索引/键"，弹出如图 9.13 所示的对话框。在这个对话框中可以查看、修改索引的属性，也可以删除索引。这里列出的属性和新建索引时的出现的属性相同。

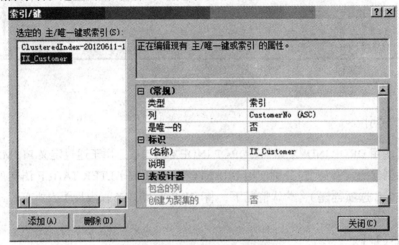

图 9.13　"键/索引"对话框

9.4.2　使用 SQL 语句查看和删除索引

1. 查看索引

要查看索引信息，可使用系统存储过程 sp_helpindex。有关存储过程相关知识，请参见第 12 章内容。

sp_helpindex 的语法格式为为

```
sp_helpindex [ @objname = ] 'name'
```

参数 [@objname =] 'name' 是当前数据库中表或视图的名称。name 的数据类型为 nvarchar(776)，没有默认值。

返回代码值：

0（成功）或 1（失败）。

下面的 T-SQL 语句用于显示 Orders 表上的索引信息：

```
USE    DsCrmDB
sp_helpindex Customer
GO
```

执行结果如图 9.14 所示。

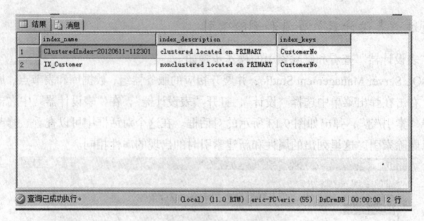

图9.14　索引查询结果

2. 删除索引

删除索引使用 DROP INDEX 语句。DROP INDEX 语句不适用于通过定义 PRIMARY KEY 或 UNIQUE 约束创建的索引（通过分别使用 CREATE TABLE 或 ALTER TABLE 语句的 PRIMARY KEY 或 UNIQUE 选项创建）。默认情况下，将 DROP INDEX 权限授予表所有者，该权限不可转让。

其语法格式如下：

```
DROP INDEX 'table.index | view.index' [ ,...n ]
```

其中，"table" 和 "view" 是索引列所在的表或索引视图；"index" 是要除去的索引名称，索引名必须符合标识符的规则；"n" 表示可以指定多个索引的占位符。

以下示例为通过 T-SQL 语句删除索引。

```
USE DsCrmDB
IF EXISTS (SELECT name FROM sysindexes WHERE name = 'U_CustID')
DROP INDEX Customer.U_CustID
GO
```

注意

在调用 DROP INDEX 指令时，如果指定要删除的索引不存在，则删除将发生导常。

本章小结

索引提供了一种基于一列或多列的值对表的数据进行快速检索的方法。索引可以根据指定的列提供表中数据的逻辑顺序，并以此提高检索速度。

索引主要分为聚集索引和非聚集索引，可以创建为唯一索引或组合索引，组合索引不允许索引列中存在重复的值，组合索引允许在创建索引时使用两列或更多列。

在 SQL Server 2012 中创建和管理索引的主要工具是 SQL Server Management Studio 和 SQL 语句。CREATE INDEX 语句用于为给定的表创建索引，ALTER INDEX 语句用于修改索引，DROP INDEX 语句可用于删除索引。

实训 9　创建和管理索引

目标

完成本实验后，将掌握以下内容：
（1）创建索引；
（2）修改索引；
（3）使用索引；
（4）删除索引。

准备工作

在进行本实验前，必须学习完成本章的全部内容。

场景

当用户需要从表中检索大量数据、但同时要求有较高的查询速度时，可以使用索引提供对表中数据的快速访问。在本实训中，将学习如何创建各种类型的索引以及如何操作索引。

索引能加快数据的访问速度并强制表中行的唯一性，SQL Server 2012 支持聚集索引和非聚集索引。

实验预估时间：45 分钟。

练习 1　创建索引

本练习中，将在某公司的客户关系管理系统的数据库 DsCrmDB 中完成索引创建过程，并在此基础上自行完成索引的创建。

实验步骤如下。

（1）用 SQL Server Management Studio 完成创建索引。

① 在 SQL Server 2012SQL Server Management Studio 中，展开服务器组，然后展开服务器实例。

② 展开"数据库"节点，再展开要在其中创建索引的数据库"DsCrmDB"。

③ 展开"表"节点，再展开表"OrderDetails"，在下面的"索引"节点上右键单击，在弹出菜单中，将鼠标指向"新建索引"，然后选择"非聚集索引"命令。

④在弹出的"新建索引"窗口中，单击"添加"按钮，在弹出窗口中选择 OrderId 和 ProductId 两列，单击"确定"按钮回到上一界面。

⑤在索引名称中输入"U_OrderId_ProductId"，单击"确定"按钮，关闭"新建索引"窗口。

⑥单击"关闭"按钮，结束索引建立过程。

（2）用 T-SQL 语句创建上述索引。

打开"新建查询"窗口，在窗口中输入以下代码，用来在 OrderDetails 表中创建 U_OrderId_ProductId 索引：

```
USE DsCrmDB
IF EXISTS (SELECT name FROM sysindexes WHERE name = 'U_OrderId_ProductId')
DROP INDEX [OrderDetails]. U_OrderId_ProductId
CREATE INDEX U_OrderId_ProductId
ON [OrderDetails] (OrderId, ProductId)
GO
```

（3）根据以上两步的方法，分别使用 SQL Server Management Studio 和 CREATE INDEX 语句在 DsCrmDB 数据库的 employee 表的 EmployeeIDNumber 列上创建一个非聚集索引。

练习 2　修改索引

本练习中，将在练习 1 的基础上，查看和修改索引的填充因子，确保索引填充因子以在索引的每一页中留出额外间隙并保留一定百分比的可用空间，将 U_OrderId_ProductId 的填充因子改为 60。在此基础上进一步操作完成索引的修改。

实验步骤如下。

（1）右键单击 DsCrmDB 数据库中的 OrderDetails 表，打开弹出菜单。

（2）在弹出菜单中选择"属性"，在出现的"索引属性"窗口选择"选项"选项卡，设置"填充因子"值为 60。

（3）单击"确定"按钮，再单击"关闭"按钮完成修改。

（4）使用同样的方法，通过设置填充因子的值，确保在练习 1 中创建在表 employee 上的索引在索引页的中间级和叶级有 25% 的空白空间。

练习 3　使用索引

本练习中，将在练习 2 的基础上，使用这些索引，并比较一般查询和应用索引后的查询之间的区别。SQL Server 使用查询优化器确定执行查询的最佳方案，其中包括选择合适的索引来执行查询。可以通过指定要使用的索引来修改 SQL Server 的这种默认方式。在完成上述三个步骤后，OrderDetails 表中同时有两个索引，一个 U_OrderId_ProductId 索引是以上步骤创建的，一个 PK_Order_Details 是创建主键时自动创建的索引。

实验步骤如下。

（1）打开"新建查询"。

（2）在"新建查询"中输入以下语句：

```
USE DsCrmDB
SELECT * FROM [OrderDetails]
```

（3）在"查询"菜单中选择"显示估计的执行计划"，即显示执行查询的成本与所使用的索引的名称，如图 9.15 所示。

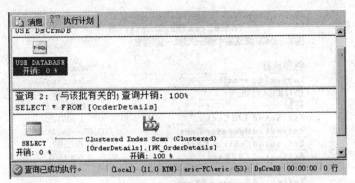

图 9.15 查询执行计划

（4）把鼠标移到执行计划上方，打开如图 9.16 所示的执行计划信息框，其中表明查询优化器选择聚集索引 PK_Order_Details 来执行查询。

ClusteredIndexScan (Clustered)	
整体扫描聚集索引或只扫描一定范围。	
物理运算	Clustered Index Scan
Logical Operation	Clustered Index Scan
估计的执行模式	Row
EstimatedOperatorCost	0.0032831 (100%)
Estimated I/O Cost	0.003125
Estimated CPU Cost	0.0001581
EstimatedSubtreeCost	0.0032831
EstimatedNumber of Executions	1
EstimatedNumber of Rows	1
Estimated Row Size	39 字节
Ordered	False
节点 ID	0

对象
[DsCrmDB].[dbo].[OrderDetails].[PK_OrderDetails]
Output List
[DsCrmDB].[dbo].[OrderDetails].OrderId, [DsCrmDB].
[dbo].[OrderDetails].ProductId, [DsCrmDB].[dbo].
[OrderDetails].Quantity, [DsCrmDB].[dbo].
[OrderDetails].UnitPrice, [DsCrmDB].[dbo].
[OrderDetails].Discount

图 9.16 执行计划信息

（5）在"新建查询"中输入以下语句：

USE DsCrmDB

SELECT * FROM [OrderDetails] with (INDEX = U_OrderId_ProductId)

（6）在"查询"菜单中选择"显示估计的执行计划"，即显示执行查询的成本与所使用的索引的名称，如图 9.17 所示。

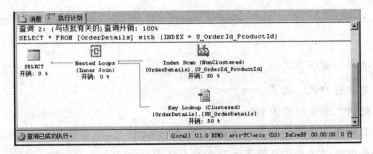

图 9.17 查询执行计划

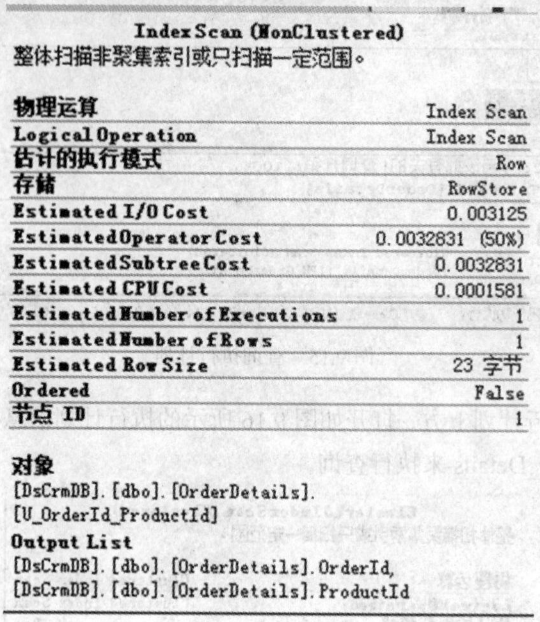

图 9.18　执行计划信息

（7）把鼠标移到执行计划上方，此时执行计划信息框如图 9.18 所示。其中表明查询优化器选择非聚集索引 U_OrderId_ProductId 来执行查询。

（8）单击菜单项"查询 | 执行"或直接单击工具栏中的"执行查询"按钮，执行查询，得到查询结果。

练习 4　删除索引

本练习中，将在练习 3 的基础上，删除练习 1 中创建的索引。

实验步骤如下。

（1）打开"新建查询"。

（2）在"新建查询"中输入以下语句删除 OrderDetails 表中的 U_OrderId_ProductId 索引：

```
USE DsCrmDB

IF EXISTS (SELECT name FROM sysindexes WHERE name = 'U_OrderId_ProductId')

DROP INDEX [OrderDetails].U_OrderId_ProductId

GO
```

习题

1. 什么是索引？索引分为哪几种？各有什么特点？
2. 列举创建索引的优、缺点。
3. 什么样的列上适合创建索引？
4. 创建索引时须考虑哪些事实和准则？
5. 在一个表中可以建立几个聚集索引和非聚集索引？

第10章

视图——安全方便检索数据

本章学习目标

本章主要讲解数据库系统中的视图以及如何创建和管理视图，并应用视图对数据进行操作。通过本章学习，读者应该掌握以下内容：

- 了解视图
- 创建视图
- 管理视图
- 应用视图操作数据

10.1 视图简介

视图是一种虚拟表，是数据库数据的特定子集。同真实的表一样，视图包含一系列带有名称的列和行数据，其内容由来自定义视图的查询所引用的表在引用视图时动态生成。视图在数据库中并不是以数据值存储形式存在，除非是索引视图。

视图是从一个或者多个表中使用 SQL SELECT 语句导出的。在视图中查询的表被称为"基表（base table）"。对其中所引用的基表来说，视图的作用类似于筛选。定义视图的筛选可以来自当前或其他数据库的一个或多个表或者其他视图。

对视图的操作与对表的操作一样。可以对其进行查询和更新操作，但要满足一定的条件。当对视图进行更新时，其对应的基表数据也会发生变化。

视图通常用来集中、简化和自定义每个用户对数据库的不同认识。视图可用作安全机制，允许用户通过视图访问数据而不授予用户直接访问基表的权限。

定义的视图常见的情况为

● 基表的行或列的子集；

● 两个或多个基表的联合；

● 两个或多个基表的连接；

● 基表的统计概要；

● 另一个视图的子集或视图和基表的组合。

视图通常用来：

● 筛选表中的数据行；

● 防止非法用户访问敏感数据；

● 降低数据库的复杂度；

● 将多个物理数据表抽象为一个逻辑表。

视图具有下述优点和作用：

（1）为用户聚焦数据　视图创建一个可控制的环境，不需要的、敏感的或不合适的数据被隔离在视图之外，让用户只能访问他们所感兴趣的特定数据。

（2）简化操作　视图为用户隐蔽数据库设计的复杂性，简化用户操作数据的方式，为开发者提供了在不影响用户与数据库交互的情况下改变设计的能力。此外，在视图中通过使用容易理解的名称比数据库表中所使用的名称更容易理解，用户可以看到更友好的数据界面。另外，复杂的查询，包括对异构数据的分别查询，可以通过视图被隐蔽，用户查询视图而不用编写或执行脚本。

（3）安全性　数据库的拥有者授予用户通过视图访问数据的权限而不授予用户直接访问底层基表的权限，保护了底层基表的设计结构。

（4）改进性能　视图允许存储复杂查询的结果，其他查询可以使用这些结果。

10.2　创建和管理视图

要使用视图，首先必须创建视图。视图在数据库中是作为一个独立的对象进行存储的。创建视图要考虑如下的原则。

（1）可以在其他视图和引用视图的过程之上建立视图。

（2）定义视图的查询不可以包含 COMPUTE 或 COMPUTE BY 子句或 INTO 关键字，只有在使用了 TOP 关键字时，才能包括 ORDER BY 子句。

（3）在创建视图时，执行者必须具有创建视图的权限，比如执行者是系统管理员角色、数据库拥有者角色或数据库定义语言管理员角色，或者必须被授予了创建视图的权利。同时，必须具有在视图中所涉及的所有表或视图上的 SELECT 权利。

（4）视图中可以使用的列最多可达 1024 列。

一般情况下，不必在创建视图时指定列名，视图中的列与定义视图的查询所引用的列具有相同的名称和数据类型。但是以下情况必须指定列名：

（1）视图中包含任何从算术表达式、内置函数或常量派生出的列。

（2）视图中两列或多列具有相同名称(通常由于视图定义包含连接，而来自两个或多个不同表的列具有相同的名称)。

10.2.1 创建视图

创建视图有两种方式，使用 SQL Server Management Studio 或 T-SQL 语句 CREATE VIEW 来创建视图。在创建视图时，视图的名称存储在 sysobjects 表中。有关视图中所定义的列的信息添加到 syscolumns 表中，而有关视图相关性的信息添加到 sysdepends 表中。另外，CREATE VIEW 语句的文本添加到 syscomments 表中。

1. 使用 SQL Server Management Studio 创建视图

创建一个列视图，数据来自几个不同的表，操作步骤如下。

（1）启动 SQL Server Management Studio，在"对象资源管理器"中，展开要创建新视图的数据库 DsCrmDB。

（2）展开"视图"节点，可以看到视图列表中系统自动为数据库创建的系统视图。右键单击"视图"文件夹，在弹出菜单中单击"新建视图"，弹出如图 10.1 所示的"添加表"对话框。

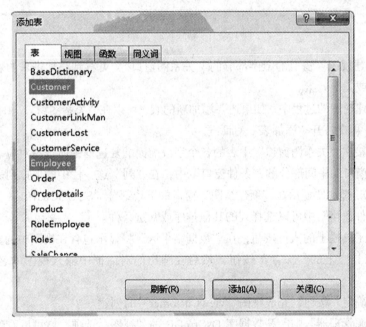

图 10.1 "添加表"对话框

（3）在"添加表"对话框中，选择要在新视图中包含的元素，包括："表"、"视图"、"函数"和"同义词"。在此处的视图只涉及表 Customer 和表 Employee，选择这两张表，再单击"添加"按钮，将此表添加到视图的查询中，然后单击"关闭"按钮。返回如图 10.2 所示的"新建视图"窗口。

提示：在选择时，可以使用 Ctrl 键或者 Shift 键来选择多个表、视图或者函数。

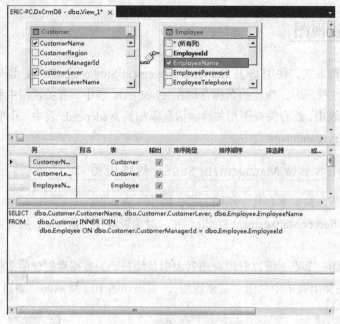

图 10.2　"新建视图"窗口

（4）在"新建视图"窗口的上半部分的"关系图窗口"，可看到添加进来的表，选择要在新视图中包含的列或其他元素。

提示： 在创建视图的过程中，如果还要添加新的表，可以在"关系图窗口"中单击鼠标右键，选择"添加表"，再次打开"添加表"对话框。

（5）可以直接在"关系图窗口"中表的各个字段前面的复选框中所选择对应表的列，也可以在"新建视图"窗口的中间部分的"条件窗口"中，在"列"这一栏中的下拉列表中选择字段。此时对应的 T-SQL 脚本便显示在"新建视图"窗口的下边部分"SQL SCRIPT 区"。

（6）在"条件窗格"中可以选择列的其他排序或筛选条件。

提示： 单击工具栏上的执行按钮，在"数据结果区"将显示包含在视图中的数据行。

（7）单击工具栏上的"保存"按钮，然后在弹出的对话框中输入视图的名称，这里输入"viewCustomer"。

（8）单击"确定"按钮，完成视图"viewCustomer"的创建。

在"对象资源管理器"中展开数据库 DsCrmDB 的"视图"选项，就可以看到视图列表中刚创建好的"viewCustomer"视图。如果没有看到，单击"刷新"按钮，刷新一次即可。

2. 使用 T-SQL 语句创建视图

使用 T-SQL 语句创建视图的语法为

```
CREATE VIEW [<database_name>.] [<owner>.] view_name [(column [ ,...n ])

[WITH < view_attribute > [ ,...n ] ]

AS

select_statement

[ WITH CHECK OPTION ]
```

```
< view_attribute > ::=
    { ENCRYPTION | SCHEMABINDING | VIEW_METADATA }
```

各参数的含义如下。

●view_name　视图的名称，必须符合标识符规则，可以选择是否指定视图所有者名称。

●column　视图中的列名。只有在下列情况下，才必须命名 CREATE VIEW 中的列：当列是从算术表达式、函数或常量派生的，两个或更多的列可能会具有相同的名称（通常是因为连接），视图中的某列被赋予了不同于派生来源列的名称。还可以在 SELECT 语句中指派列名。如果未指定 column，则视图列将获得与 SELECT 语句中的列相同的名称。

●n　是表示可以指定多列的占位符。

●AS　是视图要执行的操作。

●select_statement　是定义视图的 SELECT 语句。该语句可以使用多个表或其他视图。若要从创建视图的 SELECT 子句所引用的对象中选择，必须具有适当的权限。

●WITH CHECK OPTION　强制视图上执行的所有数据修改语句都必须符合由 select_statement 设置的准则。通过视图修改行时，"WITH CHECK OPTION"可确保提交修改后仍可通过视图看到修改的数据。

●WITH ENCRYPTION　对 sys.syscomments 表中包含 CREATE VIEW 语句文本的项进行加密。使用 WITH ENCRYPTION 可防止在 SQL Server 复制过程中发布视图。

●SCHEMABINDING　将视图绑定到架构上。指定"SCHEMABINDING"时，SELECT 语句"select_statement"必须包含所引用的表、视图或用户定义函数的两部分名称(owner.object)。

●VIEW_METADATA　指定为引用视图的查询请求浏览模式的元数据时，SQL Server 将向 DBLIB、ODBC 和 OLE DB API 返回有关视图的元数据信息，而不是返回基表或表。

上面通过 SQL Server Management Studio 创建的视图可以通过以下 T-SQL 语句创建：

```
USE DsCrmDB
GO
```

--如果视图 viewCustomer 存在，删除此视图

```
IF EXISTS(SELECT TABLE_NAME FROM INFORMATION_SCHEMA.VIEWS
        WHERE TABLE_NAME = viewCustomer)
    DROP VIEW viewCustomer
GO
```

--创建视图 viewCustomer

```
CREATE VIEW    viewCustomer
AS
SELECT    dbo.Customer.CustomerName, dbo.Customer.CustomerLever, dbo.Employee.EmployeeName
FROM        dbo.Customer INNER JOIN
dbo.Employee ON dbo.Customer.CustomerManagerId = dbo.Employee.EmployeeId
GO
```

10.2.2 修改视图

为了适应用户新的需要或对基表定义要进行修改的要求，可以修改视图。可以在 SQL Server Management Studio 中进行视图的修改，也可以通过执行 T-SQL 语句 ALTER VIEW 完成视图的修改。

1. 使用 SQL Server Management Studio 修改视图

（1）启动 SQL Server Management Studio，在"对象资源管理器"中，展开要创建新视图的数据库 DsCrmDB。

（2）展开"视图"文件夹，右击需要修改的视图，在弹出的菜单中选择"设计"命令，打开设计视图窗口。

（3）设计视图窗口和创建视图窗口的使用方法相同。

2. 使用 T-SQL 语句修改视图

修改视图的语法为

```
ALTER VIEW [ < database_name > .] [ < owner > .] view_name [ ( column [ ,...n ] ) ]
[ WITH < view_attribute > [ ,...n ] ]
AS
 select_statement
[ WITH CHECK OPTION ]
< view_attribute > ::=
    { ENCRYPTION | SCHEMABINDING | VIEW_METADATA }
```

其中各参数的意义与创建视图的 T-SQL 语句中的参数一致。

10.2.3 删除视图

不再需要的视图可以用 SQL Server Management Studio 或 Transact-SQL 的 DROP VIEW 来删除。视图的删除不会影响所依附的基表的数据，定义在系统表 sysahjects、syscolumns、syscomments、sysdepends 和 sysprotects 中的视图信息也会被删除。

1. 使用 SQL Server Management Studio 删除视图

（1）启动 SQL Server Management Studio，在"对象资源管理器"中，展开要创建新视图的数据库 DsCrmDB。

（2）展开"视图"文件夹，右击需要删除的视图，在弹出的菜单中选择"删除"命令，打开"删除对象"窗口，如图 10.3 所示。

图 10.3 "删除对象"窗口

2. 使用 T-SQL 语句删除视图

删除视图的语法为

```
DROP VIEW { view } [ ,...n ]
```

其中：

● view 要删除的视图名称。视图名称必须符合标识符规则。

● n 表示可以指定多个视图的占位符。

10.3 视图的应用

对视图的操作与对表的操作一样，可以通过 SQL Server Management Studio 或是 T-SQL 语句完成对视图中的数据进行查询和更新操作。

10.3.1 使用视图查询数据

可以在 SQL Server Management Studio 中选中要查询的视图并打开，浏览该视图查询的所有数据，也可以在查询窗口中执行 T-SQL 语句查询视图。

例如，要查询刚才建立的视图 "viewCustomer"，可以在 SQL Server Management Studio 中展开数据库 DsCrmDB 的 "视图" 节点，右键单击 "viewCustomer"，选择 "打开视图" 选项，即可浏览视图信息。也可以在查询窗口中执行如下 T-SQL 语句：

SELECT * FROM viewCustomer

10.3.2　使用视图修改数据

视图不维护独立的数据备份，它们显示一个或多个基表上的查询结果集，因此，无论何时在视图中修改数据，真正修改数据的地方是基本表，而不是视图，视图中修改数据同样使用 INSERT、UPDATE、DELETE 语句来完成。

但是在对视图进行修改的时候也要注意一些事项，并不是所有的视图都可以更新，只有对满足以下可更新条件的视图才能进行更新。

（1）不能影响多于一个基表，可以修改来自两个或多个表的视图，但是每次更新或修改都只能影响一个表，如列在 UPDATE 或 INSERT 语句中的列必须属于视图定义中的同一个基表。

（2）不能对某些列进行该操作，如计算值、内键函数或含聚合函数的列。

（3）如果在视图定义中指定了 WITH CHECK OPTION 选项，将进行验证。

1）用户有向数据表插入数据的权限；

2）视图只引用表中部分字段，插入数据时只能是明确其应用的字段取值；

3）未引用的字段应具备下列条件之一：

允许空值；设有默认值；是标识字段；数据类型是 timestamp 或 uniqueidentifer。

1.　使用 SQL Server Management Studio 修改视图数据

在 SQL Server Management Studio 中修改视图数据的操作和修改表数据的操作一样，首先选中要修改数据的视图并打开，浏览该视图查询的数据，并直接对里面的数据进行更新、添加和删除操作。

2.　使用 T–SQL 语句更新视图数据

通过 T-SQL 语句更新视图数据和通过 T-SQL 语句更新表数据是相似的。

以下示例首先新建了一个视图，这个视图只包含 Employee 表中最基本的 EmployeeName 和 EmployeePassword 两个字段。然后通过 INSERT 语句新增一条记录，INSERT 语句中 VALUES 列表的顺序必须与视图的列顺序相匹配。最后在对这条记录进行修改操作。

```
USE DsCrmDB
--如果视图 viewEmployee 存在，删除此视图
IF EXISTS(SELECT TABLE_NAME FROM INFORMATION_SCHEMA.VIEWS
        WHERE TABLE_NAME = 'viewEmployee')
    DROP VIEW viewEmployee
GO
--创建视图 viewEmployee
CREATE VIEW viewEmployee
AS
SELECT EmployeeName,  EmployeePassword
FROM dbo.Employee
GO
```

```
--通过视图插入一行数据，插入的数据实际插入到基表 BaseTable 中
INSERT INTO viewEmployee VALUES ('张三','888888')
GO
--通过视图把刚插入的数据行的数据实现更新
UPDATE viewEmployee
    SET EmployeePassword = '666666'
    WHERE EmployeeName    = '张三'
GO
```

注意

原则上视图技术是作为检索工具引入的，一般不使用视图修改数据。

本章小结

视图是一种查看数据库一个或多个表中的数据的方法。视图是一种虚拟表，通常作为执行查询的结果而创建，视图充当着对查询中指定的表的筛选器的作用。

视图提供了一种能力，将预定义的查询作为对象存储在数据库中供以后使用。视图提供了保护敏感数据或数据库复杂设计的方便方法，通过使用视图，用户可以把注意力放在需要的数据上；同时，通过只允许用户访问视图中的数据提供一种安全机制，使部分用户无权访问基表。

在数据库中，可以通过 SQL Server Management Studio 和 T-SQL 语句来管理视图，通过 CREATE VIEW 语句创建视图，通过 DROP VIEW 语句删除视图。

对视图的操作与对表的操作一样，可以通过 SQL Server Management Studio 或是 T-SQL 语句完成对视图中的数据进行查询和更新操作。

实训 10　创建和管理视图

目标

完成本实验后，将掌握以下内容：
（1）创建视图；
（2）应用视图；
（3）删除视图。

场景

某公司的客户关系管理系统数据库 DsCrmDB，员工基本信息、员工所属的角色信息放在不同的表中，销售的订单信息和货物信息也都在不同的表中。当应用程序需要查询员工的角色信息和订单详细信息时，为了应用程序的编写方便，同时为了屏蔽数据的复杂性，设计两个视图，以提供员工的角色信息和订单详细信息。

实验预估时间：30 分钟。

练习 1　创建员工角色信息视图

本练习中，将创建一个反映订单详细信息的视图，员工的基本信息保存在表 Employee 中，角色信息保存在表 Roles 中，员工编号和角色编号的关联放在了表 RoleEmployee 中，员工的详细信息要求包括：员工编号、员工姓名和所属角色名称。

实验步骤如下。

（1）打开"新建查询"。

（2）在"新建查询"中输入以下语句，创建员工角色信息视图，其中表 EmployeeRole、Employee 和表 Roles 进行内连接。

```
CREATE VIEW dbo.viewEmpRoleInfo
AS
SELECT dbo.Employee.EmployeeId, dbo.Employee.EmployeeName,
    dbo.Roles.RoleName
FROM dbo.RoleEmployee INNER JOIN
    dbo.Roles ON dbo.RoleEmployee.RoleId = dbo.Roles.RoleId INNER JOIN
    dbo.Employee ON dbo.RoleEmployee.EmployeeId = dbo.Employee.EmployeeId
```

（3）执行以上语句，完成视图的创建。

练习 2　在 "SQL Server Management Studio" 中创建订单具体信息视图

本练习中，将通过 "SQL Server Management Studio" 创建一个反映订单具体信息的视图，以便于查询订单中货物的名称、折扣等信息。订单的基本信息保存在表 Order 中，折扣等信息保存在表 OrderDetails 中，货物的名称等信息保存在表 Product 中。订单信息要求包括：订单号、订单顾客编号、货物名称、货物名称类型、折扣等。

实验步骤如下。

（1）打开 "SQL Server Management Studio"。

（2）展开数据库实例 "DsCrmDB"。

（3）右击数据库实例 "DsCrmDB" 中的 "视图" 项，在弹出的快捷菜单中选择菜单项 "新建视图"。

（4）在弹出的 "添加表" 对话框中，选择表 Order、OrderDetails 和 Product，。

（5）在 "新建视图" 窗口的 "关系图窗口" 中，选择要在新视图中包含的列。

（6）保存视图，在弹出对话框中输入视图名 "viewOrderInfo"，完成视图的创建。

```
CREATE VIEW dbo.viewOrderInfo
AS
SELECT dbo.[Order].OrderId, dbo.[Order].OrderCustomerNo, dbo.Product.ProductName,
    dbo.OrderDetails.Discount, dbo.Product.ProductType
FROM dbo.[Order] INNER JOIN
```

dbo.OrderDetails ON dbo.[Order].OrderId = dbo.OrderDetails.OrderId INNER JOIN

dbo.Product ON dbo.OrderDetails.ProductId = dbo.Product.ProductId

练习3　通过视图查询员工角色信息和订单具体信息

本练习中，通过在练习1和练习2中创建的视图查询数据。

实验步骤如下。

（1）打开"新建查询"。

（2）在"新建查询"中输入以下语句检索视图中的数据。

SELECT　* from dbo. viewEmpRoleInfo

SELECT　* from dbo. viewOrderInfo

练习4　删除员工考勤信息视图

本练习中，将在练习2中创建的员工考勤信息视图删除。

实验步骤如下。

（1）打开"新建查询"。

（2）在"新建查询"中输入以下语句删除指定的视图。

DROP VIEW dbo. viewOrderInfo

习题

1. 简述使用视图的优点和缺点。
2. 能从视图上创建视图吗？
3. 修改视图中的数据有哪些限制？
4. 能否从使用聚合函数创建的视图上删除数据行？为什么？

第11章

存储过程——高性能完成业务

本章学习目标

本章主要讲解 Transact-SQL 程序设计的基本知识和方法，存储过程的概念以及如何创建、管理和执行各种存储过程，并应用存储过程来实现业务逻辑。通过本章学习，读者应该掌握以下内容：

- Transact–SQL 程序设计的基本方法
- 存储过程的工作原理
- 创建、执行、修改和删除存储过程
- 处理状态信息

11.1 Transact-SQL 程序设计

Transact-SQL（简记为 T-SQL）是 SQL Server 上的 SQL 扩展。T-SQL 提供了丰富的编程结构，灵活使用这些编程的控制结构，可以实现任意复杂的应用规则，从而可以编出任意复杂的控制语句。

Transact-SQL 语言的主要特点如下。

（1）是一种交互式查询语言，功能强大，简单易学。

（2）既可以直接查询数据库，也可以嵌入到其他高级语言中执行。

（3）非过程化程度高，语句的操作执行由系统自动完成。

（4）所有的 Transact-SQL 命令都可以在查询分析器中完成。

11.1.1　变量

变量用于临时存放数据，其中的数据随着程序的运行而变化。变量有名字及数据类型两个属性，变量名用于标识该变量，数据类型确定了该变量存放值的格式以及允许的运算。

变量名必须是一个合法的标识符。即以 ASCII 字母、Unicode 字母、下划线（_）、@或#开头，后继可跟一个或若干个 ASCII 字符、Unicode 字符、下划线（_）、美元符号（$）、@或#，但不能全为下划线（_）、@或#。标识符不能是 T-SQL 保留字，标识符中不允许嵌入空格或其他特殊字符。标识符允许的最大长度为 128 个字符。

在 SQL Server 中变量可分为两类：全局变量和局部变量。

1.　局部变量

局部变量是作用域局限在一定范围内的 T-SQL 对象。一般来说，局部变量在一个批处理中被声明或定义，然后这个批处理内的 T-SQL 语句就可以设置这个变量的值，或者是引用这个变量已经被赋予的值。

局部变量是用户定义的变量，其名字必须以@开始。局部变量用于保存单个数据值。

局部变量用 DECLARE 语句声明，所有局部变量在声明后均初始化为 NULL。

语法格式为

```
DECLARE {
@variable_name    datatype [,…n]
}
```

其中@variable_name 为局部变量名，并以@开头，Datatype 是为该局部变量指定的数据类型。局部变量使用的数据类型可以是除 text、ntext 或 image 类型外所有的系统数据类型和用户定义数据类型。

在一条 DECLARE 语句中可以声明多个局部变量，变量之间用逗号分隔。例如：

```
DECLARE @name    varchar(30), @type varchar(20)
```

当声明局部变量后，可用 SELECT 或 SET 语句为其赋值。

（1）用 SELECT 语句为局部变量赋值

使用 SELECT 语句为局部变量赋值的语法格式为

```
SELECT @variable_name = expression [,…n]
```

其中 n 表示可以给多个变量赋值，一个 SELECT 语句可以初始化多个局部变量。

关于 SELECT 语句，需要说明以下几点：

●SELECT @variable_name 通常用于将单个值返回到变量中，如果 expression 为列名，则返回多个值，此时将返回的最后一个值赋给变量。

●如果 SELECT 语句没有返回值，变量将保留当前值。

●如果 expression 是不返回值的标量子查询，则将变量设为 NULL。

当 SELECT 语句中的局部变量没有被赋值时，其作用是将局部变量的值输出到屏幕，例如：

```
USE DsCrmDB
GO
```

```
DECLARE @varName varchar(20)                           --声明局部变量
SELECT @varName = CustomerName                         --查询结果赋值
FROM Customer
WHERE CustomerNo = ' KH071207174 '
SELECT @varName                                        --显示局部变量结果
GO
```

除了 SELECT 语句外，PRINT 语句也可以将变量的值输出到屏幕。

（2）用 SET 语句为局部变量赋值

一个 SET 语句只能给一个变量赋值。其语法格式为

SET @variable_name=expression

其中@variable_name 为局部变量名。expression 为任何有效的 SQL Server 表达式。

创建两个局部变量@ c _ region 和@ c _ lever 并赋值，然后在 Customer 表中进行查询。

```
USE DsCrmDB
GO
DECLARE @ c_region varchar(20), @ c_ lever varchar(20)      --声明局部变量
SET @c_region = '湖北'                                       --为局部变量赋初始值
SET @c_lever = '大客户'                                      --为局部变量赋初始值
SELECT CustomerName, CustomerTelephone
FROM Customer
WHERE CustomerRegion = @c_region and CustomerLever = @c_lever
GO
```

2. 全局变量

全局变量是用来记录 SQL Server 服务器活动状态的一组数据，是 SQL Server 系统提供并赋值的变量，用户不能建立全局变量，也不能给全局变量赋值或直接更改全局变量的值。通常将全局变量的值赋给局部变量，以便保存和处理。全局变量的名字以@@开始。

SQL Server 提供的全局变量分为两类：

● 与每次处理相关的全局变量，如@@ rowcount 表示最近一个语句影响的行数；

● 与系统内部信息有关的全局变量，如@@version 表示 SQL Server 的版本号。

表 11.1 列出了一些常用全局变量的功能说明。

表 11.1　　　　　　　　　　　　　　　常用的全局变量

变量	说明
@@CONNECTIONS	记录自最后一次服务器启动以来，所有针对此服务器进行连接的数目，包括没有连接成功的尝试
@@CPU_BUSY	记录自最后一次服务器启动后，以 ms 为单位的 CPU 工作时间
@@DBTS	返回当前服务器中 timestamp 数据类型的当前值
@@ERROR	返回执行上一条 Transact-SQL 语句所返回的错误号

变量	说明
@@FETCH_STATUS	返回上一次使用游标 FETCH 操作所返回的状态值。返回值为 0 表示操作成功；返回值为-1 表示操作失败或已经超出了游标所能操作的数据行的范围；返回值为-2 表示返回的值已经丢失
@@IDENTITY	返回最近一次插入的 identity 列的数值
@@ IDLE	返回以 ms 为单位计算的 SQL Server 服务器自最近一次启动以来处于停顿状态的时间
@@ IO_BUSY	返回以 ms 为单位计算的 SQL Server 服务器自最近一次启动以来花在输入和输出上的时间
@@ PROCID	返回当前存储过程的 ID 标识
@@ REMSERVER	返回在登录记录中记载远程 SQL Server 服务器的名字
@@ ROWCOUNT	返回上一条 SQL 语句所影响到数据行的数目。对所有不影响数据库数据的 SQL 语句，这个全局变量返回的结果为 0
@@ SPID	返回当前服务器进程的 ID 标识
@@ TRANCOUNT	返回当前连接中，处于活动状态事务的数目
@@ VERSION	返回当前 SQL Server 服务器的安装日期、版本及处理器的类型

11.1.2　注释和语句块

1．注释

注释是程序中不被执行的正文。注释的作用有两个：

（1）说明代码的含义，增强代码的可读性；

（2）可以把程序中暂时不用的语句注释掉，使它们暂时不被执行，等需要这些语句时，再将它们恢复。

SQL Server 的注释有两种：

（1）/* …… */：用于注释多行，中间为注释；

（2）--（两个减号）： 用于注释单行。

2．BEGIN…END 语句块

使用 BEGIN…END 关键字可以将一组 T-SQL 语句封装成一个完整的 SQL 语句块。BEGIN 定义 T-SQL 语句块的起始位置， END 标识同一块 T-SQL 语句的结尾。SQL Server 允许使用嵌套的 BEGIN…END 语句块。其语法格式为

```
BEGIN
logical_expression
END
```

下面是一个使用 BEGIN…END 语句块的例子：

```
USE DsCrmDB
GO
```

```
/*声明用于发布消息的变量*/
DECLARE @message varchar(255)
/*进行逻辑判断*/
IF EXISTS(SELECT    UnitPrice FROM Product WHERE UnitPrice<100)
BEGIN
SET @message='价格较低的物品：'
PRINT @message
SELECT ProductName, UnitPrice
FROM Product
WHERE    UnitPrice<50
END
GO
```

首先判断是否存在单价低于 100 的物品，如果存在就显示这些物品的名字和单价。这是一个封装起来的语句块。

3. 批处理的概念

在客户端，用户可以将多个 SQL 语句放在一起，一次性向服务器发送。放在一起的 SQL 语句称为一个批处理。如果有多个批处理，则多个批处理之间使用 GO 分割。

SQL Server 将批处理语句编译成一个可执行单元，此单元称为执行计划，执行计划中的语句每次执行一条。GO 是批处理的标志，表示 SQL Server 将这些 T-SQL 语句编译为一个执行单元，提高执行效率。一般是将一些逻辑相关的业务操作语句，放置在同一批处理中，这完全由业务需求和代码编写者决定。

注意

CREATE 语句完成之后，必须添加一个 GO。两个 CREATE 语句不能放在一个批中。

11.1.3　控制流语句

控制流语句可以用来控制 T-SQL 语句的执行顺序，用来编写过程化代码。

T-SQL 的流控制关键字包括：BEGIN…END、WAITFOR、GOTO、WHILE、IF…ELSE、BREAK、RETURN、CONTINUE 等。

1. IF…ELSE 条件判断语句

在程序中如果要对给定的条件进行判定，当条件为真或假时分别执行不同的 T-SQL 语句，可用 IF … ELSE 语句实现。

IF … ELSE 语句的语法格式为

```
IF logical_expression
    expression1
[ ELSE
```

expression2]

如果逻辑判断表达式返回的结果是真，那么程序会执行 expression1；如果逻辑判断表达式返回的结果是假，那么程序会执行 expression2。ELSE 和 expression2 并不是必须的，如果没有 ELSE 和 expression2，那么当逻辑判断表达式返回的结果是假时，就什么操作也不做。

在 SQL Server 中可使用嵌套的 IF … ELSE 条件判断结构，而且对嵌套的层数没有限制。

IF … ELSE 语句可用在批处理、存储过程及特殊查询中。

例如，判断 DsCrmDB 数据库的 authors 表中是否有记录的语句如下：

```
USE DsCrmDB
GO
IF (SELECT COUNT(*)    FROM Customer)=0
    PRINT '没有记录'
ELSE
    PRINT '存在记录'
GO
```

IF 和 ELSE 只对后面的一条语句有效，如果 IF 或 ELSE 后面要执行的语句多于一条，那么这些语句需要用 BEGIN…END 括起来组成一个语句块。

下面的例子即用于判断 DsCrmDB 数据库的 Goods 表中是否有货品为 CPU 的货品记录，如果有，则显示"此货品存在"，并查询此货品库存量。

```
USE DsCrmDB
GO
IF EXISTS(
SELECT *
FROM Product
WHERE ProductName ='笔记本电脑')
BEGIN
    PRINT '此货品存在'
    SELECT ProductName, UnitPrice
    FROM Product
    WHERE ProductName ='笔记本电脑'
END
GO
```

2. CASE

CASE 结构提供比 IF…ELSE 结构更多的选择和判断的机会。使用 CASE 语句可以很方便地实现多重选择的情况，从而可以避免编写多重的 IF…ELSE 嵌套循环。

CASE 结构有两种形式：即简单表达式和选择表达式。

（1）简单表达式

简单表达式的语法格式如下：

```
CASE input_expression
    WHEN when_expression
    THEN  result_expression
        [ …n]
    [
        ELSE  else_result_expression
    ]
END
```

其中，input_expression 用于做条件判断的表达式，when_expression 用于与 input_expression 比较，当与 input_expression 的值相等时执行后面的 result_expression 语句，当没有一个 when_expression 与 input_expression 的值相等时执行 else_result_expression 语句。

下面即为一个简单表达式例子：

```
USE DsCrmDB

GO

SELECT
        CASE ProductType
            WHEN '电视机' THEN '大家电'
            WHEN '笔记本电脑' THEN 'IT 产品'
            WHEN '手机' THEN '消费类电子产品'
            ELSE '其他'
END AS  产品分类
FROM Product
GO
```

（2）选择表达式

选择表达式的语法格式如下：

```
CASE
    WHEN boolean_expression    THEN   result_expression
        [ …n]
    [
        ELSE   else_result_expression
    ]
END
```

如果 boolean_expression 的值为 True，就执行 result_expression 语句。如果没有一 boolean_expression 的值为 True，则执行 else_result_expression 语句。

下面即为一个选择表达式的例子：

```
USE DsCrmDB

GO

SELECT
```

```
CASE
    WHEN UnitPrice IS NULL THEN '无价格'
    WHEN UnitPrice < 100 THEN '低价商品'
    WHEN UnitPrice < 1000 THEN '普通商品'
    ELSE '高档商品'
END AS  价格分类
FROM Product
WHERE UnitPrice IS NOT NULL
GO
```

3. WHILE 循环语句

WHILE 语句的功能是在满足条件的情况下，重复执行同样的语句。其语法格式为

```
WHILE logical_expression
BEGIN
expression
[BREAK]
    [CONTINUE]
END
```

当逻辑判断表达式为真时，服务器将重复执行 SQL 语句组。BREAK 的作用是在某些情况发生时，立即无条件地跳出循环，并开始执行紧接在 END 后面的语句。CONTINUE 的作用是在某些情况发生时，跳出本次循环，开始执行下一次循环。

例如，求 1~10 之间的素数和。

```
DECLARE @i smallint,@sum smallint
  SET @i=0
  SET @sum=0
WHILE @i>=0
    BEGIN
        SET @i=@i+1
        IF @i<=10                        -- 是否在 10 以内
            IF (@i%2) = 0                 --判断是否为素数
                CONTINUE
            ELSE
                SET @sum=@sum+@i         --是素数就加到 sum 里
        ELSE
        BEGIN
            PRINT 'sum='+str(@sum)       --显示结果
            BREAK
        END
```

```
END
```

4. GOTO 语句

GOTO 语句将执行语句无条件跳转到标签处，并从标签位置继续处理。GOTO 语句和标签可在过程、批处理或语句块中的任何位置使用。其语法格式为

```
GOTO label
```

5. RETURN

RETURN 语句可以在过程、批和语句块中的任何位置使用，作用是无条件地从过程、批或语句块中退出，在 RETURN 之后的其他语句不会被执行。

使用 RETURN 语句的语法格式为

```
RETURN intger_expression
```

其中，intger_expression 是一个整型表达式。

调用存储过程的语句可以根据 RETURN 返回的值，判断下一步应该执行的操作。

6. WAITFOR

WAITFOR 语句可以将它之后的语句在一个指定的间隔之后执行，或在未来的某一个时间执行。其语法格式如下：

```
WAITFOR {DELAY 'time'| TIME 'time'}
```

●DELAY 'time' 用于指定 SQL Server 必须等待的时间，最长可达 24 小时。time 可以用 datetime 数据格式指定，用单引号括起来，但在值中不允许有日期部分。也可以用变量指定参数。

●TIME 'time' 指定 SQL Server 等待到某一时刻，time 值的指定同上。

执行 WAITFOR 语句后，在到达指定的时间之前，将无法使用与 SQL Server 的连接。

例如，等待 2 秒后查询 Customers 表。

```
WAITFOR DELAY '00:00:02'
SELECT *
FROM Customer
```

又如，等待到当天 22:00:00 才执行查询。

```
WAITFOR TIME '22:00:00'
SELECT *
FROM Customer
```

11.2 存储过程简介

T-SQL 语句是应用程序与 SQL Server 数据库之间的主要编程接口。在很多情况下，许多代码被重复使用多次，每次都输入相同的代码不但繁琐，而且在客户机上的大量命令语句逐条向 SQL Server 发送将降低系统运行效率。因此，SQL Server 提供了一种方法，它将一些固定的操作集中起来由 SQL Server 数据库服务器来完成,应用程序只需调用它的名称，即可实现某个特定的任务,

这种方法就是存储过程。

存储过程是 SQL Server 服务器上一组预编译的 T-SQL 语句，用于完成某项任务。存储过程是一种数据库对象，存储在数据库内，可由应用程序调用执行。

11.2.1　存储过程的特点

存储过程可包含程序流、逻辑以及对数据库的查询。它们可以接受参数、输出参数、返回单个或多个结果集。

存储过程具有以下优点。

（1）模块化程序设计。可以在单个存储过程中执行一系列 SQL 语句，只需创建存储过程一次并将其存储在数据库中，以后即可在程序中调用该存储过程。

（2）保护数据库细节。存储过程中可包含对数据库的各种复杂操作，从而使用户可以不必直接访问库表，防止向用户暴露数据库中的表的细节；同时，还可以在存储过程中调用其他存储过程。

（3）执行速度快。存储过程在创建时即在服务器上进行编译并被优化，并在首次执行该存储过程后使用该存储过程内存中的版本，所以执行起来比单个 SQL 语句快。

（4）减少网络流量。需要多行 SQL 代码的操作由一条执行过程代码就可实现，不需要在网络中传送多行代码。

（5）提供安全机制。可设定特定用户具有对指定存储过程的执行权限而不具备直接对存储过程中引用的对象具有权限。可以强制应用程序的安全性，参数化存储过程有助于保护应用程序不受 SQL 注入式攻击。

11.2.2　存储过程的分类

在 SQL Server 中，存储过程主要分为以下几种类型。

1.　系统存储过程（sp_）

系统存储过程保存在 master 数据库中，系统存储过程（由 sp_前缀标识）允许系统管理员执行更新系统表的数据库管理工作，即使管理员没有直接更新底层表的许可权。系统存储过程可以在任何数据库中执行。系统存储过程只能执行，其内容不允许被编辑。

系统存储过程包括：目录过程、游标过程、系统过程、数据库维护计划过程、分布式查询过程、日志传送过程、复制过程、安全过程、常规扩展过程、SQL 邮件过程等多种，具体内容可查阅 master 数据库或相关资料。

2.　用户定义的存储过程

用户存储过程是指用户根据自身需要，为完成某一特定功能，在用户数据库中创建的存储过程。用户创建存储过程时，存储过程名的前面加上"##"，是表示创建全局临时存储过程。在存储过程名前面加上"#"，是表示创建局部临时存储过程。局部临时存储过程只能在创建它的会话中可用，当前会话结束时除去。全局临时存储过程可以在所有会话中使用，即所有用户均可以访问该过程。它们都在 tempdb 数据库上。

存储过程可以接受输入参数、向客户端返回表格或者标量结果和消息、调用数据定义语言（DDL）和数据操作语言（DML），然后返回输出参数。

3. 扩展存储过程

扩展存储过程以在 SQL Server 环境外执行的动态链接库（DLL，Dynamic-Link Librar-ies）来实现。扩展存储过程通过前缀"xp_"来标识，它们以与存储过程相似的方式来执行。

11.2.3　存储过程的初始化

处理一个存储过程包括首次创建并执行此存储过程。

存储过程被创建时，SQL Server 在存储过程所属数据库的系统表 sysobjects 中保存存储过程的名称，在系统表 syscomments 中保存存储过程的文本，并且，在创建过程中，将对存储过程中的 SQL 语句进行解析，如果发现有语法错误则存储过程不会被创建，也不会保存相关信息到数据中。

在成功完成存储过程的解析后，SQL Server 查询优化器分析在存储过程中的 SQL 语句，并创建完成存储过程中 SQL 语句操作最快的计划，然后编译分析存储过程并创建在处理缓存中的执行规划，以便存储过程的调用。

11.3　创建和管理存储过程

在 SQL Server 2012 中，可以使用 T-SQL 语句和 SQL Server Management Studio 来创建存储过程，创建存储过程后，还可以进行存储过程的执行、修改和删除等操作。

创建存储过程必须具有相应的权限。默认情况下，在一个数据库中创建存储过程的权限被指定给数据库所有者，数据库所有者可以将该权限授予给其他用户。

11.3.1　创建存储过程

存储过程主要包含下面三方面的内容：
- 接受输入参数并以输出参数的格式向调用过程或批处理返回多个值；
- 包含用于在数据库中执行操作（包括调用其他过程）的编程语句；
- 向调用过程或批处理返回状态值，以指明成功或失败（以及失败的原因）。

1. 使用 T-SQL 语句 CREATE PROCEDURE 创建存储过程

通过使用 CREATE PROCEDURE 语句可以创建存储过程，语法格式为

```
CREATE PROC[EDURE ] procedure_name [; number]
    [ {@parameter data_type}
    [VARYING ][ = default][ OUT | OUTPUT ] [READONLY]
    ][,…n]
    [WITH
        {RECOMPILE | ENCRYPTION | RECOMPILE,ENCRYPTION}]
```

> [FOR REPLICATION]
>
> AS sql_statement [⋯n]

其中各参数含义如下。

●procedure_name　新存储过程的名称。

●number　是可选的整数, 用来对同名的过程分组, 以使用一条 DROP PROCEDURE 语句即可将同组的过程一起除去。例如, 名为 orders 的应用程序使用的存储过程过程可以命名为 orderproc1、orderproc2 等。DROP PROCEDURE orderproc 语句将除去整个组。如果名称中包含定界标识符, 则数字不应包含在标识符中, 只应在 "procedure_name" 前后使用适当的定界符。

●@parameter　过程中的参数。在 CREATE PROCEDURE 语句中可以声明一个或多个参数。用户必须在执行过程时提供每个所声明参数的值(除非定义了该参数的默认值)。存储过程最多可以有 2100 个参数。

●data_type　参数的数据类型。所有数据类型(包括 text、ntext 和 image)均可以用作存储过程的参数。不过, cursor 数据类型只能用于 OUTPUT 参数。如果指定的数据类型为 cursor, 也必须同时指定 VARYING 和 OUTPUT 关键字。

●VARYING　指定作为输出参数支持的结果集(由存储过程动态构造, 内容可以变化)。仅适用于游标参数。

●default　参数的默认值。如果定义了默认值, 不必指定该参数的值即可执行过程。默认值必须是常量或 NULL。

●OUT | OUTPUT　表明参数是返回参数。该选项的值可以返回给 EXE[UTE]。使用 OUTPUT 参数可将信息返回给调用过程。除非是 CLR 过程, 否则 **text**、**ntext** 和 **image** 参数不能用作 OUTPUT 参数。

●READONLY　指示不能在过程的主体中更新或修改参数。如果参数类型为表值类型, 则必须指定 READONLY。

●{RECOMPILE | ENCRYPTION | RECOMPILE, ENCRYPTION}　RECOMPILE 表明 SQL Server 不会缓存该过程的计划, 该过程将在运行时重新编译。ENCRYPTION 表示 SQL Server 加密 syscomments 表中包含 CREATE PROCEDURE 语句文本的条目。

●FOR REPLICATION　指定不能在订阅服务器上执行为复制创建的存储过程。

●AS　指定过程要执行的操作。

●sql_statement　过程中要包含的任意数目和类型的 T-SQL 语句。但有一些限制。

下面创建一个简单的存储过程 Roles_Get_List, 用于返回数据库 DsCrmDB 中 Roles 表的所有列数据:

```
USE DsCrmDB
--判断 Roles_Get_List 存储过程是否存在, 若存在, 则删除
IF EXISTS (SELECT name FROM sysobjects
        WHERE name = ' Roles_Get_List ' AND type ='P')
    DROP PROCEDURE Roles_Get_List
GO
USE DsCrmDB
```

```
GO
--创建存储过程 Roles_Get_List
CREATE PROCEDURE Roles_Get_List
AS
    SELECT RoleId,RoleName,RoleDescription FROM Roles
GO
```

创建存储过程时应该注意下面几点。

（1）创建存储过程的用户必须是系统管理员角色、数据库所有者角色或数据定义语言管理员角色之一，或者是被授予了 CREATE　PROCEDURE 许可。

（2）存储过程的最大尺寸为 128MB。

（3）用户定义的存储过程只能在当前数据库中创建(临时过程除外，临时过程总是在 tempdb 中创建)。

（4）在单个批处理中，CREATE　PROCEDURE 语句不能与其他 T-SQL 语句组合使用。

（5）存储过程可以嵌套使用，在一个存储过程中可以调用其他的存储过程。嵌套的最大深度不能超过 32 层。

（6）存储过程如果创建了临时表，则该临时表只能用于该存储过程，而且当存储过程执行完毕后，临时表自动被删除。

（7）创建存储过程时，"sq_statement" 不能包含下面的 T-SQL 语句：CREATE VIEW、CREATE DEFAULT、CREATE　RULE、CREATE　PROCEDURE 和 CREATE　TRIGGER。

（8）存储过程可以包含多条 SQL 语句，这样可以把相关的任务组织在同一存储过程中、封装业务规则并提高运行时性能。

（9）dbo 用户应该拥有所有的存储过程。

（10）设计每个存储过程实现单一任务。

（11）用户定义的存储过程应避免 sp_前缀。

（12）尽量不要使用临时存储过程，以避免 tempdb 上对系统表的争夺，该情况会明显地影响性能。

SQL Server 允许创建的存储过程引用尚不存在的对象，如果语法正确的存储过程引用了不存在的对象，则仍可以成功创建；但在执行时如果仍有对象不存在，则执行将失败。

2.通过 SQL Server Management Studio 创建存储过程

在 SQL Server Management Studio 中，创建存储过程步骤如下。

（1）打开 SQL Server Management Studio，展开 "数据库服务器" 下的数据库 DsCrmDB，再展开数据库 DsCrmDB 下的 "可编程性"，展开 "存储过程"，会显示出当前数据库的所有存储过程，在 "存储过程" 上单击鼠标右键，在弹出的快捷菜单中选择 "新建存储过程" 命令，如图 11.1 所示。

（2）在打开的 SQL 命令窗口中，系统给出了创建存储过程命令的模板，如图 11.2 所示。在模板中可以输入创建存储过程的 T-SQL 语句后，单击 "执行" 按钮即可创建存储过程。

（3）建立存储过程的命令被成功执行后，展开数据库 DsCrmDB，再展开 "可编程性" 下的 "存储过程"，可以看到新建立的存储过程。

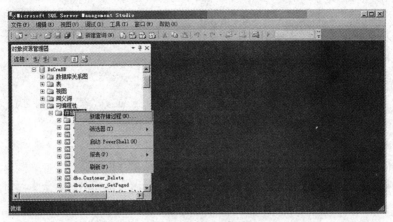

图 11.1 打开"新建存储过程"

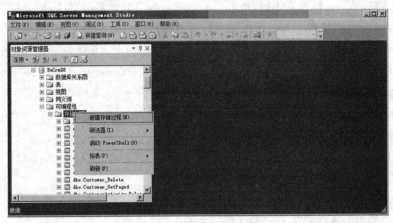

图 11.2 "新建存储过程"窗口

11.3.2 执行存储过程

在需要执行存储过程时，可以使用 T-SQL 语句 EXECUTE。如果存储过程是批处理中的第一条语句，那么不使用 EXECUTE 关键字也可以执行该存储过程，EXECUTE 语法格式如下

执行存储过程使用 EXECUTE 语句，其语法为

```
[ EXEC [ UTE ] ]
{
    [ @return_status = ]
    { procedure_name [ ;number ] | @procedure_name_var
}
[ [ @parameter = ] { value | @variable [OUT|OUTPUT ] | [ DEFAULT ] ]
    [ ,...n ]
[ WITH RECOMPILE ]
```

各参数含义如下。

● @return_status　可选的整型变量，保存存储过程的返回状态。这个变量在用于 EXECUTE 语句前，必须在批处理、存储过程或函数中声明过。

● procedure_name　调用的存储过程的名称。过程名称必须符合标识符规则。无论服务器的代码页或排序方式如何，扩展存储过程的名称总是区分大小写。

● number　可选的整数，用于将相同名称的过程进行组合，使得它们可以用一句 DROP PROCEDURE 语句除去。该参数不能用于扩展存储过程。

● @procedure_name_var　局部定义变量名，代表存储过程名称。

● @parameter　过程参数，在 CREATE PROCEDURE 语句中定义。参数名称前必须加上符号 (@)。在以 @parameter_name = value 格式使用时，参数名称和常量不一定按照 CREATE PROCEDURE 语句中定义的顺序出现。但是，如果有一个参数使用 @parameter_name = value 格式，则其他所有参数都必须使用这种格式。默认情况下，参数可为空。如果传递 NULL 参数值，且该参数用于 CREATE 或 ALTER TABLE 语句中不允许为 NULL 的列(例如，插入至不允许为 NULL 的列)，SQL Server 就会报错。为避免将 NULL 参数值传递给不允许为 NULL 的列，可以在过程中添加程序设计逻辑或采用默认值(使用 CREATE 或 ALTER TABLE 语句中的 DEFAULT 关键字)。

● value　过程中参数的值。如果参数名称没有指定，参数值必须以 CREATE PROCEDURE 语句中定义的顺序给出。如果参数值是一个对象名称、字符串或通过数据库名称或所有者名称进行限制，则整个名称必须用单引号括起来。如果参数值是一个关键字，则该关键字必须用双引号括起来。

● @variable　用来保存参数或者返回参数的变量。

● OUT|OUTPUT　指定存储过程必须返回一个参数。该存储过程的匹配参数也必须由关键字 OUTPUT 创建。使用游标变量作参数时使用该关键字。

● DEFAULT　根据过程的定义，提供参数的默认值。当过程需要的参数值没有事先定义好的默认值，或缺少参数，或指定了 DEFAULT 关键字，就会出错。

● n　占位符，表示在它前面的项目可以多次重复执行。例如，EXECUTE 语句可以指定一个或者多个 @parameter、value 或 @variable。

● WITH RECOMPILE　强制编译新的计划。如果所提供的参数为非典型参数或者数据有很大的改变，使用该选项。在以后的程序执行中使用更改过的计划。该选项不能用于扩展存储过程。建议尽量少使用该选项，因为它消耗较多系统资源。

以下语句执行一个存储过程 OverdueOrders，列出在 DsCrmDB 数据库中所有过期的定单：

```
EXEC Roles_Get_List          --执行存储过程 OverdueOrders
```

得到如图 11.3 所示的信息。

	RoleId	RoleName	RoleDescription
1	1	系统管理员	NULL
2	2	销售主管	NULL
3	3	客户经理	NULL
4	4	高管	NULL
5	5	admin	NULL

图 11.3　"执行存储过程"结果窗口

注意

如果存储过程是批处理中的第一条语句，那么不使用 EXECUTE 关键字也可以执行该存储过程，但是建议使用 EXECUTE 关键字。

11.3.3　查看和修改存储过程

存储过程在创建后，可以被修改，以反映用户的要求或在底层表中定义的变化。和创建存储过程一样，修改存储过程也有两种方法，分别为通过 ALTER PROCEDURE 语句和 SQL Server Management Studio。

默认状态下，允许该语句的执行者是存储过程的创建者、sysadmin 角色成员、db_owner 和 db_ddladmin 角色成员。

1.　通过存储过程 sp_helptext 查看存储过程

在修改存储过程前，可以先查看存储过程的定义信息。在 SQL Server 中查看存储过程可以通过系统存储过程 sp_helptext 实现。

通过存储过程 sp_helptext 查看存储过程的语法为

```
[ EXEC [ UTE ] ] sp_helptext [ @objname = ] 'name'
```

参数含义如下：

● [@objname =] 'name' 对象的名称，将显示该对象的定义信息。对象必须在当前数据库中。name 的数据类型为 nvarchar(776)，没有默认值。

此存储过程的执行权限默认授予 public 角色。

以下语句查看数据库 DsCrmDB 中存储过程 RoleEmployee_Get_List：

```
EXEC sp_helptext 'RoleEmployee_Get_List'
```

2.　使用 ALTER PROCEDURE 修改存储过程

使用 ALTER PROCEDURE 语句修改存储过程，其语法为

```
ALTER PROC [ EDURE ] procedure_name [ ; number ]
[ { @parameter data_type }
 [ VARYING ] [ = default ] [ OUTPUT ]
] [ ,...n ]
[ WITH    { RECOMPILE | ENCRYPTION| RECOMPILE , ENCRYPTION}]
[ FOR REPLICATION ]
AS
sql_statement [ ...n ]
```

这个地方的参数含义和创建存储过程时参数的含义是一样的。

以下语句修改存储过程 Roles_Get_List，使其除了返回数据库 DsCrmDB 中 Roles 表的所有列数据，还返回影响的行数：

```
USE DsCrmDB

GO

--修改存储过程 Roles_Get_List

ALTER PROCEDURE Roles_Get_List

AS
```

```
SELECT RoleId,RoleName,RoleDescription FROM Roles
--返回影响的行数
SELECT @@ROWCOUNT
GO
```

3. 通过 SQL Server Management Studio 修改存储过程

使用 SQL Server Management Studio 来修改存储过程操作步骤如下。

通过 SQL Server Management Studio 修改存储过程

（1）打开 SQL Server Management Studio，展开 "数据库服务器" 下的数据库 DsCrmDB，再展开数据库 DsCrmDB 下的 "可编程性"，再展开 "存储过程"，选择要修改的存储过程，单击鼠标右键，在弹出的菜单中选择 "修改" 命令 。

（2）此时在右边的编辑器窗口中出现存储过程的源代码，如图 11.4 所示，可以直接修改。修改后单击工具栏的 "执行" 按钮执行该存储过程，从而达到目的。

图 11.4　"修改存储过程" 窗口

11.3.4　删除存储过程

对于不再需要的存储过程应及时地删除。在 SQL Server 中删除存储过程可以通过 DROP PROCEDURE 和 SQL Server Management Studio 实现。

1. 通过 DROP PROCEDURE 删除存储过程

通过 DROP PROCEDURE 语句以可从当前数据库中删除一个或多个存储过程或过程组。

DROP PROCEDURE 语句的语法为

```
DROP PROCEDURE { procedure } [ ,...n ]
```

参数含义如下。

●procedure　要删除的存储过程或存储过程组的名称。过程名称必须符合标识符规则。可以选择是否指定过程所有者名称，但不能指定服务器名称和数据库名称。

●n　表示可以指定多个过程的占位符。

以下语句为删除 DsCrmDB 数据库中的存储过程 Roles_Get_List：

```
USE DsCrmDB
GO
DROP PROCEDURE Roles_Get_List
GO
```

注意

在删除存储过程之前，先应执行 sp_depends 存储过程来确定是否有其他对象依赖于将被删除的存储过程。

2. 通过 SQL Server Management Studio 删除存储过程

使用 SQL Server Management Studio 来修改存储过程操作步骤如下。

（1）打开 SQL Server Management Studio，展开 "数据库服务器"下的数据库 DsCrmDB，再展开数据库 DsCrmDB 下的 "可编程性"，再展开 "存储过程"，选择要删除的存储过程，单击鼠标右键，在弹出的菜单中选择 "删除" 命令。

（2）弹出 "删除对象" 对话框，如图 11.5 所示，单击 "确定" 按钮即可删除存储过程。

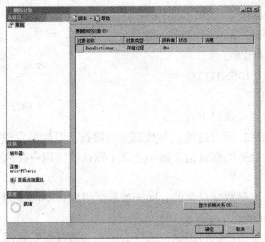

图 11.5　"删除对象" 对话框

11.4　在存储过程中使用参数

参数可以扩展存储过程的功能，通过使用参数可以向存储过程输入或输出信息。输入参数允许向存储过程中输入信息。为了定义接受输入参数的存储过程，在 CREATE PROCEDURE 语句中声明一个或多个变量作为参数。同时存储过程可以输出多个值，每个值都必须使用 OUTPUT 关键字定义对应的变量作为输出参数。此外，存储过程还可以有返回值，以返回相关信息。

存储过程和调用者之间通过参数交换数据，可以按输入的参数执行，也可由参数输出执行结果。调用者通过存储过程返回的状态值对存储过程进行管理。

11.4.1 创建带有参数的存储过程

下面创建一个存储过程 Roles_Insert，用于向表 Roles 中添加一条新的记录，同时得到表中自增字段 RoleId 的值，其中使用了输入、输出参数。

```
USE DsCrmDB
--判断 Roles_Insert 存储过程是否存在，若存在，则删除
IF EXISTS (SELECT name FROM sysobjects
        WHERE name = 'Roles_Insert' AND type ='P')
     DROP PROCEDURE Roles_Insert
GO
--创建存储过程 Roles_Insert
CREATE PROCEDURE Roles_Insert
(    @RoleId bigint        OUTPUT,
    @RoleName nvarchar (50) ,
    @RoleDescription nvarchar (50) = '角色描述'    )
AS
--添加数据
    INSERT INTO Roles(RoleName,RoleDescription)
    VALUES(@RoleName,@RoleDescription)
-- 返回表最后生成的标识值。
SET @RoleId = SCOPE_IDENTITY()
GO
```

在使用输入参数时需要考虑以下几点。

（1）在存储过程开始时，所有的输入参数都要被检查，以尽早发现丢失或无效的值。

（2）应该为参数提供合适的默认值。如果定义了默认值，用户在执行存储过程时可以不指定参数的值。

（3）对于存储过程来说参数是局部的，同一参数名可以在不同存储过程中重复使用，参数的信息存储在系统表 syscloumns 中。

（4）对输入参数，为了防止执行出错，最好为输入参数设置默认值。创建带有可选参数的存储过程，如果不能为参数指定合适的默认值，则可以指定 NULL 为默认值。

在使用输出参数时需要考虑以下几点。

（1）使用输出参数时，必须在 CREATE PROCEDURE 语句中指定 OUTPUT 关键字，如果没有使用此关键字，存储过程仍会执行，但将不能输出值。

（2）调用语句必须包括一个变量名以接受返回值。

（3）除了 text 或 image 数据类型外，参数可以是任何数据类型。

（4）输出参数可以是指针占位符。

11.4.2 使用参数执行存储过程

在调用存储过程时，有两种传递参数的方法。第一种是在传递参数时，使传递的参数和定义

时的参数顺序一致，对于使用默认值的参数可以用 DEFAULT 代替；另外一种传递参数的方法是采用 "@name = value" 的形式，此时，各个参数的顺序可以任意排列。

注意

一旦使用了 "@name = value" 形式之后，所有后续的参数就必须以 "@name = value" 的形式传递。

以下语句使用参数执行上一节中创建的存储过程 Roles_Insert：

```
USE DsCrmDB
DECLARE @tempId varchar(15)    --定义输出参数用的变量
EXEC Roles_Insert
    @tempId OUTPUT,            --把输出值传给 tempId
    '销售人员'                     --把角色名传入，角色描述不传入，使用默认值
SELECT @tempId AS '输出值'     --显示输出值
SELECT * FROM Roles                --显示 Roles 表内容
GO
```

运行结果为如图 11.6 所示。

图 11.6　"输出结果"窗口

11.5　存储过程状态值

存储过程可以返回整型状态值，表示过程是否成功执行，或者过程失败的原因。

如果存储过程没有显式设置返回代码的值，则 SQL Server 返回代码为 0，表示成功执行；若返回-1~-99 之间的整数，表示没有成功执行。也可以使用 RETURN 语句，用大于 0 或小于-99 的整数来定义自己的返回状态值，以表示不同的执行结果。

下例在 DsCrmDB 数据库中的表 RoleEmployee 中检查指定 EmployeeId 所对应的 RoleId。如果 RoleId 是 1 表示是系统管理员，将返回状态代码 1。否则，对于任何其他情况（RoleId 的值是 1 以外的值或者 RoleId 没有匹配的行），将返回状态代码 2。

```
USE DsCrmDB
GO
--判断 CheckRole 存储过程是否存在，若存在，则删除
IF EXISTS (SELECT name FROM sysobjects
        WHERE name =' CheckRole' AND type ='P')
    DROP PROCEDURE CheckRole
GO
```

```
--创建存储过程 CheckRole
CREATE PROCEDURE CheckRole
(
    @param int
)
AS
IF (SELECT Roleid FROM RoleEmployee WHERE EmployeeId= @param) = 1
    RETURN 1
ELSE
    RETURN 2
GO
```

在执行存储过程的时候，要正确地接收返回的状态码，必须使用以下的语句：

```
EXECUTE @status_var = procedure_name
```

例如对于上面的存储过程，可以根据不同的返回值做不同的处理。

```
USE DsCrmDB
DECLARE @return_status int
--判断 EmployeeId 为 2 的员工是否属于系统管理员
EXECUTE @return_status = CheckRole 2
IF @return_status = 1
    SELECT '属于系统管理员'
ELSE
SELECT '不属于系统管理员''
```

本章小结

　　存储过程可以使得对数据库的管理以及显示关于数据库及其用户信息的工作容易得多。存储过程是 SQL 语句的预编译集合，以一个名称存储并作为一个单元处理。存储过程存储在数据库内，可由应用程序通过调用执行，而且允许用户声明变量以及其他强大的编程功能。

　　存储过程的创建和管理可以通过 SQL Server Management Studio 和 SQL 语句来完成。创建存储过程通过 CREATE PROCEDURE 语句完成，修改存储过程时使用 ALTER PROCEDURE，需要删除存储过程时调用 DROP PROCEDURE。在执行存储过程时，通过运行 EXEC 来完成，要注意参数的传递。

　　存储过程可以返回整型状态值，表示过程是否成功执行，或者过程失败的原因。

实训 11　创建、管理和执行存储过程

目标

完成本实验后，将掌握以下内容：
（1）创建存储过程；

（2）修改存储过程；

（3）执行存储过程；

（4）删除存储过程。

准备工作

场景

某公司的客户关系管理系统数据库，为了方便应用程序开发人员实现对数据库的操作，在 SQL Server 2012 中添加存储过程，可以对订单详情进行添加数据。

实验预估时间：45 分钟。

练习 1　创建添加订单详情的存储过程

本练习中，将创建一个存储过程，以添加订单详情信息到表 OrderDetails 中。在添加订单详情时，需要提供：订单编号、产品编号、数量、折扣等信息。产品单价信息通过产品编号从 Product 表中查询得到。

实验步骤如下。

（1）分析需要保存到表中的请假信息，填充表 11.2。

表 11.2　　　　　　　　　　　　　订单详情信息数据

字　　段	类　　型	备　　注
订单编号	bigint	直接输入，是 Order 表的外键
产品编号	bigint	直接输入，是 Product 表的外键
数量	int	直接输入
产品单价	money	通过产品编号从 Product 表中查询得到
折扣	real	默认情况下没有折扣

存储过程返回本次操作影响的记录数。

（2）打开"SQL Server Management Studio"。

（3）在"SQL Server Management Studio"中，展开数据库实例"DsCrmDB"。

（4）展开数据库 DsCrmDB 下的"可编程性"，右击"存储过程"项，在弹出的快捷菜单中，选择"新建存储过程项。

（5）右边出现"新建存储过程"窗口，输入以下语句。

```
USE DsCrmDB
GO
--判断 OrderDetails_Insert 存储过程是否存在，若存在，则删除
IF EXISTS (SELECT name FROM sysobjects
        WHERE name ='OrderDetails_Insert' AND type ='P')
    DROP PROCEDURE OrderDetails_Insert
GO
--创建存储过程 OrderDetails_Insert
```

```
CREATE PROCEDURE [dbo].[OrderDetails_Insert]
(
    @OrderId bigint,
    @ProductId bigint,
    @Quantity int,
    @Discount real = 1
)
AS
--产品的价格是从 Product 表中获取的
DECLARE @UnitPrice money
SELECT @UnitPrice=UnitPrice from Product where ProductId = @ProductId
--向 OrderDetails 表中添加数据
INSERT INTO [dbo].[OrderDetails]([OrderId], [ProductId], [Quantity], [UnitPrice], [Discount])
VALUES(@OrderId, @ProductId, @Quantity, @UnitPrice, @Discount)
GO
```

（6）单击"检查语法"按钮，完成语法检查。

（7）语法检查正确后，单击"确定"按钮，完成存储过程的创建。

练习 2   修改添加订单详情的存储过程

本练习中，将在练习 1 的基础上，对创建好的存储过程进行修改，在添加订单详情时，得到该订单的总金额。

实验步骤如下。

（1）打开"SQL Server Management Studio"。

（2）在"SQL Server Management Studio"中，展开数据库实例"DsCrmDB"。

（3）展开数据库 DsCrmDB 下的"可编程性"，展开"存储过程"节点。

（4）找到存储过程"OrderDetails_Insert"，右键单击此存储过程，在弹出的菜单中，选择"修改"项。

（5）在"存储过程修改"窗口修改存储过程代码如下所示：

```
--修改存储过程 OrderDetails_Insert
ALTER PROCEDURE [dbo].[OrderDetails_Insert]
(
                        @totalPrice money OUTPUT,
                        @OrderId bigint,
                        @ProductId bigint,
                        @Quantity int,
                        @Discount real = 1
)
AS
```

```
--产品的价格是从 Product 表中获取的
DECLARE @UnitPrice money
SELECT @UnitPrice=UnitPrice from Product where ProductId = @ProductId
--向 OrderDetails 表中添加数据
INSERT INTO [dbo].[OrderDetails]([OrderId], [ProductId], [Quantity], [UnitPrice], [Discount])
VALUES(@OrderId, @ProductId, @Quantity, @UnitPrice, @Discount)
--得到订单的总价
SET @totalPrice = @Quantity*@UnitPrice*@Discount
GO
```

练习 3　执行添加员工请假申请的存储过程

本练习中，将在练习 2 的基础上，调用创建好的存储过程，添加一条请假申请到表中，在执行存储过程时，注意要对参数进行正确的赋值。

实验步骤如下。

（1）打开"新建查询"，连接数据库实例"DsCrmDB"。

（2）在"新建查询"中输入以下语句，执行添加请假申请信息。

```
DECLARE @totalPrice int
EXEC [dbo].[OrderDetails_Insert] @totalPrice OUTPUT,2,2,10,0.9
SELECT @totalPrice AS 订单总金额
```

（3）单击"执行查询"按钮，执行存储过程。

练习 4　删除存储过程

本练习中，将在练习 2 的基础上，把调用创建好的存储过程从数据库中删除。

实验步骤如下。

（1）打开"新建查询"，连接数据库实例"DsCrmDB"。

（2）在"新建查询"中输入以下语句，删除存储过程"OrderDetails_Insert"。

```
DROP PROCEDURE [dbo].[OrderDetails_Insert]
```

（3）单击"执行查询"按钮，删除存储过程。

习题

1. 简述局部变量和全局变量之间的区别。
2. 求 100~200 之间的全部素数。
3. 什么是存储过程？存储过程分为哪几类？使用存储过程有什么好处？
4. 在 SQL Server 2012 中创建存储过程有哪几种方法？
5. 存储过程的输入、输出参数如何表示？如何使用？
6. 如何执行存储过程？存储过程执行有何特点？
7. 存储过程的状态值有何含义？如何在编写存储过程时正确的运用返回值？

第12章

触发器——自动完成相关操作

本章学习目标

本章主要讲解什么是触发器、解发器的分类以及触发器的工作原理，并讲述触发器的创建和管理方法。通过本章学习，读者应该掌握以下内容：

- 了解触发器
- 创建、修改和删除触发器
- 应用触发器来保证数据的完整性和实现业务逻辑

12.1 触发器简介

触发器是一种特殊类型的存储过程，它在试图更改触发器所保护的数据时自动执行。触发器与特定的表相关联。

触发器的主要作用是能够实现由主键和外键所不能保证的复杂的参照完整性和数据的一致性。当使用 UPDATE、INSERT 或 DELETE 中的一种或多种数据修改操作在指定表中对数据进行修改时，触发器会生效并自动执行。触发器可以查询其他表，并可以包含复杂的Transact-SQL 语句。一个表可以有多个触发器。

触发器具有如下优点：

（1）实现数据库中跨越相关表的级联修改；

（2）实现比 CHECK 约束更复杂的数据完整性；

（3）实现自定义的错误信息；

（4）维护非规范化数据；

（5）比较修改前后数据的状态。

1.　实现数据库中跨越相关表的级联修改

通过触发器，用户能够使用触发器对数据库中的相关表进行级联修改和删除。例如 Northwind 数据库中的 Customers 表上的删除触发器可以删除数据库中其他表中与要删除的 CustomerID 相匹配的行，触发器可以使用 CustomerID 作为查找 Orders 表中对应记录行的外键，并在触发器中删除 Orders 表中的对应行。

2.　实现比 CHECK 约束更复杂的数据完整性

与 CHECK 约束不同，触发器可以引用其他表中的列。例如向表 Order Details 添加一条订单信息记录时，可以检查 Product 表中对应产品的 UnitsInStock 列的产品数，如果产品数小于一定量时，可以触发触发器，以提醒用户添加对应产品的库存量。对应的业务规划无法应用 CHECK 约束来完成。

3.　实现自定义的错误信息

通过使用触发器，可以在触发器执行过程中发生某些条件的情况下，发出预先定义的错误信息或动态自定义的错误信息。

4.　维护非规范化数据

触发器可以用于维护非规范化数据库环境中的低级数据完整性。维护非规范化数据与级联是不同的，级联是指保持主关键字与外部键之间的关系，非规范化数据通常是派生的、冗余的数据值。当参照完整性不是要求精确的匹配，或要求自定义的信息和复杂的错误信息时，需要使用触发器来维护数据的完整性。

5.　比较修改前后数据的状态

绝大多数触发器都提供了访问由 INSERT、UPDATE 或 DELETE 语句引起的数据变化的前后状态的能力，这样，就允许在触发器中引用由修改语句所影响的行。

约束、规则和缺省值只能通过标准化的系统错误信息提示错误，如果应用程序要求自定义的信息和复杂的错误处理，则必须使用触发器。

12.2　创建和管理触发器

12.2.1　创建触发器

1.　使用 Transact-SQL 语句创建触发器

创建触发器可以使用 CREATE TRIGGER 语句，其语法格式如下：

```
CREATE TRIGGER trigger_name ON {table | view}
[WITH ENCRYPTION]
{
    { {FOR | AFTER | INSTEAD OF} {[INSERT] [,] [UPDATE]}
    [WITH APPEND]
    [NOT FOR REPLICATION]
    AS
    [{ IF UPDATE ( column )
        [{ AND | OR } UPDATE ( column )]
      [···n]
      | IF (COLUMNS_UPDATED() { bitwise_operator } updated_bitmask )
          { comparison_operator } column_bitmask [···n]
    } ]
        sql_statement [···n ]
    }
}
```

各参数含义如下。

●trigger_name　触发器的名称。触发器名称必须符合标识符规则，并且在数据库中必须唯一。可以选择是否指定触发器所有者名称。

●Table | view　在其上执行触发器的表或视图，有时称为触发器表或触发器视图。

●WITH ENCRYPTION　加密 syscomments 表中包含 CREATE TRIGGER 语句文本的条目。使用 WITH ENCRYPTION 可防止将触发器作为 SQL Server 复制的一部分发布。

●AFTER　指定触发器只有在触发 SQL 语句中指定的所有操作都已成功执行后才激发。所有的引用级联操作和约束检查也必须成功完成后，才能执行此触发器。如果仅指定 FOR 关键字，则 AFTER 是默认设置。不能在视图上定义 AFTER 触发器。

●INSTEAD OF　指定执行触发器而不是执行触发 SQL 语句，从而替代触发语句的操作。在表或视图上，每个 INSERT、UPDATE 或 DELETE 语句最多可以定义一个 INSTEAD OF 触发器。然而，可以在每个具有 INSTEAD OF 触发器的视图上定义视图。

●{ [DELETE] [,] [INSERT] [,] [UPDATE] }　指定在表或视图上执行哪些数据修改语句时将激活触发器的关键字。必须至少指定一个选项。在触发器定义中允许使用以任意顺序组合的这些关键字。如果指定的选项多于一个，需用逗号分隔这些选项。

●WITH APPEND　指定应该添加现有类型的其他触发器。只有当兼容级别是 65 或更低时，才需要使用该可选子句。如果兼容级别是 70 或更高，则不必使用 WITH APPEND 子句添加现有类型的其他触发器(这是兼容级别设置为 70 或更高的 CREATE TRIGGER 的默认行为)。

●NOT FOR REPLICATION　表示当复制进程更改触发器所涉及的表时，不应执行该触发器。

●AS　触发器要执行的操作。

●sql_statement　触发器的条件和操作。触发器条件指定其他准则，以确定 DELETE、INSERT 或 UPDATE 语句是否导致执行触发器操作。当尝试 DELETE、INSERT 或 UPDATE 操作时，

Transact-SQL 语句中指定的触发器操作将生效。

●IF UPDATE (column)　测试在指定的列上进行的 INSERT 或 UPDATE 操作，不能用于 DELETE 操作。可以指定多列。因为在 ON 子句中指定了表名，所以在 IF UPDATE 子句中的列名前不要包含表名。若要测试在多个列上进行的 INSERT 或 UPDATE 操作，请在第一个操作后指定单独的 UPDATE(column)子句。在 INSERT 操作中 IF UPDATE 将返回 TRUE 值，因为这些列插入了显式值或隐性(NULL)值。Column 是要测试 INSERT 或 UPDATE 操作的列名。该列可以是 SQL Server 支持的任何数据类型。但是，计算列不能用于该环境中。

●IF (COLUMNS_UPDATED())　测试是否插入或更新了提及的列，仅用于 INSERT 或 UPDATE 触发器中。COLUMNS_UPDATED()返回 varbinary 位模式，表示插入或更新了表中的哪些列。COLUMNS_UPDATED()函数以从左到右的顺序返回位，最左边的为最不重要的位。最左边的位表示表中的第一列，向右的下一位表示第二列，依此类推。如果在表上创建的触发器包含 8 列以上，则 COLUMNS_UPDATED()返回多个字节，最左边的为最不重要的字节。在 INSERT 操作中 COLUMNS_UPDATED()将对所有列返回 TRUE 值，因为这些列插入了显式值或隐性(NULL) 值。

●bitwise_operator　用于比较运算的位运算符。

●updated_bitmask　整型位掩码，表示实际更新或插入的列。例如，表 t1 包含列 C1、C2、C3、C4 和 C5。假定表 t1 上有 UPDATE 触发器，若要检查列 C2、C3 和 C4 是否都有更新，指定值 14；若要检查是否只有列 C2 有更新，指定值 2。

●comparison_operator　比较运算符。使用等号(=)检查"updated_bitmask"中指定的所有列是否都实际进行了更新。使用大于号(>)检查"updated_bitmask"中指定的任一列或某些列是否已更新。

●column_bitmask　要检查的列的整型位掩码，用来检查是否已更新或插入了这些列。

触发器常常用于强制业务规则和数据完整性。SQL Server 通过表创建语句（ALTER TABLE 和 CREATE TABLE）提供声明引用完整性(DRI)；但是 DRI 不提供数据库间的引用完整性。若要强制引用完整性(有关表的主键和外键之间关系的规则)，请使用主键和外键约束（ALTER TABLE 和 CREATE TABLE 的 PRIMARY KEY 和 FOREIGN KEY 关键字）。如果触发器表存在约束，则在 INSTEAD OF 触发器执行之后和 AFTER 触发器执行之前检查这些约束。如果违反了约束，则回滚 INSTEAD OF 触发器操作且不执行（激发）AFTER 触发器。

以下示例在 DsCrmDB 数据库的 Product 表上创建了一个触发器，当 titles 表中的新的数据行添加或数据被更新时，触发器向客户端显示一条消息：

```
USE DsCrmDB
--如果已存在触发器 reminder，则删除原有触发器
IF EXISTS (SELECT name FROM sysobjects
        WHERE name = 'reminder' AND type = 'TR')
    DROP TRIGGER reminder
GO
--创建新的触发器 reminder
CREATE TRIGGER reminder
ON Product                          --触发器创建在表 titles 中
```

```
FOR INSERT, UPDATE                      --表中插入数据或有数据更新时触发触发器
AS RAISERROR ('Product 表中数据被更新', 16, 10)      --向客户端显示一条信息
GO
```

执行下面的 UPDATE 语句将触发该触发器：

UPDATE Product SET   ProductName = 'pen'   WHERE   ProductId= 3

以下示例在 DsCrmDB 数据库的 Product 表上创建了一个触发器，当 Product 表中数据被更新时，触发器向指定的人员 MaryM 发送电子邮件：

```
USE pubs
--删除原有的触发器 reminder
IF EXISTS (SELECT name FROM sysobjects
       WHERE name = 'reminder' AND type = 'TR')
    DROP TRIGGER reminder
GO
--创建新的触发器
CREATE TRIGGER reminder
ON Product              --创建触发器的表
FOR INSERT, UPDATE, DELETE      --INSERT、UPDATE 和 DELETE 操作都将触发触发器
AS
    EXEC master..xp_sendmail 'MaryM',
        'Don''t forget to print a report for the distributors.'
GO
```

执行下面的 UPDATE 语句将触发该触发器：

UPDATE Product SET   ProductName = 'pen'   WHERE   ProductId= 3

2．创建触发器的注意事项

在创建触发器时，应该考虑到下列事实和原则。

（1）大多数触发器是后反应的，约束和 INSTEAD OF 触发器是前反应的。

（2）在触发器定义的表中执行插入、删除或者更新语句后触发器自动执行。约束在 INSERT、UPDATE 或 DELETE 语句执行之前检查。

（3）创建触发器的用户必须有相关的权限。

（4）只有表或视图的所有者、sysadmin 角色的成员、db_owner 和 db_ddladmin 固定数据库角色的成员能够创建和删除触发器，这个权限不能被传递。此外，触发器创建者还必须拥有在所有受影响表上执行触发器定义的所有语句的权限，如果触发器中的任何部分语句的权限被拒绝，则整个事务被回滚。为了避免视图的所有者和基表的所有者不同的情况，建议 dbo 用户拥有数据库中的全部对象。由于一个用户可以是多个角色的成员，在创建对象时，总是指定 dbo 用户为所创建对象的所有者的名字，否则，对象将以当前用户作为所有者。

（5）表的所有者不能在视图或者临时表上创建 AFTER 触发器，但是，触发器可以引用视图

和临时表。

（6）表的所有者可以在视图和临时表上创建 INSTEAD OF 触发器，INSTEAD OF 触发器大大扩展了视图能够支持的更新类型。

（7）触发器不应该返回结果集。

（8）触发器包含了 T-SQL 语句，这与存储过程完全相同。与存储过程相似，触发器也可以包含返回结果集的语句。但是，由于用户或开发人员在执行 INSERT、UPDATE 和 DELETE 语句时，一般不会期望得到任何结果集，所以建议不要在触发器中包含返回结果集的语句。

（9）触发器为数据库对象，其名称必须遵循标识符的命名规则。

（10）SQL Server 2000 允许在一个表上嵌套几个触发器。一个表可以定义多个触发器，每个触发器可以为一个或几个动作定义。

（11）虽然触发器可以引用当前数据库以外的对象，但只能在当前数据库中创建触发器。

（12）在含有用 DELETE 或 UPDATE 操作定义的外键的表中，不能定义 INSTEAD OF 和 INSTEAD OF UPDATE 触发器。

（13）不能包含某些语句。

在 SQL Server 中，触发器不允许使用以下语句：

> ALTER DATABASE、CREATE DATABASE、DISK INIT、DISK RESIZE、DROP DATABASE、LOAD DATABASE、LOAD LOG、RECONFIGURE、RESTORE DATABASE、RESTORE LOG

12.2.2 修改触发器

对已有的触发器，可以直接进行修改而无需删除后再重建。修改触发器时，可以使用 ALTER TRIGGER 语句。

ALTER TRIGGER 语句语法格式如下：

```
ALTER TRIGGER trigger_name
ON ( table | view )
[ WITH ENCRYPTION ]
{
  { ( FOR | AFTER | INSTEAD OF ) { [ DELETE ] [ , ] [ INSERT ] [ , ] [ UPDATE ] }
    [ NOT FOR REPLICATION ]
    AS
    sql_statement [ ...n ]
  }
  |
  { ( FOR | AFTER | INSTEAD OF ) { [ INSERT ] [ , ] [ UPDATE ] }
    [ NOT FOR REPLICATION ]
    AS
    { IF UPDATE ( column )
    [ { AND | OR } UPDATE ( column ) ]
    [ ...n ]
    | IF ( COLUMNS_UPDATED ( ) { bitwise_operator } updated_bitmask )
```

```
            { comparison_operator } column_bitmask [ ...n ]
            }
        sql_statement [ ...n ]
    }
}
```

各参数含义和 CREATE TRIGGER 语句相同。

如果仅仅对触发器名称进行修改，可以通过执行系统存储过程 sp_rename 完成。

以下示例修改原有触发器 reminder 仅当插入新行数据时才触发：

```
--修改原有触发器
ALTER TRIGGER reminder
ON Product
FOR INSERT        --仅当 INSERT 操作后触发触发器
AS
    EXEC master..xp_sendmail 'MaryM',
        'Don"t forget to print a report for the distributors.'
GO
```

12.2.3   删除触发器

当触发器没有必要存在时，需即时删除，删除触发器可以通过 DROP TRIGGER 语句也。

通过 DROP TRIGGER 语句删除触发器时，语法格式如下：

```
DROP TRIGGER { trigger } [ ,...n ]
```

各参数含义如下：

● trigger   要删除的触发器名称。

● n   表示可以指定多个触发器的占位符。

以下示例删除原有的触发器 reminder：

```
DROP TRIGGER reminder
```

注意

删除触发器所在的表时，触发器将被一同自动地删除。

12.3   触发器工作原理及应用

设计触发器时，理解触发器的工作方式非常重要。以下讨论 INSERT 触发器、UPDATE 触发器、DELETE 触发器、INSTEAD OF 触发器、嵌套触发器和递归触发器的工作原理及应用。

在触发器的执行过程中，对每个数据库表会应用到两个临时表：inserted 表和 deleted 表。这是两个仅在内存中的表，结构与定义触发器的表一样，但用户不能直接对表中的数据进行操作。原表中数据的更新过程将经常应用到这两个临时表，各更新操作过程中 inserted 表和 deleted 表所起的作用见表 12.1。

表 12.1　　　　　　　　　　　　　　　　　数据更新与表的记录

表 更新操作	inserted 表	deleted 表
INSERT	包含执行命令后插入新记录的副本	无影响
UPDATE	包含执行命令后更新过的记录副本	包含执行命令前未更新的记录副本
DELETE	无影响	包含执行命令后删除的记录副本

12.3.1　INSERT 触发器

当试图向一个触发器保护的表中插入一行数据时，INSERT 触发器将被激活。在插入操作过程中，插入的数据记录在 inserted 表中，执行插入的过程为

（1）向定义了 INSERT 触发器的表发送 INSERT 语句；

（2）INSERT 语句记录到日志中；

（3）执行触发器动作。

当 INSERT 触发器被激发时，新的数据行被添加到表中，同时被插入数据行的副本也被添加到临时表 inserted 表中，然后，INSERT 触发器才被激发，触发器中定义的语句接着被执行。触发器也可以检查 inserted 表，确定是否执行触发器动作和如何执行触发器动作。

以下示例中触发器用于 DsCrmDB 数据库在添加订购产品信息时，在 OrderDetails 表中计算该笔订单的价格：

```
USE DsCrmDB
GO
--创建触发器
CREATE TRIGGER OrderDetail_Insert
    ON OrderDetails
    FOR INSERT
AS
    select Quantity * UnitPrice
    from INSERTED
执行 INSERT 操作：
insert into OrderDetails values(1,1,3,3.5,1)
```

可以看到本次购买产品的总价格为 10.5。

12.3.2　UPDATE 触发器

当更新定义有 UPDATE 触发器的表中的数据时，UPDATE 操作将激发对应的触发器。执行更新时，UDPATE 语句向 deleted 表中添加将被更新的行在更新前的原始数据行副本，把更新后的数据行副本添加到 inserted 表中，然后触发器被激发，执行解发器中定义的语句。执行过程为

（1）向表发送 UPDATE 语句。

（2）在日志中以 INSERT 和 DELETE 语句方式记录 UPDATE 语句。

（3）触发器可以检查 deleted 表和 inserted 表以及被更新的库表，确定是否更新多行以及如何执行触发器动作。在触发器中，可以通过 IF UPDATE 语句监控特定列数据是否被更新，当被监测列被更新时，触发器可以采取相应的动作。

以下示例通过 IF UPDATE 语句监控了 Product 表中 ProductName 列的更新，如果发现有 ProductName 列的数据被更新了，打印提示信息：

```
USE DsCrmDB
GO
--创建触发器
CREATE TRIGGER ProductName_Update
    ON ProductName
    FOR UPDATE
AS
    IF UPDATE (ProductName)
    RAISERROR ('产品名称被修改', 10, 1)
GO


update Product set ProductName='pens' where ProductId=3
```

执行结果如下：

```
产品名称被修改
(1 行受影响)
```

12.3.3 DELETE 触发器

当试图删除定义了 DELETE 触发器的表中数据行时，DELETE 触发器被激发。DELETE 操作在删除数据时，将被删除行的一个副本插入到 deleted 表中，执行过程为

（1）向表发送 DELETE 语句。

（2）在日志中记录 DELETE 语句。

（3）执行触发器动作。

在 DELETE 语句的执行过程中被插入到 deleted 表中的数据行，不再存在于原数据表中，所以原数据表和 deleted 表中不会有共同的数据行。

注意

为 DELETE 语句定义的触发器对 TRUNCATE TABLE 语句并不执行，因为 TRUNCATE TABLE 语句不记录到日志中。

```
USE DsCrmDB
GO
--创建表
CREATE TABLE TruncateTriggerTable
```

```
(
    CID int PRIMARY KEY,
    CName varchar(15) not null
)
GO
--添加数据行
INSERT INTO TruncateTriggerTable VALUES (1, 'first user')
INSERT INTO TruncateTriggerTable VALUES (2, 'second user')
GO
--创建触发器
CREATE TRIGGER TruncateTriggerTable_Delete
    ON TruncateTriggerTable
    FOR DELETE
AS
    RAISERROR ('记录被删除', 10, 1)
GO
```

先执行 DELETE 操作：

```
DELETE TruncateTriggerTable WHERE CID = '1'
```

执行结果如下：

```
记录被删除
（所影响的行数为 1 行）
```

再执行 TRUNCATE TABLE 语句：

```
TRUNCATE TABLE TruncateTriggerTable
```

执行结果如下：

```
命令已成功完成。
```

12.3.4　INSTEAD OF 触发器

INSTEAD OF 触发器取消所有的触发动作，原来的触发动作(插入、更新或删除)不再发生，并执行相应的替代功能。INSTEAD OF 触发器增加了可用于表和视图的各种类型的更新操作，当需要使用通常不可更新的视图支持数据修改时，INSTEAD OF 触发器可以通过内含 SQL 语句完成数据的更新操作。

对每一种触发动作，每个表或视图只能有一个 INSTEAD OF 触发器，但在带有 WITH CHECK OPTION 定义的视图中不能创建 INSTEAD OF 触发器。

以下示例创建一个基于 Product 表和 Stock 表的视图 ProductStockView，并创建一个视图上的 INSTEAD OF 触发器 EmpOrd_Delete：

```
USE DSCrmDB
GO
--创建视图 ProductStockView
```

```
CREATE VIEW ProductStockView
AS
    SELECT p.ProductName,p.ProductType,s.StockWarehouse,s.StockWare
    FROM Product as p, Stock as s
    WHERE p.ProductId = s.StockProductId
GO
--创建视图上的 INSTEAD OF 触发器
CREATE TRIGGER ProSto_Delete
ON ProductStockView
INSTEAD OF DELETE
AS
    DELETE Product WHERE ProductName
    IN
    (
        SELECT ProductName
        FROM DELETED
    )
GO
```

在创建视图 ProductStockView 上的 INSTEAD OF 触发器之前, 删除视图中数据的操作将引发错误, 执行以下语句:

DELETE ProductStockView WHERE ProductName = 'pen'

执行结果如下:

服务器: 消息 4405, 级别 16, 状态 1, 行 1

视图或函数 'ProductStockView' 不可更新, 因为修改会影响多个基表。

创建视图上的 INSTEAD OF 触发器后, 再次执行以上删除操作:

DELETE ProductStockView WHERE ProductName = 'pen'

执行结果如下:

（所影响的行数为 1 行）

这样, 符合条件的记录就从视图的基表 Product 表和 Stock 表中删除了。

注意

INSTEAD OF 触发器与 AFTER 触发器(不指定 INSTREAD OF)不同。AFTER 触发器是在激发触发器的动作执行完成并记录相关信息后, 再执行 AFTER 触发器中的语句。INSTEAD OF 触发器则是不执行激发触发器的数据更新操作, 直接执行 INSTEAD OF 触发器中的语句。

12.3.5 嵌套触发器

触发器可以进行嵌套, 最多可嵌套到 32 级。在嵌套的触发器中, 第一触发器可以激活第二个触发器, 第二个触发器又激活第三个触发器, 依次类推。

任何触发器都可以包含影响另一个表的 UPDATE、INSERT 或 DELETE 语句。如果允许嵌套触发器，修改表的触发器可以激活第二个触发器，它又激活第三个触发器。嵌套在安装时启用，但可以使用 sp_config 系统存储过程禁止和重新启用嵌套。

由于触发器可以嵌套到 32 级，如果嵌套链中建立了无穷循环，超过最大嵌套级的触发器将被终止，并且整个事务将被回滚。

嵌套触发器可以用于备份等多种功能，使用嵌套触发器时应注意：

（1）缺省情况下，嵌套触发器配置选项处于打开状态。

（2）在同一个触发器事务中，一个嵌套触发器不能激活两次。触发器不调用自己来响应触发器中对同一表的第二次更新。

（3）触发器是一个事务，在嵌套触发器中的任何一级中的失败都会取消整个事务，所以数据修改被回滚。

嵌套可以用来保持整个数据库的数据完整性的重要特性，但有时要禁止嵌套功能。以下语句可用于禁止嵌套：

```
EXEC sp_configure 'nested TRIGGERS', 0
```

以下语句可用于启用触发器嵌套：

```
EXEC sp_configure 'nested TRIGGERS', 1
```

注意

嵌套启用与禁止操作，不仅适用于当前数据库，而且会应用到服务器上的其他数据库。

在使用时，不推荐按依赖于顺序的序列使用嵌套触发器，应使用单独的触发器层叠数据修改。

以下示例在 Product 上创建一个触发器，以保存由 delcascadetrig 触发器所删除的 Product 行的备份。在使用 delcascadetrig 时，从 Product 中删除 ProductId 将删除 Product 中相应的一行或多行。要保存数据，可在 Product 上创建 DELETE 触发器，该触发器的作用是将被删除的数据保存到另一个单独创建的名为 del_save 表中：

```
CREATE TRIGGER savedel
    ON Product
FOR DELETE
AS
    INSERT del_save
    SELECT * FROM deleted
```

12.3.6　递归触发器

任何触发器都可以包含影响同一个表或另一个表的 UPDATE、INSERT 或 DELETE 语句。启动递归触发器选项，修改一个表中数据的触发器可以激活其自身，从而递归执行。在数据库创建时，递归触发器选项是禁止的，通过使用 ALTER DATABASE 语句或企业管理器可以启用或禁止递归触发器。

开启 pubs 数据库的递归触发器：

```
ALTER DATABASE pubs
    SET RECURSIVE_TRIGGERS ON
```

注意

如果嵌套触发器选项被关闭，递归触发器也被禁止，不管数据库的递归触发器设置为开启或关闭。

用对象资源管理器设置递归触发器的操作步骤如下。

（1）启动 SQL Server Management Studio，展开服务器。

（2）右击要更改的数据库，单击"属性"命令。

（3）单击"选项"标签，打开"选项"选项卡，如图 12.1 所示。如果允许递归触发器，则可以选择"杂项"选项组中的"递归触发器已起用"选项来设置。

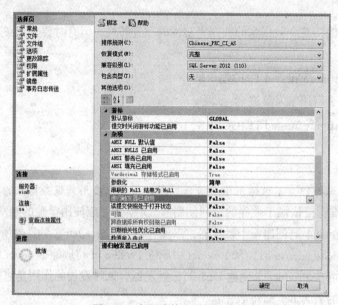

图 12.1　启用或禁止递归触发器

在触发器执行过程中，给定触发器的 inserted 表和 deleted 表只包含对应于上次激活触发器的 UPDATE、INSERT 和 DELETE 语句影响的行。

递归触发器的递归可以达到 32 级，如果触发器中包含无穷循环，则触发器被终止，并回滚整个事务。

递归触发器分为直接递归和间接递归两种。

1. 直接递归触发器

直接递归触发器，在一个触发器的执行中，导致同一个触发器再次触发。如一个修改 Order 表的应用程序，激活了 Order 表中的触发器 Order_Update，则触发器 Order_Update 中又更新了表 Orders 中的记录，则更新执行再次激活 Order_Update 触发器自身。

2. 间接递归触发器

间接递归触发器，触发器激发并执行一个操作，而该操作又使另一个表中的某个触发器激发。第二个触发器使原始表得到更新，从而再次引发第一个触发器。如一应用程序更新了表 T1，并引发触发器 Trig1。Trig1 更新表 T2，从而使触发器 Trig2 被引发。Trig2 转而更新表 T1，从而使 Trig1

再次被引发。

递归触发器可以用于解决复杂关系的复杂特性，如自引用关系等，在这些特殊的情况下可能要应用递归触发器。

应用递归触发器时，请注意。

（1）递归触发器是复杂的，需要周密的设计和全面的测试，递归触发器需要受控的循环逻辑代码，否则会超过 32 级的嵌套限制。

（2）在一系统的嵌套触发器中任意点的数据修改启动触发器系统，尽管递归触发器提供处理复杂关系的方便，但是如果表要以特定的顺序更新，则递归触发器可以会带来问题。

（3）每个触发器都必须包含一个条件检查，以确保能停止递归处理。

以下示例使用递归触发器解决自引用关系：

递归触发器的一种用法是用于带有自引用关系的表（亦称为传递闭包）。例如，表 emp_mgr 定义了以下几点。

一个公司的雇员 (emp)；

每个雇员的经理 (mgr)；

组织树中向每个经理汇报的雇员总数 (NoOfReports)；

递归 UPDATE 触发器在插入新雇员记录的情况下可以使 NoOfReports 列保持最新。INSERT 触发器更新经理记录的 NoOfReports 列，而该操作递归更新管理层向上其他记录的 NoOfReports 列。

```
USE DsCrmDB
GO
-- 启用 pubs 数据库的递归触发器
ALTER DATABASE DsCrmDB
    SET RECURSIVE_TRIGGERS ON
GO
-- 创建表
CREATE TABLE emp_mgr (
    emp char(30) PRIMARY KEY,
    mgr char(30) NULL FOREIGN KEY REFERENCES emp_mgr(emp),
    NoOfReports int DEFAULT 0
)
GO
-- 创建 emp_mgr 表上的 INSERT 触发器
CREATE TRIGGER emp_mgrins ON emp_mgr
FOR INSERT
AS
DECLARE @e char(30), @m char(30)
DECLARE c1 CURSOR FOR
    SELECT emp_mgr.emp
    FROM    emp_mgr, inserted
    WHERE emp_mgr.emp = inserted.mgr
```

```
OPEN c1
FETCH NEXT FROM c1 INTO @e
WHILE @@fetch_status = 0
BEGIN
    UPDATE emp_mgr
    SET emp_mgr.NoOfReports = emp_mgr.NoOfReports + 1 --更新 emp_mgr 中的记录
    WHERE emp_mgr.emp = @e
    FETCH NEXT FROM c1 INTO @e
END
CLOSE c1
DEALLOCATE c1
GO
-- 创建表 emp_mgr 上的 UPDATE 触发器
CREATE TRIGGER emp_mgrupd ON emp_mgr FOR UPDATE
AS
IF UPDATE (mgr)
BEGIN
    UPDATE emp_mgr
    SET emp_mgr.NoOfReports = emp_mgr.NoOfReports + 1 --更新 emp_mgr 表
    FROM inserted
    WHERE emp_mgr.emp = inserted.mgr
    UPDATE emp_mgr
    SET emp_mgr.NoOfReports = emp_mgr.NoOfReports
    FROM deleted
    WHERE emp_mgr.emp = deleted.mgr
END
GO
--插入数据
INSERT emp_mgr(emp, mgr) VALUES ('Harry', NULL)
INSERT emp_mgr(emp, mgr) VALUES ('Alice', 'Harry')
INSERT emp_mgr(emp, mgr) VALUES ('Paul', 'Alice')
INSERT emp_mgr(emp, mgr) VALUES ('Joe', 'Alice')
INSERT emp_mgr(emp, mgr) VALUES ('Dave', 'Joe')
GO
SELECT * FROM emp_mgr
GO
-- 更新数据
UPDATE emp_mgr SET mgr = 'Harry'
WHERE emp = 'Dave'
```

```
GO
SELECT * FROM emp_mgr
GO
```

以下是更新前的结果：

emp	mgr	NoOfReports
Alice	Harry	2
Dave	Joe	0
Harry	NULL	1
Joe	Alice	1
Paul	Alice	0

以下为更新后的结果：

emp	mgr	NoOfReports
Alice	Harry	2
Dave	Harry	0
Harry	NULL	2
Joe	Alice	0
Paul	Alice	0

本章小结

触发器是一种特殊类型的存储过程，它在试图更改触发器所保护的数据时自动执行。触发器与特定的表相关联。

触发器的主要作用是能够实现由主键和外键所不能保证的复杂的参照完整性和数据的一致性。当使用 UPDATE、INSERT 或 DELETE 中的一种或多种数据修改操作在指定表中对数据进行修改时，触发器会生效并自动执行。触发器可以查询其他表，并可以包含复杂的 Transact-SQL 语句。一个表可以有多个触发器。

创建触发器使用 CREATE TRIGGER 语句，修改触发器使用 ALTER TRIGGER 语句，删除触发器使用 DROP TRIGGER 语句。

触发器可以检查 deleted 表和 inserted 表以及被更新的库表，确定是否更新多行以及如何执行触发器动作。在触发器中，可以通过 IF UPDATE 语句监控特定列数据是否被更新，当被监测列被更新时，触发器可以采取相应的动作。

实训 12　创建和管理触发器

目标

完成本实验后，将掌握以下内容：

（1）创建触发器；

（2）修改触发器；

（3）删除触发器。

准备工作

建立客户关系管理系统数据库。

在进行本实验前，必须先建立客户关系管理系统数据库。如果还没有创建这个数据库，请先通过练习前创建数据库的脚本创建数据库到数据库管理系统中。

场景

客户是公司最宝贵的资源，在处理客户信息特别是删除客户信息时，需要检查该客户状态，如果是客户状态值为"正常"，则还原删除操作。为了方便应用程序的开发，减少代码的复杂性，通过触发器完成请假时间的还原功能。

实验预估时间：45 分钟。

练习 1　创建触发器

本练习中，将创建触发器，当发现被删除客户状态为"正常"时，应当将这部分数据还原到客户表中。

实验步骤如下。

（1）打开"SQL Server Management Studio"，连接到数据库实例"DsCrmDB"。

（2）单击"新建查询"，在"文本编辑器"中输入以下语句，在客户表中创建触发器，一旦客户表被更新，则判断被删除的客户状态，如果状态为"正常"则将数据还原到表中。

```
CREATE TRIGGER delCustomer ON Customer
AFTER delete
AS
    insert customer select * from deleted where CustomerStatus=1
```

（3）单击"执行查询"按钮，创建触发器 delCustomer。

练习 2　修改触发器

本练习中，在完成练习 1 的基础上，对创建的触发器进行修改。练习 1 中创建的触发器，仅还原客户状态为"正常"的客户信息。现扩充其功能，在删除客户时检查客户状态，状态如果不是"删除"则需要还原客户数据。

实验步骤如下。

（1）打开"SQL Server Management Studio"，连接到数据库实例"DsCrmDB"。

（2）单击"新建查询"，在"文本编辑器"中输入以下语句。

```
ALTER TRIGGER delCustomer ON Customer
AFTER delete
```

AS

insert customer select * from deleted where CustomerStatus=1 or CustomerStatus=2

（3）单击"执行查询"按钮，修改触发器 delCustomer。

练习 3　删除触发器

本练习中，在完成练习 2 的基础上，删除触发器。

实验步骤如下。

（1）打开"SQL Server Management Studio"，连接到数据库实例"DsCrmDB"。

（2）单击"新建查询"，在"文本编辑器"中输入以下语句。

DROP TRIGGER delCustomer

（3）单击"执行查询"按钮，删除此触发器。

习题

1. 什么是触发器？触发器分为哪几种？
2. 触发器主要用于实施什么类型的数据完整性？

第13章

事务和锁——保证数据完整性

本章学习目标

本章主要讲解数据库管理系统中的事务和锁，如何管理和应用事务和锁来实现事务的并发控制。通过本章学习，读者应该掌握以下内容：

- 了解事务、锁和并发控制
- 管理事务和锁
- 应用事务实现数据的完整性
- 应用锁实现事务的并发控制

13.1 事务和锁简介

事务是单独的工作单元，该单元中可以包含多个操作以完成一个完整的任务。锁是在多用户环境中对数据访问的限制。事务和锁确保了数据的完整性。

1. 事务

事务是单独的工作单元，也是一个操作序列，该单元中可以包含多个操作以完成一个完整的任务。如果事务成功，在事务中所做的所有的操作都会在提交时完成并且永久地成为数据库的一部分。如果事务遇到错误，则必须取消或回滚，这样所有的操作都将被消除，就像什么也没有执行过一样。事务作为一个整体，要么成功，要么失败。

在数据库管理系统中，单用户系统一次最多只允许一个用户操作数据库，而多用户系统则允许多用户同时访问同一数据库。在多用户系统中，多个用户同时执行并发操作是经常发生的情况。事务可以作为执行这种并发操作的最小控制单元。

事务中往往同时应用锁，以防止其他用户改变或读取还未完成的事务的数据。多用户系统的联机事务处理(OLTP)要求进行加锁，在 SQL Server 中使用备份和日志确保更新是完全的、可恢复的。

事务可以分为本地事务和分布事务，本地事务被限制在某种单独的数据资源内，这些数据资源通常提供本地事务功能。由于这些事务由数据资源本身来控制，所以管理起来轻松高效。分布式事务跨越多种数据资源，可以协调不同系统上特有的操作，从而使它们一起成功或者一起失败。

事务具有 ACID 属性，包括：原子性(Atomicity)、一致性(Consistency)、隔离性(Isolation)和持续性(Duration)。这些属性确保可预知行为，强调了事务的"所有或没有"(all-or-none)的宗旨，使得在可变因素很多时能减少管理负担。

原子性

事务是一个工作单元，一系列包含在 BEGIN TRANSACTION 和 END TRANSACTION 语句之间的操作将在该单元中进行。事务只执行一次，且是不可分的，要么事务中的操作要么全部成功，要么全部失败，不做任何操作。

一致性

当事务开始前，数据必定处于一致状态，在正在处理的事务中，数据可能处于不一致的状态，但是，当事务完成后，数据必须再次回到新的一致状态。

隔离性

事务是一个独立的单元，每个并行执行的事务对数据进行的修改是彼此隔离的，看起来就像是系统中唯一的一个事务，它不以任何方式影响其他事务，也不受其他事务的影响。事务永远也看不到其他事务的中间阶段。

持续性

如果事务成功，则事务对数据所做过的操作是永久性的，即使系统在事务提交后立即崩溃或计算机重启，系统仍能保证该事务的处理结果。专用的日志可以让系统重新启动程序来重做事务，以使事务可持续。

2.　锁

锁是在多用户环境中对数据访问的限制。加锁防止了数据更新的冲突。用户不能对其他用户改变处理中的数据进行读取或修改。如果不使用锁，数据库中的数据可能出现逻辑错误，并且对相关数据执行的操作可能产生意想不到的结果。在多用户系统中，必须有一套机制来确保多个同时发生的事务对数据的更新保持一致。锁定的基本方法是用户对需要操作的数据预先加锁，以阻止其他用户访问相同的数据，在数据使用完后，再释放锁，以允许其他用户实现对数据的访问。

在应用锁时，应注意以下事项。

（1）加锁使得事务的串行化成为可能，使得在同一时刻只有一个人改变数据元素。例如售票系统要保证一张电影票只能出售给一个人。

（2）对于并发事务，加锁是必须的，以允许用户同时访问和更新数据。高并发性意味着一批用户正体验着冲突很少的良好反应时间。系统管理主要关注用户数量、事务数量和吞吐量，应用系统则更关注系统的反应速度。

3. 并发控制

如果没有锁定且多个用户同时访问一个数据库，则当他们的事务同时使用相同的数据时可能会发生问题。并发问题包括：丢失或覆盖更新、脏读、非重复读和幻像读。

丢失更新

当两个或多个事务选择同一行，然后基于最初选定的值更新该行时，会发生丢失更新问题。每个事务都不知道其他事务的存在。最后的更新将重写由其他事务所做的更新，这将导致数据丢失。

脏读

当第二个事务选择其他事务正在更新的行时，会发生未确认的相关性问题。第二个事务正在读取的数据还没有确认并且可能由更新此行的事务所更改。

非重复读

当第二个事务多次访问同一行而且每次读取不同的数据时，会发生不一致的分析问题。不一致的分析与未确认的相关性类似，因为其他事务也是正在更改第二个事务正在读取的数据。然而，在不一致的分析中，第二个事务读取的数据是由已进行了更改的事务提交的。而且，不一致的分析涉及多次（两次或更多）读取同一行，而且每次信息都由其他事务更改；因而该行被非重复读取。

幻像读

当对某行执行插入或删除操作，而该行属于某个事务正在读取的行的范围时，会发生幻像读问题。事务第一次读的行范围显示出其中一行已不复存在于第二次读或后续读中，因为该行已被其他事务删除。同样，由于其他事务的插入操作，事务的第二次或后续读显示有一行不存在于原始读中。

当许多人试图同时修改数据库内的数据时，必须执行控制系统以使某个人所做的修改不会对他人产生负面影响，这称为并发控制。并发控制确保一个事务所做的修改不逆向地影响其他事务的修改。并发控制理论因创立并发控制的方法不同而分为两类：

悲观并发控制根据需要在事务的持续时间内锁定资源。除非出现死锁，否则事务肯定会成功完成。悲观的并发控制在读取数据以进行更新时，对数据加锁。事务对数据加锁后，其他用户不能执行有可能改变基础数据的操作，直到对数据加锁的事务完成对数据进行的工作为止。在数据高度争用的应用环境中，应使用悲观的并发控制方法。此时，悲观的并发控制方法由于使用加锁技术对数据进行保护而付出的代价比并发冲突发生后再通过回滚事务所付出的代码要小。

乐观的并发控制假定不太可能（但不是不可能）在多个用户间发生资源冲突，允许不锁定任何资源而执行事务。乐观的并发控制在事务开始读取数据时，不对数据加锁，当执行更新时，数据库管理系统核对数据以确定基础数据从开始读取后是否发生变化，如果发生了变化，事务回滚，用户重新开始操作。在数据争用不严重的应用环境中应该使用乐观的并发控制。此时，偶尔地回滚事务所付出的代码，比从开始读取数据就进行加锁所付出的代码要小。

13.2 管理事务

在 SQL Server 中，事务可以分为隐性事务、自动提交事务和显式事务三种类型。

13.2.1 隐性事务

隐性事务将在提交或回滚当前事务后自动启动新事务。无须描述事务的开始，只需提交或回滚每个事务。隐性事务模式生成连续的事务链。

在 SQL Server 中，通过 SET IMPLICIT_TRANSACTIONS ON 语句将连接设置为隐性事务模式；通过 SET IMPLICIT_TRANSACTIONS OFF 语句将连接设置为返回到自动提交事务模式。

在为连接将隐性事务模式设置为打开之后，当 SQL Server 首次执行下列任何语句时，都会自动启动一个事务：

表 13.1　　　　　　　　　　　　启动事务的 SQL 语句

ALTER TABLE	INSERT
CREATE	OPEN
DELETE	REVOKE
DROP	SELECT
FETCH	TRUNCATE TABLE
GRANT	UPDATE

在发出 COMMIT 或 ROLLBACK 语句之前，该事务将一直保持有效。在第一个事务被提交或回滚之后，下次当连接执行这些语句中的任何语句时，SQL Server 都将自动启动一个新事务。SQL Server 将不断地生成一个隐性事务链，直到隐性事务模式关闭为止。

以下示例设置事务为隐性事务，创建一个表，开始了两个事务，并提交了两次事务：

```
USE pubs
GO
--创建表
CREATE TABLE ImplicitTranTable
(
    CID int PRIMARY KEY,
    CName nvarchar(16) NOT NULL
)
GO
--设置事务为隐性事务
SET IMPLICIT_TRANSACTIONS ON
GO
--开始第一个隐性事务
INSERT INTO ImplicitTranTable
    VALUES(1, '张三')
GO
INSERT INTO ImplicitTranTable
```

```
        VALUES(2, '李四')
GO
--提交第一个隐性事务
COMMIT TRANSACTION
GO
--开始第二个隐性事务
INSERT INTO ImplicitTranTable
        VALUES(3, '王五')
GO
SELECT * FROM ImplicitTranTable
GO
--提交隐性事务
COMMIT TRANSACTION
GO
--设置为自动提交事务
SET IMPLICIT_TRANSACTIONS OFF
GO
```

13.2.2　自动提交事务

每个 Transact-SQL 语句在完成时，都被提交或回滚。如果一个语句成功地完成，则提交该语句；如果遇到错误，则回滚该语句。只要自动提交模式没有被显式或隐性事务替代，SQL Server 连接就以自动提交事务为默认模式进行操作。

SQL Server 连接在 BEGIN TRANSACTION 语句启动显式事务，或隐性事务模式设置为打开之前，将以自动提交模式进行操作。当提交或回滚显式事务，或者关闭隐性事务模式时，SQL Server 将返回到自动提交模式。

13.2.3　显式事务

在显式事务中，事务的语句在 BEGIN TRANSACTION 和 COMMIT TRANSACTION 子句间组成一组，并可以使用下列四条语句来管理事务：

- BEGIN TRANSACTION
- COMMIT TRANSACTION
- ROLLBACK TRANSACTION
- SAVE TRANSACTION

1．BEGIN TRANSACTION

标记一个显式本地事务的起始点， SQL Server 可使用该语句来开始一个新的事务。语法格式如下：

> BEGIN TRAN [SACTION] [transaction_name | @tran_name_variable
>
>   [WITH MARK ['description']]]

各参数含义如下。

●transaction_name　给事务分配的名称。transaction_name 必须遵循标识符规则，但是不允许标识符多于 32 个字符。仅在嵌套的 BEGIN...COMMIT 或 BEGIN .ROLLBACK 语句的最外语句对上使用事务名。

●@tran_name_variable　用户定义的、含有有效事务名称的变量的名称。必须用 char、varchar、nchar 或 nvarchar 数据类型声明该变量。

●WITH MARK ['description']　指定在日志中标记事务。Description 是描述该标记的字符串。如果使用了 WITH MARK，则必须指定事务名。WITH MARK 允许将事务日志还原到命名标记。

●BEGIN TRANSACTION　将当前连接的活动事务数@@TRANCOUNT 加 1。

●WITH MARK　选项使事务名置于事务日志中。将数据库还原到早期状态时，可使用标记事务替代日期和时间。若要将一组相关数据库恢复到逻辑上一致的状态，必须使用事务日志标记。标记可由分布式事务置于相关数据库的事务日志中。将这组相关数据库恢复到这些标记将产生一组在事务上一致的数据库。只有当数据库由标记事务更新时，才在事务日志中放置标记。不修改数据的事务不被标记。在已存在的未标记事务中可以嵌套 BEGIN TRAN new_name WITH MARK。嵌套后，new_name 便成为事务的标记名，不论是否已为事务提供了该名称。

注意

任何有效的用户都具有默认的 BEGIN TRANSACTION 权限。

以下示例定义了两个嵌套事务：

```
--开始事务 T1
BEGIN TRAN T1
    UPDATE titles
    SET price=30.0
    WHERE title_id = 'BU1032'
    --开始嵌套事务 T2
    BEGIN TRAN T2
        UPDATE titles
        SET type = 'potboilier'
        WHERE title_id = 'BU1032'
    --提交事务 T2
    COMMIT TRAN T2
--提交事务 T1
COMMIT TRAN T1
```

2．COMMIT TRANSACTION

COMMIT TRANSACTION 标志一个成功的隐性事务或用户定义事务的结束。如果@@TRANCOUNT 为 1，COMMIT TRANSACTION 使得自从事务开始以来所执行的所有数据修改成为数据库的永久部分，释放连接占用的资源，并将@@TRANCOUNT 减少到 0。如果@@TRANCOUNT 大于 1，则 COMMIT TRANSACTION 使@@TRANCOUNT 按 1 递减。

COMMIT TRANSACTION 的语法格式为

```
COMMIT [ TRAN [ SACTION ] [ transaction_name | @tran_name_variable ] ]
```

各参数含义如下。

●transaction_name　　SQL Server 忽略该参数。transaction_name 指定由前面的 BEGIN TRANSACTION 指派的事务名称。transaction_name 必须遵循标识符的规则，但只使用事务名称的前 32 个字符。通过向程序员指明 COMMIT TRANSACTION 与哪些嵌套的 BEGIN TRANSACTION 相关联，transaction_name 可作为帮助阅读的一种方法。

●@tran_name_variable　　用户定义的、含有有效事务名称的变量的名称。必须用 char、varchar、nchar 或 nvarchar 数据类型声明该变量。

当在嵌套事务中使用时，内部事务的提交并不释放资源或使其修改成为永久修改。只有在提交了外部事务时，数据修改才具有永久性，而且资源才会被释放。当@@TRANCOUNT 大于 1 时，每发出一个 COMMIT TRANSACTION 命令就会使@@TRANCOUNT 按 1 递减。当@@TRANCOUNT 最终减少到 0 时，将提交整个外部事务。因为 transaction_name 被 SQL Server 忽略，所以当存在仅将@@TRANCOUNT 按 1 递减的显著内部事务时，发出一个引用外部事务名称的 COMMIT TRANSACTION。

当@@TRANCOUNT 为 0 时发出 COMMIT TRANSACTION 将会导致出现错误，因为没有相应的 BEGIN TRANSACTION。

不能在发出一个 COMMIT TRANSACTION 语句之后回滚事务，因为数据修改已经成为数据库的一个永久部分。

事务的提交，还可以使用 COMMIT WORK。COMMIT WORK 标志事务的结束。其语法格式为

```
COMMIT [ WORK ]
```

COMMIT WORK 语句的功能与 COMMIT TRANSACTION 相同，但 COMMIT TRANSACTION 接受用户定义的事务名称。这个指定或没有指定可选关键字 WORK 的 COMMIT 语法与 SQL-92 兼容。

以下示例使用 COMMIT 完成事务的提交：

```
BEGIN TRANSACTION
USE pubs
GO
UPDATE titles
SET advance = advance * 1.25
WHERE ytd_sales > 10000
GO
COMMIT
GO
```

3. ROLLBACK TRANSACTION

ROLLBACK TRANSACTION 将显式事务或隐性事务回滚到事务的起点或事务内的某个保存点。

ROLLBACK TRANSACTION 语法格式为

```
ROLLBACK [ TRAN [ SACTION ]
    [ transaction_name | @tran_name_variable
    | savepoint_name | @savepoint_variable ] ]
```

各参数含义如下。

●transaction_name 给 BEGIN TRANSACTION 上的事务指派的名称。transaction_name 必须符合标识符规则，但只使用事务名称的前 32 个字符。嵌套事务时，transaction_name 必须是来自最近的 BEGIN TRANSACTION 语句的名称。

●@tran_name_variable 用户定义的、含有有效事务名称的变量的名称。必须用 char、varchar、nchar 或 nvarchar 数据类型声明该变量。

●savepoint_name 来自 SAVE TRANSACTION 语句的 savepoint_name。savepoint_name 必须符合标识符规则。当条件回滚只影响事务的一部分时使用 savepoint_name。

●@savepoint_variable 用户定义的、含有有效保存点名称的变量的名称。必须用 char、varchar、nchar 或 nvarchar 数据类型声明该变量。

ROLLBACK TRANSACTION 清除自事务的起点或到某个保存点所做的所有数据修改。ROLLBACK 还释放由事务控制的资源。

不带 savepoint_name 和 transaction_name 的 ROLLBACK TRANSACTION 回滚到事务的起点。嵌套事务时，该语句将所有内层事务回滚到最近的 BEGIN TRANSACTION 语句。在这两种情况下，ROLLBACK TRANSACTION 均将@@TRANCOUNT 系统函数减为 0。ROLLBACK TRANSACTION savepoint_name 不减少@@TRANCOUNT。

ROLLBACK TRANSACTION 语句若指定 savepoint_name 则不释放任何锁。在由 BEGIN DISTRIBUTED TRANSACTION 显式启动或从本地事务升级而来的分布式事务中，ROLLBACK TRANSACTION 不能引用 savepoint_name。在执行 COMMIT TRANSACTION 语句后不能回滚事务。

回滚事务还可以使用 ROLLBACK WORK 语句，其语法格式为

```
ROLLBACK [ WORK ]
```

ROLLBACK WORK 语句的功能与 ROLLBACK TRANSACTION 相同，除非 ROLLBACK TRANSACTION 接受用户定义的事务名称。不论是否指定可选的 WORK 关键字，该 ROLLBACK 语法都遵从 SQL-92 标准。嵌套事务时，ROLLBACK WORK 始终回滚到最近的 BEGIN TRANSACTION 语句，并将@@TRANCOUNT 系统函数减为 0。

4. SAVE TRANSACTION

SAVE TRANSACTION 是在事务内设置保存点。

SAVE TRANSACTION 语法格式为

> SAVE TRAN [SACTION] { savepoint_name | @savepoint_variable }

各参数含义如下。

● savepoint_name　　指派给保存点的名称。保存点名称必须符合标识符规则，但只使用前 32 个字符。

● @savepoint_variable　　用户定义的、含有有效保存点名称的变量的名称。必须用 char、varchar、nchar 或 nvarchar 数据类型声明该变量。

用户可以在事务内设置保存点或标记。保存点定义如果有条件地取消事务的一部分，事务可以返回的位置。如果将事务回滚到保存点，则必须（如果需要，使用更多的 Transact-SQL 语句和 COMMIT TRANSACTION 语句）继续完成事务，或者必须（通过将事务回滚到其起始点）完全取消事务。若要取消整个事务，请使用 ROLLBACK TRANSACTION transaction_name 格式。这将撤销事务的所有语句和过程。

在由 BEGIN DISTRIBUTED TRANSACTION 显式启动或从本地事务升级而来的分布式事务中，不支持 SAVE TRANSACTION。

注意

当事务开始时，将一直控制事务中所使用的资源直到事务完成（也就是锁定）。当将事务的一部分回滚到保存点时，将继续控制资源直到事务完成（或者回滚全部事务）。

5. 事务日志

每个事务都被记录到事务日志中，以便维护数据库的一致性并为恢复提供援助。日志是一片存储区，自动追踪数据库的所有变化，但非日志运算不记录到日志中。在进行数据更新执行过程中，修改行数据在未写入数据库前，先被记录到日志中。

事务日志记录了所有事务，SQL Server 在掉电、系统软件失败、客户问题或发生事务取消请求时，数据库管理系统都能自动恢复数据。

在 SQL Server 2000 中，数据库必须至少包含一个数据文件和一个事务日志文件。数据和事务日志信息不放在同一个文件中，并且每个文件只能由一个数据库使用。

SQL Server 使用各数据库的事务日志来恢复事务。事务日志是数据库中已发生的所有修改和执行每次修改的事务的一连串记录。事务日志记录每个事务的开始。它记录了在每个事务期间，对数据的更改及撤销所做更改（以后如有必要）所需的足够信息。对于一些大的操作（如 CREATE INDEX），事务日志则记录该操作发生的事实。随着数据库中发生被记录的操作，日志会不断地增长。

事务日志记录页的分配和释放以及每个事务的提交或回滚。这允许 SQL Server 采用下列方式应用（前滚）或收回（回滚）每个事务。

（1）在应用事务日志时，事务将前滚。SQL Server 将每次修改后的映像复制到数据库中，或者重新运行语句（如 CREATE INDEX）。这些操作将按照其原始发生顺序进行应用。此过程结束后，数据库将处于与事务日志备份时相同的状态。

（2）当收回未完成的事务时，事务将回滚。SQL Server 将所有修改前的映像复制到 BEGIN TRANSACTION 后的数据库。如果遇到表示执行了 CREATE INDEX 的事务日志记录，则会执行与该语句逻辑相反的操作。这些前映像和 CREATE INDEX 逆转将按照与原始顺序相反的顺序进行应用。

在检查点处，SQL Server 确保所有已修改的事务日志记录和数据库页都写入磁盘。在重新启动 SQL Server 时所发生的各数据库的恢复过程中，仅在不知道事务中所有的数据修改是否已经从高速缓冲中实际写入磁盘时才必须前滚事务。因为检查点强迫所有修改的页写入磁盘，所以检查点表示启动恢复必须开始前滚事务的位置。因为检查点之前的所有修改页都保证在磁盘上，所以没有必要前滚检查点之前已完成的任何事务。

利用事务日志备份可以将数据库恢复到特定的即时点（如输入不想要的数据之前的那一点）或故障发生点。在媒体恢复策略中应考虑利用事务日志备份。

注意

部分语句不能应用于事务中，其中包括 ALTER DATABASE、RECONFIGURE、BACKUP LOG、RESTORE DATABASE、CREATE DATABASE、RESTORE LOG、DROP DATABASE、UPDATE STATISTICS

13.3　锁

锁是在多用户环境中对数据访问的限制。SQL Server 自动锁定特定记录、字段或文件，防止用户访问，以维护数据安全和解决并发问题。

加锁能够防止更新丢失、脏读、不可重复读以及幻影读等破坏事务完整性的情形。

13.3.1　锁的分类

SQL Server 2000 具有多粒度锁定，允许一个事务锁定不同类型的资源。为了使锁定的成本减至最少，SQL Server 自动将资源锁定在适合任务的级别。锁定在较小的粒度（例如行）可以增加并发但需要较大的开销，因为如果锁定了许多行，则需要控制更多的锁。锁定在较大的粒度（例如表）就并发而言代价是相当昂贵的，因为锁定整个表限制了其他事务对表中任意部分进行访问，但要求的开销较低，因为需要维护的锁较少。

SQL Server 可以锁定表 13.2 所示资源（按粒度增加的顺序列出）。

表 13.2　　　　　　　　　　　　　　　　　　　　锁定资源

锁定资源	描述
RID	行标识符。用于单独锁定表中的一行
键	索引中的行锁。用于保护可串行事务中的键范围
页	8KB 的数据页或索引页
扩展盘区	相邻的八个数据页或索引页构成的一组
表	包括所有数据和索引在内的整个表
DATABASE	数据库

SQL Server 使用不同的锁模式锁定资源，这些锁模式确定了并发事务访问资源的方式。

SQL Server 使用以下资源锁模式。

表 13.3   锁模式

锁模式	描述
共享 (S)	用于不更改或不更新数据的操作（只读操作），如 SELECT 语句
更新 (U)	用于可更新的资源中。防止当多个会话在读取、锁定以及随后可能进行的资源更新时发生常见形式的死锁
排他 (X)	用于数据修改操作，例如 INSERT、UPDATE 或 DELETE。确保不会同时对同一资源进行多重更新
意向	用于建立锁的层次结构。意向锁的类型为意向共享(IS)、意向排他(IX)以及与意向排他共享(SIX)
架构	在执行依赖于表架构的操作时使用。架构锁的类型为架构修改(Sch-M)

1. 共享锁

共享(S)锁允许并发事务读取(SELECT)一个资源。资源上存在共享(S)锁时，任何其他事务都不能修改数据。一旦已经读取数据，便立即释放资源上的共享(S)锁，除非将事务隔离级别设置为可重复读或更高级别，或者在事务生存周期内用锁定提示保留共享(S)锁。

2. 更新锁

更新(U)锁可以防止通常形式的死锁。一般更新模式由一个事务组成，此事务读取记录，获取资源（页或行）的共享(S)锁，然后修改行，此操作要求锁转换为排他(X)锁。如果两个事务获得了资源上的共享模式锁，然后试图同时更新数据，则一个事务尝试将锁转换为排他(X)锁。共享模式到排他锁的转换必须等待一段时间，因为一个事务的排他锁与其他事务的共享模式锁不兼容，发生锁等待。第二个事务试图获取排他(X)锁以进行更新。由于两个事务都要转换为排他(X)锁，并且每个事务都等待另一个事务释放共享模式锁，因此发生死锁。

若要避免这种潜在的死锁问题，请使用更新(U)锁。一次只有一个事务可以获得资源的更新(U)锁。如果事务修改资源，则更新(U)锁转换为排他(X)锁。否则，锁转换为共享锁。

3. 排他锁

排他(X)锁可以防止并发事务对资源进行访问。其他事务不能读取或修改排他(X)锁锁定的数据。

4. 意向锁

意向锁表示 SQL Server 需要在层次结构中的某些底层资源上获取共享(S)锁或排他(X)锁。例如，放置在表级的共享意向锁表示事务打算在表中的页或行上放置共享(S)锁。在表级设置意向锁可防止另一个事务随后在包含那一页的表上获取排他(X)锁。意向锁可以提高性能，因为 SQL Server 仅在表级检查意向锁来确定事务是否可以安全地获取该表上的锁。而无须检查表中的每行或每页上的锁以确定事务是否可以锁定整个表。

意向锁包括意向共享(IS)、意向排他(IX)以及与意向排他共享(SIX)。

表 13.4　　　　　　　　　　　　　　　　　　　意向锁

锁模式	描述
意向共享 (IS)	通过在各资源上放置 S 锁，表明事务的意向是读取层次结构中的部分（而不是全部）底层资源
意向排他 (IX)	通过在各资源上放置 X 锁，表明事务的意向是修改层次结构中的部分（而不是全部）底层资源。IX 是 IS 的超集
与意向排他共享 (SIX)	通过在各资源上放置 IX 锁，表明事务的意向是读取层次结构中的全部底层资源并修改部分（而不是全部）底层资源。允许顶层资源上的并发 IS 锁。例如，表的 SIX 锁在表上放置一个 SIX 锁（允许并发 IS 锁），在当前所修改页上放置 IX 锁（在已修改行上放置 X 锁）。虽然每个资源在一段时间内只能有一个 SIX 锁，以防止其他事务对资源进行更新，但是其他事务可以通过获取表级的 IS 锁来读取层次结构中的底层资源

5. 架构锁

执行表的数据定义语言(DDL)操作（例如添加列或除去表）时使用架构修改(Sch-M)锁。

当编译查询时，使用架构稳定性(Sch-S)锁。架构稳定性(Sch-S)锁不阻塞任何事务锁，包括排他(X)锁。因此在编译查询时，其他事务（包括在表上有排他(X)锁的事务）都能继续运行。但不能在表上执行 DDL 操作。

6. 大容量更新锁

当将数据大容量复制到表，且指定了 TABLOCK 提示或者使用 sp_tableoption 设置了 table lock on bulk 表选项时，将使用大容量更新(BU)锁。大容量更新(BU)锁允许进程将数据并发地大容量复制到同一表，同时防止其他不进行大容量复制数据的进程访问该表。

13.3.2　死锁

当某组资源的两个或多个线程之间有循环相关性时，将发生死锁。在多用户环境中，当多个用户(或会话)拥有对不同对象的锁，并且每个用户都试图获得对方所锁定的对象的锁时，将发生死锁，它们因为正等待对方拥有的资源而不能提交或回滚事务。

死锁是一种可能发生在任何多线程系统中的状态，而不仅仅发生在关系数据库管理系统中。多线程系统中的一个线程可能获取一个或多个资源（如锁）。如果正获取的资源当前为另一线程所拥有，则第一个线程可能必须等待拥有线程释放目标资源。这时就说等待线程在那个特定资源上与拥有线程有相关性。

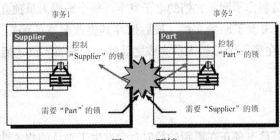

图 13.1　死锁

如图 13.1 所示，运行事务 1 的线程 T1 具有 Supplier 表上的排他锁。运行事务 2 的线程 T2 具有 Part 表上的排他锁，并且之后需要 Supplier 表上的锁。事务 2 无法获得这一锁，因为事务 1 已拥有它。事务 2 被阻塞，等待事务 1。然后，事务 1 需要 Part 表的锁，但无法获得锁，因为事务 2 将它锁定了。事务在提交或回滚之前不能释放持有的锁。因为事务需要对方控制的锁才能继续操作，所以它们不能提交或回滚。

对于 Part 表锁资源，线程 T1 在线程 T2 上具有相关性。同样，对于 Supplier 表锁资源，线程 T2 在线程 T1 上具有相关性。因为这些相关性形成了一个循环，所以在线程 T1 和线程 T2 之间存在死锁。

在 SQL Server 2000 中，死锁检测由一个称为锁监视器线程的单独的线程执行。在出现下列任一情况时，锁监视器线程对特定线程启动死锁搜索：

线程已经为同一资源等待了一段指定的时间。锁监视器线程定期醒来并识别所有等待某个资源的线程。如果锁监视器再次醒来时这些线程仍在等待同一资源，则它将对等待线程启动锁搜索。

线程等待资源并启动急切的死锁搜索。

SQL Server 通常只执行定期死锁检测，而不使用急切模式。因为系统中遇到的死锁数通常很少，定期死锁检测有助于减少系统中死锁检测的开销。

在识别死锁后，SQL Server 通过自动选择可以打破死锁的线程（死锁牺牲品）来结束死锁。

13.4 事务的并发控制

如果没有锁定且多个用户同时访问一个数据库，则当他们的事务同时使用相同的数据时可能会发生问题。并发问题包括：

- 更新丢失；
- 脏读；
- 不可重复读；
- 幻像读。

13.4.1 并发问题

1. 更新丢失

当两个或多个事务选择同一行，然后基于最初选定的值更新该行时，会发生丢失更新问题。每个事务都不知道其他事务的存在。最后的更新将重写由其他事务所做的更新，这将导致数据丢失。

例如，两个编辑人员制作了同一文档的电子复本。每个编辑人员独立地更改其复本，然后保存更改后的复本，这样就覆盖了原始文档。最后保存其更改复本的编辑人员覆盖了第一个编辑人员所做的更改。如果在第一个编辑人员完成之后第二个编辑人员才能进行更改，则可以避免该问题。

2. 脏读

当第二个事务选择其他事务正在更新的行时，会发生未确认的相关性问题。第二个事务正在读取的数据还没有确认并且可能由更新此行的事务所更改。

例如，一个编辑人员正在更改电子文档。在更改过程中，另一个编辑人员复制了该文档（该复本包含到目前为止所做的全部更改）并将其分发给预期的用户。此后，第一个编辑人员认为目前所做的更改是错误的，于是删除了所做的编辑并保存了文档。分发给用户的文档包含不再存在的编辑内容，并且这些编辑内容应认为从未存在过。如果在第一个编辑人员确定最终更改前任何人都不能读取更改的文档，则可以避免该问题。

3. 不可重复读

当第二个事务多次访问同一行而且每次读取不同的数据时，会发生不一致的分析问题。不一致的分析与未确认的相关性类似，因为其他事务也是正在更改第二个事务正在读取的数据。然而，在不一致的分析中，第二个事务读取的数据是由已进行了更改的事务提交的。而且，不一致的分析涉及多次（两次或更多）读取同一行，而且每次信息都由其他事务更改，因而该行被非重复读取。

例如，一个编辑人员两次读取同一文档，但在两次读取之间，作者重写了该文档。当编辑人员第二次读取文档时，文档已更改，原始读取不可重复。如果只有在作者全部完成编写后编辑人员才可以读取文档，则可以避免该问题。

4. 幻像读

当对某行执行插入或删除操作，而该行属于某个事务正在读取的行的范围时，会发生幻像读问题。事务第一次读的行范围显示出其中一行已不复存在于第二次读或后续读中，因为该行已被其他事务删除。同样，由于其他事务的插入操作，事务的第二次或后续读显示有一行已不存在于原始读中。

例如，一个编辑人员更改作者提交的文档，但当生产部门将其更改内容合并到该文档的主复本时，发现作者已将未编辑的新材料添加到该文档中。如果在编辑人员和生产部门完成对原始文档的处理之前，任何人都不能将新材料添加到文档中，则可以避免该问题。

13.4.2　并发控制

当许多人试图同时修改数据库内的数据时，必须执行控制系统以使某个人所做的修改不会对他人产生负面影响。这称为并发控制。

并发控制理论因创立并发控制的方法不同而分为两类。

1. 悲观并发控制

锁定系统阻止用户以影响其他用户的方式修改数据。如果用户执行的操作导致应用了某个锁，则直到这个锁的所有者释放该锁，其他用户才能执行与该锁冲突的操作。该方法主要用在数据争夺激烈的环境中，以及出现并发冲突时用锁保护数据的成本比回滚事务的成本低的环境中，因此称该方法为悲观并发控制。

2. 乐观并发控制

在乐观并发控制中，用户读数据时不锁定数据。在执行更新时，系统进行检查，查看另一个用户读过数据后是否更改了数据。如果另一个用户更新了数据，将产生一个错误。一般情况下，接收错误信息的用户将回滚事务并重新开始。该方法主要用在数据争夺少的环境内，以及偶尔回滚事务的成本超过读数据时锁定数据的成本的环境内，因此称该方法为乐观并发控制。

隔离级别

当锁定用作并发控制机制时，它可以解决并发问题。在多用户环境中，为了防止事务之间的相互影响，提高数据库数据的安全性和完整性，数据库系统提供了隔离的机制。这使所有事务得以在彼此完全隔离的环境中运行，但是任何时候都可以有多个正在运行的事务。

事务准备接受不一致数据的级别称为隔离级别。隔离级别是一个事务必须与其他事务进行隔离的程度。较低的隔离级别可以增加并发，但代价是降低数据的正确性。相反，较高的隔离级别可以确保数据的正确性，但可能对并发产生负面影响。应用程序要求的隔离级别确定了 SQL Server 使用的锁定行为。

SQL-92 定义了下列四种隔离级别，SQL Server 支持所有这些隔离级别：

- 未提交读（事务隔离的最低级别，仅可保证不读取物理损坏的数据）；
- 提交读（SQL Server 默认级别）；
- 可重复读；
- 可串行读（事务隔离的最高级别，事务之间完全隔离）。

可串行性是通过运行一组并发事务达到的数据库状态，等同于这组事务按某种顺序连续执行时所达到的数据库状态。

如果事务在可串行读隔离级别上运行，则可以保证任何并发重叠事务均是串行的。

表 13.5 中描述了各种事务隔离级别中各种并发问题发生的可能性。

表 13.5 事务隔离级别与并发问题的可能性

隔离级别	脏读	不可重复读取	幻像读
未提交读	是	是	是
提交读	否	是	是
可重复读	否	否	是
可串行读	否	否	否

事务必须运行于可重复读或更高的隔离级别以防止丢失更新。当两个事务检索相同的行，然后基于原检索的值对行进行更新时，会发生丢失更新。如果两个事务使用一个 UPDATE 语句更新行，并且不基于以前检索的值进行更新，则在默认的提交读隔离级别不会发生丢失更新。

本章小结

事务是单独的工作单元，该单元中可以包含多个操作以完成一个完整的任务。锁是在多用户环境中对数据访问的限制。事务和锁确保了数据的完整性。

事务确保了对数据的多个修改能够一起处理。

加锁防止了更新冲突，使得事务是可串行化，允许数据的并发使用，加锁是自动实现的。

当管理事务和加锁时，应该注意以下事项。

保持事务尽可能的短，这样可以尽量地减少与其他事务的加锁冲突。但事务同时绝不能小于工作的逻辑单位。

把事务设置得使死锁极小化，以便防止由于死锁而必须重新提交事务。

使用服务器的加锁缺省设置，以应用查询优化器基于特定事务和数据库中其他活动而使用最好的锁。

使用加锁选项时要谨慎小心，对事务进行测试，确保加锁选择优于 SQL Server 的缺省加锁选项。

实训 13 应用事务

目标

完成本实验后，将掌握应用事务。

准备工作

建立 DsCrmDB 数据库。

在进行本实验前，必须先建立 DsCrmDB 数据库。如果还没有创建这个数据库，请先通过练习前创建数据库的脚本创建数据库到数据库管理系统中。

场景

某公司的客户关系管理系统数据库，为了确保数据在更新过程中，如果有多个数据要同时被更新以完成一件逻辑功能时，需要把多个操作作为完整的整体来看待，此时应用事务机制。

实验预估时间：30 分钟。

练习 1 创建更新订单的存储过程

本练习中，将创建一个存储过程，以更新订单记录。其中应用事务确保可能存在的同时多条操作成为一个整体。

实验步骤如下。

（1）打开"查询分析器"，连接到数据库实例"DsCrmDBt"。

（2）在"查询分析器"中，输入以下语句创建存储过程，以实现对订单记录的更新操作。

```
CREATE PROCEDURE [dbo].[Order_Update]
(    @OrderId bigint        ,
     @OrderCustomerNo char (17)    ,
     @OrderDate datetime      ,
@ShipAddress nvarchar (200)    ,
     @OrderStatus char (1)    ,
     @ShipName nvarchar (50)    ,
```

```
            @ShipZip nvarchar (10)    ,
            @ShipCity nvarchar (60)    ,
            @Fright money      ,
            @ShippedDate datetime
    )
    AS
        begin transaction
        -- Modify the updatable columns
        UPDATE[dbo].[Order]
        SET
        [OrderCustomerNo] = @OrderCustomerNo
        ,[OrderDate] = @OrderDate
        ,[ShipAddress] = @ShipAddress
        ,[OrderStatus] = @OrderStatus
        ,[ShipName] = @ShipName
        ,[ShipZip] = @ShipZip
        ,[ShipCity] = @ShipCity
        ,[Fright] = @Fright
        ,[ShippedDate] = @ShippedDate
        WHERE [OrderId] = @OrderId
    commit transaction
```

（3）单击 "执行查询" 按钮，创建此存储过程。存储过程中应用了事务机制，确保数据库操作的原子性。

（4）在"查询分析器"中执行此存储过程，再查看是否有数据被更新到数据库中。

习题

1. 简述事务的定义、特性和调度方式。

2. 简述排他锁和共享锁的概念。

3. 如果应用程序需要对系统中的数据库表进行定期的更新操作，库表中的记录数达到上万条。DBA 为此设计了一个 UPDATE 语句来完成这个功能，但此 UPDATE 语句需要处理时间较长，达到 20 分钟以上。这个 UPDATE 操作是最好的方法吗？如果不是，可能应该从哪些方面对其进行优化？

4. 如果 DBA 接到反映，数据库系统在处理客户的请求时，系统大部分处理的响应时间都达到 15 秒。系统可能存在什么问题？如何确定问题的根源？

第14章

数据库设计方法与步骤

本章学习目标

本章主要讲解按照软件工程的方法进行数据库系统设计的基本过程和设计内容以及各步骤的设计方法。通过本章学习，读者应该掌握以下内容：

- 数据库设计的内容
- 数据库的设计步骤
- 数据库的设计方法
- 数据库系统技术文档的编写

14.1 数据库设计的目的、意义及内容

数据库设计是指对于一个给定的应用环境，构造一个最优的数据库模式，并根据此模式建立数据库，使之能够有效、安全、完整地存储大量数据，并满足多个用户的信息需求。

在数据库的设计过程中，主要的工作就是规划和结构化数据库中的数据对象以及数据对象之间的关系。

数据库的设计非常重要，数据库中对数据对象的规划和结构化以及在数据对象之间建立的复杂关系是数据库系统的效率的重要决定因素。设计良好的数据库效率高、便于扩展，同时方便应用程序的开发；而设计不好的数据库导致效率低下，而且更新和检索数据时会出现各种问题。

为了设计出良好的数据库系统，应找出良好的设计方法，以处理数据库设计中要涉及的

各种问题。建立数据库模型是一种非常有效的数据库设计方法。

数据库设计主要包含两方面的内容。

1. 结构特性设计

结构特性设计是指数据库模式或数据库结构设计，应该具有最小冗余的、能满足不同用户数据需求的、能实现数据共享的系统。数据库结构特性是静态的，数据库结构设计完成后，一般不再变动。但由于客户需求变更的必然性，在设计时应考虑数据库变更的扩充余地，确保系统的成功。

2. 行为特性设计

行为特性设计是指应用程序、事物处理的设计。用户通过应用程序访问和操作数据库，用户的行为和数据库结构紧密相关。

14.2 数据库系统设计方法及步骤

数据库的设计有多种方法，目前主流的设计方法是按照软件工程要求的规范化设计方法和步骤进行，以实现数据库设计过程的可见性和可控性。在设计过程中，整个软件系统的设计以数据库的设计为中心，应用程序的设计围绕着数据库进行。近几年，随着敏捷软件开发方法的应用，软件系统的设计不再以数据库的设计为中心，而是以软件系统的功能实现为中心，随着软件开发的演进和代码版本的迭代，把数据库当做软件开发中的持久化功能处理，自然形成数据库系统。这解除了应用设计与数据库设计之间的耦合，使应用设计不依赖于任何特定类型的数据库。

敏捷软件开发方法能更好地适应软件需求的变化。但软件工程的规范化设计方法从系统的整体出发，软件开发的可见性较高，开发进度的可控性相对较好，所以数据库的设计依然以软件工程要求的规范化设计方法为主。本章以软件工程的规范化设计方法，通过基于 B2C 的图书销售管理系统为例，讲解数据库开发技术。

数据库系统设计国家标准请参见附录 B。

按照软件工程的规范化设计方法，数据库设计分为六个阶段。

（1）需求分析　准确了解与分析用户需求。

（2）概念结构设计　对用户需求进行综合、归纳与抽象，把用户需求抽象为数据库的概念模型。

（3）逻辑结构设计　将概念结构转换为某个 DBMS 所支持的数据模型，并对其进行优化。

（4）物理结构设计　在 DBMS 上建立起逻辑结构设计确立的数据库的结构。

（5）数据库实施　建立数据库，编制与调试应用程序，组织数据入库，并进行试运行。

（6）数据库运行和维护　对数据库系统进行评价、调整与修改。

14.2.1 需求分析

需求分析的目标是准确了解系统的应用环境。了解并分析用户对数据及数据处理的需求，是整个数据库设计过程中最重要步骤之一，是其余各阶段的基础。在需求分析阶段，要求从各方面对整个组织进行调研，收集和分析各项应用对信息和处理两方面的需求。

1. 收集需求信息

收集资料是数据库设计人员和用户共同完成的任务。该阶段确定企业组织的目标，并从这些目标导出对数据库的总体要求。在需求分析阶段，设计人员必须与用户进行深入细致的交流，如果可以，最好让开发团队和用户共同工作，如果没有条件，则用户应该派出代表到开发团队中，以便于开发团队随时了解用户的各方面需求。

在需求分析阶段，需求分析是一个反复进行和迭代的过程。每次迭代，设计人员都要形成需求分析文档，应当和用户一同分析文档，以消除开发人员和用户之间的误解，形成正确、准备而全面的需求规格说明书。

需求分析阶段，主要了解和分析的内容包括。

●信息需求：用户需要从数据库中获得信息的内容与性质。

●处理需求：用户要求软件系统完成的功能，并说明对系统处理完成功能的时间、处理方式的要求。

●安全性与完整性要求：用户对系统信息的安全性要求等级以及信息完整性的具体要求。

2. 分析整理

分析的过程是对所收集到的数据进行抽象的过程。软件开发以用户的日常工作为基础。在收集需求信息时，用户也是从日常工作角度对软件功能和处理的信息进行描述。这些信息不利于软件的设计和实现。为便于设计人员和用户之间进行交流，同时方便软件的设计和实现，设计人员要对收集到的用户需求信息进行分析和整理，把功能进行分类和合并，把整个系统分解成若干个功能模块。

在图书销售管理系统中，分析得到的用户需求。

（1）新书信息录入，以添加系统中所销售图书的信息。

（2）新书列表，以方便用户得到新进图书的信息。

（3）书目分类，以便于用户查看对应分类中相关图书信息。

（4）图书搜索功能，以方便用户按书名、ISBN、主题或作者搜索相应图书信息。

（5）用户注册功能，以方便保存用户信息，并在相应功能中快速应用用户信息。

（6）用户登录功能，以方便用户选购图书，并进行结算和配送。

（7）订单管理功能，以方便对图书的销售情况进行统计、分析和配送。

（8）系统管理员登录功能。

在系统中，用户可以在结算前的任何时候登录系统，无权修改图书中相关信息，只能选购系统中的已注册的图书。对图书信息的修改，只能是以系统管理员角色(管理系统的用户)的用户登录后才能进行。系统中一般的注册用户和系统管理员角色不能重叠，一个用户只能是一般的注册用户或系统管理员中的一种。系统管理员不得查看用户的密码等关键信息。

3. 数据流图

数据库设计过程中采用数据流图(Data Flow Diagram, DFD)来描述系统的功能。数据流图可以形象地描述事务处理与所需数据的关联，便于用结构化系统方法，自顶向下，逐层分解，步步细化，并且便于用户和设计人员进行交流。DFD 一般由图 14.1 中所示元素构成：

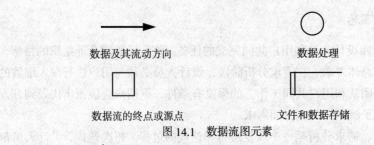

图 14.1　数据流图元素

数据流图的建立必须在充分调研用户需求的基础上进行，根据用户需求的各功能进行规划，并在数据流图中体现各功能实现的工作过程以及实现过程中所需的数据、数据的流向以及数据的内容。

数据流图要对用户需求进一步明确和细化。用户和设计人员可以通过数据流图交流各自对系统功能的理解。

图书销售管理系统的数据流图如图 14.2 所示。

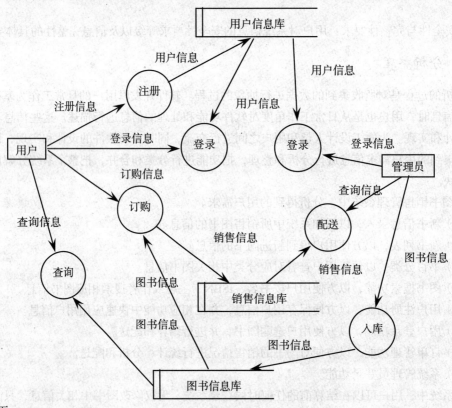

说明如下。

注册信息：用户名、用户姓名、家庭住址、邮政编码、移动电话、固定电话、电子信箱、密码

登录信息：用户名、密码

用户信息：客户编号、用户名、用户姓名、家庭住址、邮政编码、移动电话、固定电话、电子信箱

图书信息：图书序号、图书名称、ISBN、作者、图书类型编号、描述

销售信息：订单流水号、图书序号、数量、客户编号、单价

查询信息：查询依据、查询值

订购信息：客户编号、图书编号、数量、单价、订购日期

图 14.2　数据流图

4. 数据字典

数据字典（Data Dictionary, DD）是关于数据库中数据的一种描述，而不是数据库中的数据；数据字典用于记载系统中的各种数据、数据元素以及它们的名字、性质、意义及各类约束条件。

数据字典有利于设计人员与用户之间、设计人员之间的通信；有利于要求所有开发人员根据公共数据字典描述数据和设计模块，避免接口不一致的问题。

数据字典在需求分析阶段建立，产生于数据流图，主要是对数据流图中数据流、数据项、数据存储和数据处理的描述：

（1）数据流：定义数据流的组成。

（2）数据项：定义数据项，规定数据项的名称、类型、长度、值的允许范围等内容，数据项的组成规则需要特别描述。

（3）数据存储：定义数据的组成以及数据的组织方式。

（4）数据处理：定义数据处理的逻辑关系。数据处理中只说明处理的内容，不说明处理的方法。

数据字典主要有三种方法实现：全人工过程（数据字典卡片）、全自动化过程（应用数据字典处理程序）以及混合过程。

表 14.1 是图 14.2 中所示数据流图的部分数据字典内容。

表 14.1　　　　　　　　　　　　数据项描述条目（部分）

数据项名称	类型	长度（字节）	范围
用户名	字符	20	任意
用户姓名	字符	20	任意
密码	字符	24	任意
家庭住址	字符	100	任意
单价	数字	8	任意数字
订购日期	日期	8	任意日期

注意

需求分析的各阶段都要求设计人员和用户之间进行充分的交流，每个阶段都必须有用户直接参与，每个阶段的设计结果都要返回给用户，并与用户交流对设计结果的看法，最终让用户理解设计结果，并取得用户的认可。

14.2.2　概念结构设计

概念设计阶段的目标是把需求分析阶段得到的用户需求抽象为数据库的概念结构，即概念模式。设计关系型数据库的过程中，描述概念结构的有力工具是 E-R 图。概念结构设计分为局部 E-R 图和总体 E-R 图。总体 E-R 图由局部 E-R 图组成，设计时，一般先从局部 E-R 图开始设计，以减小设计的复杂度，最后由局部 E-R 图综合形成总体 E-R 图。E-R 图的相关知识参见第 1 章相关内容。

局部 E-R 图的设计从数据流图出发确定数据流图中的实体和相关属性，并根据数据流图中表示的对数据的处理，确定实体之间的联系。

在设计 E-R 图的过程中，数据库设计人员需要做出注意以下问题。

（1）用属性还是实体表示某个对象更恰当。

（2）用实体还是联系能更准确地描述需要表达的概念。

（3）用强实体还是弱实体更恰当。

（4）使用三元联系还是一对二元联系能更好地表达实体之间的联系。

对图 14.2 中所示的数据流图，确定用户订购图书的局部 E-R 图如图 14.3 所示，图书相关的局部 E-R 图如图 14.4 所示。

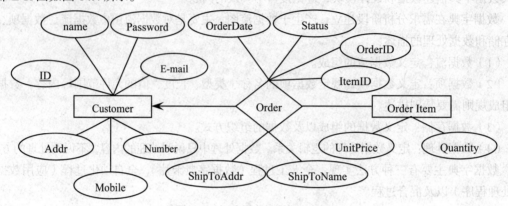

图 14.3　订购图书的局部 E-R 图

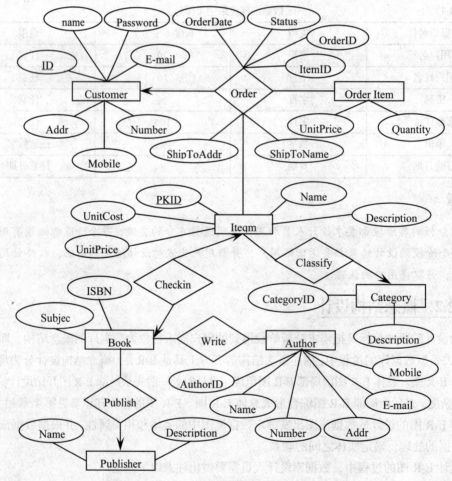

图 14.4　图书相关的局部 E-R 图

在用户订购图书的过程中，用户(Customer)和订单(Order Item)都是过程中的实体，而订购则是用户和订单之间的联系。由于订购过程中，一个用户可以发生多个订单，所以造成一对多的联系。在用户实体中，用户编号属性(ID)是主键，而订单实体中，目前还没有发现主键。在联系中，还有相应的属性，其中包括订购序号(OrderID)、订购的物品代码(ItemID)、订购日期(OrderDate)、订单状态(Status)、配送地址(ShipToAddr)以及收件人姓名(ShipToName)等属性。

整个数据库的总体 E-R 图不在此列出，请读者根据以上方法自行设计完成。

14.2.3　逻辑结构设计

概念设计的结果得到的是与计算机软硬件具体性能无关的全局概念模式。概念结构无法在计算机中直接应用，需要把概念结构转换成特定的 DBMS 所支持的数据模型。逻辑设计就是把上述概念模型转换成为某个具体的 DBMS 所支持的数据模型并进行优化。

逻辑结构设计一般分为三部分：概念转换成 DBMS 所支持的数据模型、模型优化以及设计用户子模式。

以下过程把图书销售管理系统数据库转换成关系型数据库。

1. 概念结构向关系模型的转换

在概念结构向关系模型转换需要有一定的原则和方法指导，一般而言原则如下。

（1）每个实体都有表与之对应，实体的属性转换成表的属性，实体的主键转换成表的主键。

（2）联的系转换。

联系转换的具体做法如下。

①两实体间的一对一联系

一个一对一联系可以转换为一个独立的关系模式，也可以与任意一端对应的关系模式合并。如果转换为一个独立的关系模式，则与该联系相连的各实体的关键字以及联系本身的属性均转换为关系的属性，每个实体的关键字均是该关系的候选关键字。如果与某一端实体对应的关系模式合并，则需要在该关系模式的属性中加入另一个关系模式的关键字和联系本身的属性。可将任一方实体的主关键字纳入另一方实体对应的关系中，若有联系的属性也一并纳入。

②两实体间一对多联系

可将"一"方实体的主关键字纳入"多"方实体对应的关系中作为外关键字，同时把联系的属性也一并纳入"多"方对应的关系中。

③同一实体间的一对多联系

可在这个实体所对应的关系中多设一个属性，用来作为与该实体相联系的另一个实体的主关键字。

④两实体间的多对多联系

必须对"联系"单独建立一个关系，该关系中至少包含被它所联系的双方实体的"主关键字"，如果联系有属性，也要纳入这个关系中。

⑤同一实体间的多对多联系

必须为这个"联系"单独建立一个关系。该关系中至少应包含被它所联系的双方实体的"主关键字"，如果联系有属性，也要纳入这个关系中。由于这个"联系"只涉及一个实体，所以加入的实体的主关键字不能同名。

⑥两个以上实体间多对多联系

必须为这个"联系"单独建立一个关系。该关系中至少应包含被它所联系的各个实体的"主关键字"，若是联系有属性，也要纳入这个关系中。

对图书销售管理系统数据库的概念结构可以转换成关系型数据库中的多个表，表 14.2 至表 14.6 为其中的五个表，其余的表，请读者自行完成。

表 14.2　　　　　　　　　　用户表(Customers)

字段	类型	可否为空	备注
ID	int	N	用户编号
Name	nvarchar(40)	N	用户姓名
Password	binary	N	用户密码
E-mail	nvarchar(40)		用户 E-mail 地址
Addr	nvarchar(80)	N	用户住址
Mobile	nvarchar(20)		移动电话
Number	nvarchar(20)		用户固定电话

主键：　PK_Customers：ID

表 14.3　　　　　　　　　　商品明细表(Items)

字段	类型	可否为空	备注
PKID	int	N	商品编号
Name	nvarchar(40)	N	商品名称
UnitCost	mony	N	商品成本价
UnitPrice	mony	N	商品单价
Description	nvarchar(2000)		商品简介
TypeID	int	N	商品种类

主键：PK_Items：PKID

外键：FK_Categories_Books：TypeD

表 14.4　　　　　　　　　　图书表(Books)

字段	类型	可否为空	备注
ItemID	int	N	图书编号
ISBN	nchar(13)	N	ISBN 号
PublisherID	Int	N	出版商编号
Subject	nvarchar(255)		图书主题

主键：PK_Books：ItemID

外键：FK_Items_Books：ItemID

　　　　FK_Publishers_Books：PublisherID

表 14.5   作者(Authors)

字段	类型	可否为空	备注
AuthorID	int	N	作者编号
Name	nvarchar(40)	N	作者姓名
Addr	nvarchar(80)		作者住址
Email	nvarchar(50)	N	作者 E-mail 地址
Mobile	nvarchar(20)		移动电话
Number	nvarchar(20)		固定电话

主键：PK_Customers：AutherID

表 14.6   作者图书关系(BookAuthor)

字段	类型	可否为空	备注
ItemID	int	N	图书编号
AuthorID	int	N	作者编号

外键：FK_Items_BookAuthor：ItemID

　　　　FK_Authors_BookAuthor：AuthorID

其中，表 14.6 表示图书与作者之间的多对多联系。

2．关系模型的优化

在概念结构转换成逻辑结构之后，虽然逻辑结构能够基本满足数据存储和管理的要求，但是对于数据的维护和应用系统的开发仍有不便，所以需要对转换的结果进行优化。逻辑结构优化的方法是应用关系规范化理论进行规范化。

应用关系规范化理论对概念结构转换产生的关系模式进行优化，具体步骤如下。

（1）确定每个关系模式内部各个属性之间的数据依赖以及不同关系模式属性之间的数据依赖。

（2）对各个关系模式之间的数据依赖进行最小化处理，消除冗余的联系。

（3）确定各关系模式的范式等级。

（4）按照需求分析阶段得到的处理要求，确定要对哪些模式进行合并或分解。

（5）为了提高数据操作的效率和存储空间的利用率，对上述产生的关系模式进行适当的修改、调整和重构。

注意

按照规范化理论对逻辑结构进行优化后，逻辑结构一般只要求达到三范式的要求即可，不必过于强调逻辑结构的冗余。在实际数据库应用系统的开发过程中，由于应用系统的开发要求，数据库在完成规范化设计之后，有时还会再次对数据进行调整，适度地打破规范化理论的要求，以方便应用系统的开发。但此时应特别注意数据库中数据的冗余问题，需要采用一些技术手段防止出现数据不一致问题。

表 14.2 至表 14.6 是已完成优化后的结果。

3．设计用户子模式

全局关系模型设计完成后，还应根据局部应用的需求，结合具体 DBMS 的特点，设计用户的子模式。

子模式设计时应注意考虑用户的习惯和方便，主要包括：

- 使用更符合用户习惯的别名；
- 可以为不同的用户定义不同的视图，以保证系统的安全性；
- 可将经常使用的复杂的查询定义为视图，简化用户操作。

14.2.4 物理结构设计

数据库的物理设计是指对数据库的逻辑结构在指定的 DBMS 上建立起适合应用环境的物理结构。物理设计通常分为两步。

1. 确定数据库的物理结构

在关系型数据库中，确定数据库的物理结构主要指确定数据的存储位置和存储结构，包括确定关系、索引、日志、备份等数据的存储分配和存储结构，并确定系统配置等工作。

确定数据的存储位置时，要区分稳定数据和易变数据、经常存取部分和不常存取部分、机密数据和普通数据等，分别为这些数据指定不同的存储位置，分开存放。

确定数据的存储结构时，主要根据数据的自身要求，选择顺序结构、链表结构或树状结构等。

确定数据的存取方法时，主要确定数据的索引方法和聚簇方法。

确定数据的存储结构应综合考虑数据的存取时间、存储空间利用率和维护代价等各方面的因素，由于这些方面的要求往往互相矛盾，所以需要从整体上衡量以确定库的物理结构。同时，数据库的整体性能和具体的 DBMS 有关，设计人员需要详细了解 DBMS 所提供的方法和技术手段，针对应用环境的要求，对数据库进行合理的物理结构设计。

由于图书销售管理系统本身并不太复杂，系统的应用也不复杂，同时数据中的数据量在一定时期内也不会太快地增长，在数据库的物理结构上，需要特别注意的地方不多，所以数据库采用集中式数据库，对系统的配置也无需做过多的工作，主要做好数据库的安全配置工作即可。有关数据库的安全配置，参见安全相关的内容。

2. 对物理结构进行评价

数据库物理结构设计过程中，对时间效率、空间效率、维护开销和各种用户要求进行权衡，从多种设计方案中选择一个较优的方案。评价数据库物理结构主要是定量估算各种方案的存储空间、存取时间和维护代价，对估算的结果进行权衡，如果有必要，还需要修改数据库的设计。

14.2.5 数据库实施

数据库完成设计之后，需要进行实现，以建立真实的数据库。实施阶段的工作主要有：

- 建立数据库结构
- 数据载入
- 应用程序的开发
- 数据库试运行

建立数据库结构时，主要应用选定的 DBMS 所支持的 DDL 语言，把数据库中需要建立的各组成部分建立起来。

把数据加载到数据库中是一项工作量很大的任务。一般数据库系统中的数据来源于各部门，数据的组织形式、结构都与新设计的数据库系统有差距。组织数据录入时，新系统对数据有一定的完整性控制，应用程序也尽可能考虑数据的合理性。

数据库输入一部分数据后，需要开始对数据库系统进行联合调试，也就是数据库的试运行。试运行的主要任务是执行对数据库的各种操作，测试系统的各项功能是否满足设计要求，如果不能满足要求，则要对系统进行修改和调整，直到系统满足系统的《用户需求规格说明书》。

在试运行阶段应注意以下两方面。

（1）按照软件工程方法设计软件系统时，由于开发过程中，用户需求可能发生变更，而且数据库的设计开发一般比应用软件的开发先完成，应用软件开发过程中也可能要求变更数据库设计，所以数据库的试运行只需输入小部分数据即可。

（2）在数据库试运行阶段，数据库系统和应用软件系统都处于不稳定阶段，因此应注意数据的备份和恢复工作，以便于发生故障后，能快速恢复数据库。

14.2.6　数据库运行维护

数据库系统试运行合格后，数据库系统的开发工作基本结束，可以投入正式运行。在正式运行过程中，需要对数据库进行长期的调整和维护。对数据库经常性的维护工作主要由 DBA 完成，主要包括如下工作。

（1）数据库的转储和恢复。

（2）数据库的转储和恢复是系统正式运行后非常重要的一项维护工作。DBA 应根据系统的不同应用需求和系统的工作特点，做好不同的转储计划，并实施转储计划，以确保数据库发生故障后，能在最短的时间内将数据库恢复。

（3）数据库的安全性、完整性控制。

（4）在数据库运行期间，数据库系统的应用环境会发生变化，对数据库的安全性、完整性要求也会发生变化，DBA 应根据实际情况对数据库进行调整。

（5）数据库性能的监督、分析和改造。

（6）在数据库运行期间，DBA 应监督系统的运行状态，并对监测数据进行分析，不断保证或改进系统的性能。

（7）数据库的重组织与重构造。

在数据库运行一段时间之后，由于对数据库经常进行增、删、改等各种操作，数据库的物理存储情况可能变差，数据库对数据的存取效率将降低，数据库的性能将下降。DBA 要负责对数据库进行重新组织，按照原设计重新安排数据的存储位置、回收垃圾、减少指针链等。在数据库的重组过程中，可以采用各种重组工具，以提高工作效率和正确性。

在数据库系统的运行过程中，数据库的应用环境可能会发生变化，用户的应用需求也可能发生变化，原有的数据库设计可能不能满足新的变化，因此，需要 DBA 对数据库的逻辑结构进行局部的调整。在调整过程中，要注意按照软件工程的相关方法和步骤完成，形成正式文档并进行评审和入库。

本章小结

数据库设计包括结构设计和行为特性设计两方面内容。

数据库设计过程可分为需求分析、概念结构设计、逻辑结构设计、物理设计、数据库实施以及数据库运行维护多个阶段。需求分析的主要工具是数据流图和数据字典；概念设计的主要工具是 E-R 图。

在需求分析阶段，要特别注意和客户进行充分即时的交流和沟通，以减少需求分析的不正确和不准确性，使其余后继的设计有较成熟而稳定的设计基线。

概念设计是设计过程中难度较大的过程，需要有一定的设计经验才能迅速地设计出合理的 E-R 模型。在设计时，要特别注意用属性还是用实体来表达一个对象更合适。

逻辑设计主要是把概念设计的结果转化为逻辑表达，其中主要包括：概念转换成 DBMS 所支持的数据模型、模型优化以及设计用户子模式三部分。

数据库运行时期，要特别注意数据库的转储和恢复以及数据库的安全性、完整性控制。

实训 14 数据库设计

目标

完成本实验后，将掌握以下内容。
（1）分析需求；
（2）设计数据流图；
（3）设计数据字典；
（4）进行概念设计；
（5）完成概念结构向逻辑结构的转化；
（6）实施数据库。

准备工作

在进行本实验前，必须学习完成本章的全部内容。

场景

宏文软件股份有限公司是从事软件开发的中小型公司，公司目前共有员工 100 人，其组织机构如图所示：

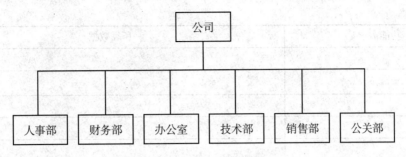

图 14.5　宏文软件股份有限公司组织机构

公司员工共分为总经理、部门经理、普通员工。公司所有员工的薪金、考勤、业绩评定等由人事部经理及其他人事部员工（人事助理）完成。由于公司人员越来越多，业务规模日益扩大，人事部的工作负荷日趋繁重。为高效、准确地完成各种人事管理事务，现确定开发一套人事管理系统，以实现办公自动化。

根据公司的组织结构和工作要求，该人事管理系统的主要功能为管理员工资料、员工考勤、评定员工业绩和自动计算员工薪资。

公司的人员各种角色权限定义如表 14.7 所示。

表 14.7　　　　　　　　　　　　　　　人员类型及权限表

人员类型	权限描述
普通员工	查看员工资料、请假、加班、考勤、薪资等信息，填写业绩报告
部门经理	除普通员工的权限外，还可审批请假、加班和业绩报告的信息
人事助理	修改员工资料，登记考勤信息，核实加班请假信息并计算月薪资
人事经理	除人事助理的权限外，还有指定员工起薪等权限

说明：本实训只完成整个数据库设计的员工基本信息管理部分，完整的设计在项目设计中完成。

实验预估时间：150 分钟。

练习 1　需求分析

本练习中，将在给定场景下进行数据库系统的需求分析，为后继设计提供设计基线。

实验步骤如下。

（1）和小组内成员以及指导教师进行交流，讨论一个公司的员工信息管理系统要完成预定的任务，需要实现什么功能，把找到的功能全部列出，并填写到表 14.8 中。

表 14.8　　　　　　　　　　　　　　　功能需求分析表

功能需求	所需数据

续表

功能需求	所需数据

（2）根据上一步讨论的结果，把需要实现的功能，按功能之间相互关系的紧密程度进行分组。

练习 2　设计数据流图

本练习将在练习1的基础上，分析员工信息的管理功能，并设计其数据流图。

实验步骤如下。

（1）分析新员工入职时的信息流动过程。分析新员工入职时，其相关信息所包括的内容，信息入库时相关的角色、操作过程以及相关的信息库。

（2）把分析结果组织成数据流图，使其准确地反映新员工入职进行信息入库的完整流程和信息流动过程。

（3）分析员工入职后相关信息的查询功能，分析信息流动过程，确定查询功能完成过程中所涉及的相关信息内容、参与此过程的角色以及相关信息库，并把相关内容添加到数据流图。

（4）分析员工信息的修改功能，分析信息修改过程，确定修改信息过程中所涉及的相关信息内容、参与此过程的角色以及相关信息库，并把相关内容添加到数据流图。

练习 3　设计数据字典

本练习将在练习2的基础上，根据数据流图中所涉及的信息，和对信息进行的分析，确定出所有数据项的描述内容。其中主要分析数据项名称、类型、长度以及值范围，并填写表 14.9 所示表格。

表 14.9　　　　　　　　　　数据项描述条目

数据项名称	类型	长度（字节）	范　围

练习 4　概念设计

本练习中，将在练习 3 的基础上，把数据流图中所涉及的数据项抽象为数据库的概念结构，并用 E-R 图描述出来。由于设计时预先确定采用 SQL Server 2012 数据库管理系统，所以概念设计时直接针对关系型数据库进行，并采用 E-R 图描述设计结果。

实验步骤如下。

（1）确定员工信息应包括的内容即数据项，把员工直接包括的数据项设计为员工的属性，如：员工的员工编号、员工姓名、员工的入职日期、员工的身份证号、员工登录密码等，并以 E-R 图的形式描述出来。

（2）把员工非直接包括的数据项列出，如：员工所属的部门名称、部门主管姓名、起薪、每月的成绩评定。

（3）把员工非直接数据项和员工联系起来，确定这些数据项与员工之间的关系，如果数据项应该是其余实体的属性的，设计新的对应实体，并进一步确定新实体与员工之间的关系，非直接数据项应放置在哪个实体中或者应属于它们之间的关系的属性。如：员工所属的部门，一个部门的相关数据项不应属于员工自身的属性，但是员工入职后就应该归属到一个部门，所以设计新的实体"部门"，员工和部门之间的关系是"属于"，指定员工所属的部门编号即可确定员工所属的部门。

（4）确定所有的关系，是否准确、完整地得到描述。

（5）对所设计的局部 E-R 图进行检查，确定设计的正确的完整性，并对 E-R 图进行调整，以优化数据库的概念结构。

练习 5　逻辑结构设计

本练习将在练习 4 的基础上完成逻辑结构的设计，把 E-R 图转化为相应的数据库的逻辑结构。由于设计时预先确定采用 SQL Server 2012 数据库管理系统，所以逻辑设计时直接针对 SQL Server 2012 数据库管理系统进行。

实验步骤如下。

（1）把员工这一主要实体直接转化为表，并完成表 14.10。

表 14.10　　　　　　　　　　　　　员工表(Employee)

字段	类型	可否为空	备注
EmployeeID	Int	N	员工编号
Name	nvarchar(50)	N	员工姓名
LoginName	nvarchar(20)	N	员工登录名.建议为英文字符，且与姓名不同
DeptID	Int	N	所属部门编号
Email	nvarchar(20)		员工电子邮件

主键：PK_Employee：EmployeeID

外键：FK_Department_Employee：DeptID

（2）把部门直接转化为表，并按表 14.11 的格式完成部门(Department)的表设计。

（3）把 E-R 图中其他实体直接转化为相应的表，并按表 14.11 的格式完成其表的设计。

（4）检查所有的关系，把关系分成一对一、一对多、多对多三种，按 14.2.3 小节中所述的原则，把相关的关系转化为字段或独立设计一个表来描述实体间的关系。

（5）对逻辑设计的结果进行优化，其中最重要也是最主要的工作是应用关系规范化理论对逻辑设计的结果进行规范化处理。

练习 6　实施数据库

本练习将在练习 5 的基础上把数据库建立成相应的数据库管理系统，完成数据库的实施。由于设计时预先确定采用 SQL Server 2012 数据库管理系统，所以数据库实施时直接针对 SQL Server 2012 数据库管理系统进行。

实验步骤如下。

（1）通过企业管理器或查询分析器，把练习 5 中设计出的所有的表建立在 SQL Server 2012 中。

（2）通过企业管理器建立相应表之间的关系，或通过查询分析器执行相应的 SQL 语句，调整表结构，建立表之间的关系。

（3）添加一部分数据到数据库中，验证数据库中表之间的引用关系的正确性。

习题

1. 简述数据库设计的步骤。
2. 简述数据字典的内容和作用。
3. 简述 E-R 图转换成库表时的主要原则。

第15章
项目设计——人事管理系统数据库

在本章中，将应用本书前面各部分所述的知识和技术，完成宏文软件股份有限公司人事管理系统数据库的设计。请读者结合本章的内容进行实践，最终完成数据库的设计和开发。

宏文软件股份有限公司是从事软件开发的中小型公司，公司目前共有员工100人，其组织机构如图15.1所示。

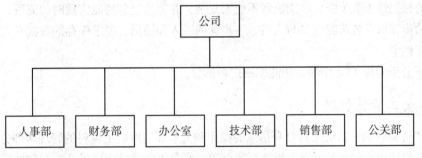

图 15.1　宏文软件股份有限公司组织机构

公司员工共分为总经理、部门经理、普通员工，公司所有员工的薪金、考勤、业绩评定等由人事部经理及其他人事部员工完成。由于公司人员越来越多，业务规模日益扩大，人事部的工作负荷日趋繁重，为高效、准确地完成各种人事管理事务，现确定开发一套人事管理系统，以实现办公自动化。

15.1　系统需求分析

根据项目的基本要求，软件开发人员首先需要对系统的需求进行分析和确认。在对宏文软件股份有限公司进行全面的调查和了解后，对其日常工作流程也进行全面的分析和跟踪，了解各项业务的处理流程以及各流程的操作过程中需要处理的数据和处理的结果，得出系统的《需要规格说明书》，其内容参见附录 A。其中有关数据库设计的部分在文档中未写出，将在本章中完成。

根据对宏文软件技术有限公司人事管理系统的系统需求进行的分析，类比公司日常的人事管理事务及处理流程，宏文人事管理系统的功能组成如图15.2所示。在初步形成功能总体要求的基础上，以功能组成图为基础和公司各部门经理和总经理进一步进行交流，确定功能组成的正确性和完整性。

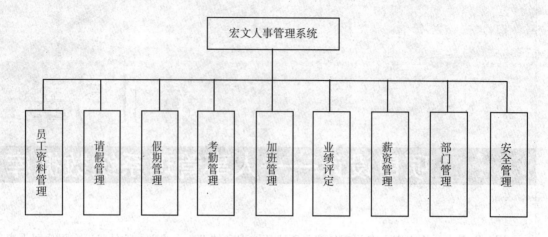

图15.2　宏文人事管理系统功能模块图

根据宏文人事管理系统功能总体组成分析的结果，对各模块进行进一步分析，把功能模块进一步细分成各种具体的功能。对功能进行分析时，要求对各种功能的拆分必须确保每个功能与其他功能的相关性不能太强，功能流程不能太复杂，并能确定各功能实现时的流程，明确各事务处理流程的步骤以及各步骤的参与人员，各步骤的输入和输出，要求保存的数据必须明确地被记录在分析文档中。

以下分别对图15.2中的各功能模块进行拆分。

1. 员工资料管理

员工资料管理包括员工对自身信息的操作和人事部门对员工资料的管理两部分。员工对自身信息操作包括详细住处的查询、修改自我介绍、修改自身登录密码以及查询和搜索其他同事的相关信息。人事部门对员工信息的管理主要包括添加、修改和删除员工信息、按任意条件搜索员工信息、打印员工报到单、上传和修改员工的照片。

员工在查询自身详细信息时，被查询的数据包括：员工编号、姓名、电子邮件信箱、部门名称、部门经理姓名、分机号码和自我介绍。

员工能修改的数据被限制在修改员工自己的自我介绍以及登录密码。

员工能查询和搜索其他同事的基本信息，其中包括：员工编号、姓名、电子邮件信箱、部门名称、部门经理姓名、分机号码和自我介绍。

人事部门对员工信息的管理数据包括员工编号、姓名、电子邮件信箱、所属部门、分机号码、照片、自我介绍以及初始的员工登录密码。

2. 请假管理

请假管理主要包括员工申请以及请假的审核。

员工一年共有 10 天年假，其中包括春节假期。员工请假时间不能超过规定的小时数。员工请假前，必须通过系统提交请假申请。其中包括的具体功能为显示员工本人已用年假小时数、当前可用小时数、查看员工本人某段时期内的请假记录、请假申请及其批准状态等数据。

员工请假审核由员工所属部门经理完成。员工提交请假后，其部门经理的系统自动弹出相关的请假申请，部门经理必须对该申请进行审核和批复。在显示请假申请时要求显示申请人姓名、请假的时间段。为方便对所有员工的请假状态进行管理，部门经理登录系统后，能够显示所有下属员工名单，并显示某段时间内所有或部分所属员工的请假记录汇总情况，显示所有等待批准的请假申请，并能对申请进行批复，在批复时，可以同意申请也可以拒绝申请。

3. 假期管理

假期管理只能是人事部门员工登录才有效。人事部门员工可以查看公司所有员工的请假记录，详细列出某个员工在某段时期内的所有请假记录，同时可以设定国家法定节假日。

4. 加班管理

由于公司原则上不鼓励员工进行加班，所以员工在加班前需要先提出申请并得到部门经理的同意。同时，公司对员工的加班要求记录加班信息，并以加班记录为依据，对员工进行补偿。

加班管理功能分成三部分。

员工所属部门经理登录后有效，部门经理可以查看下属的加班记录。当员工提交加班申请后，其所属部门经理所在系统自动弹出加班申请，显示申请人姓名、申请加班时段、加班原因等。为方便部门经理批复加班申请，在批复申请过程中可以查看员工的加班记录。部门经理必须对员工的加班申请进行批复，既可以同意员工的加班申请也可以拒绝加班申请。

员工加班前，需要提交加班申请，加班申请必须得到批准后才能实施，加班申请中必须标明加班申请人姓名、加班原因、加班时段以及选择加班折算方式（加班折算方式为把加班小时数折算成假期或者折算成双倍时薪之一）。员工可以查看自身某段时期的加班记录，计算加班的小时数，查看加班申请的批复状态等。

此外，人事部门可以查看所有员工的加班记录，能按部门显示某时段内的加班汇总信息，并能按员工选择的加班折算方式对加班进行补偿。

5. 考勤管理

系统要求对所有员工的考勤信息进行管理。对员工的考勤管理将结合外购的一套考勤管理设备进行。员工上下班时，将利用工卡进行电子打卡。电子打卡机能自动地把员工考勤信息保存到数据库，其中包括员工编号、上班时间、下班时间。员工通过本人人事管理系统能查看自身的考勤记录，部门经理也能查看所属员工的考勤记录，并能查打某段时间内迟到和缺勤次数最多的人员列表。人事部可以修改、删除、查询员工的考勤记录，显示当早日迟到和缺勤明细，统计某段时间内迟到、缺勤人数汇总信息。

6. 业绩评定

员工每个月评定一次业绩。业绩评定先由员工填写业绩报告单，业绩报告单包括工作总结、上阶段目标完成情况、自我评分和下阶段目标设定。员工在其部门经理对其进行业绩评定前，可以修改其填写的业绩报告单，并在部门经理对其进行业绩评定后，查看其最终的业绩评分以及历史业绩报告。部门经理根据员工的各种记录和员工的业绩报告单，评定该员工的业绩。部门经理自身不需要填写业绩报告单。

7. 薪资管理

员工薪资管理包括人事部对员工薪资数据的管理、员工薪资的自动计算以及员工查看其自身薪资信息。

员工入职后，由人事部经理指定和修改其基本薪水。人事部员工负责每月根据员工的加班记录和考勤记录，利用系统自动完成所有员工的薪资计算，打印公司员工薪水月汇总表，并能查看所有员工薪水历史记录。

员工能通过系统查看其自身的历史薪水记录，其中包括每月薪资组成部分及计算标准。

8. 部门管理

部门管理主要用于人事经理添加、删除或更改部门设置。人事部员工可以更改员工的所属部门，查看和打印部门人数汇兑及明细信息。部门信息主要包括部门名称、部门编号、部门经理姓名以及部门主要责任。

9. 安全管理

由于人事管理系统要求对公司数据进行保护，系统要求具备系统事件记录功能，对于重要操作必须保存到数据库，并能查询系统重要操作记录。保存的数据包括操作者、操作时间、操作种类。

安全管理要求系统登录者必须进行有效的身份验证功能。人事部经理可以添加、删除人事部人员，人事部员工可以设定和员工登录的初始密码，员工可以修改自身的登录密码。

数据流图

对需求分析后得到的功能需求中各具体流程和操作，确定各数据流图，制定数据流图。在制定数据流图时，先从单个的功能业务流程分析和绘制开始，然后和流程的相关人员进行讨论，确定数据流程和数据中所涉及的数据项以及数据项的组成内容。如果数据项中的内容还可以再进行细分，则对数据项的内容进一步进行细分，确定数据项中内容的完整性和不可再划分。

本项目的数据流图请读者根据本书前面相关章节的内容和第 9 章后的实训内容自行完成。

数据字典

在确定数据流图中流程和数据项正确完整的基础上，把数据流图中的各数据项通过数据字典确定下来，并填写表 15.1 数据字典。

表 15.1　　　　　　　　　　　　　　　　数据字典

数据项名称	类　型	长度（字节）	范　　围

把需求分析的结果填写到相应的《宏文人事管理系统需求规格说明书》中，同时填写《宏文人事管理系统数据库设计说明书》，其格式请参见附录 B。

15.2　概念设计

完成需求分析后，进行数据库的概念设计。在概念设计过程中，主要是进行系统的 E-R 图设计。

在设计系统的 E-R 图时，一般遵循从局部到总体的原则。主要关注实体的表现，然后结合需求分析中确定的各实体之间的各种联系。添加完联系后，立即确定两实体间联系的细节，确定联系的属性以及实体属性的设计是否正确和合理。然后根据数据库规范化理论对数据库进行规范化。在进行规范化时，最高只需要进行第三范式的规范化。数据的概念设计结果在完成规范化以后，可以根据程序开发的要求，对数据库概念设计的结果进行非规范化。数据库设计的结果可以有许多种，只要能完成系统所需信息的管理即可。

系统中 E-R 图的设计请参见本书前面的相关章节结合第 9 章实训部分内容自行完成，并填写《宏文人事管理系统数据库设计说明书》。

15.3　逻辑设计

概念设计的结果得到的是与计算机软硬件具体性能无关的全局概念模式。概念结构无法在计算机中直接应用，需要把概念结构转换成特定的 DBMS 所支持的数据模型。逻辑设计就是把上述概念模型转换成为某个具体的 DBMS 所支持的数据模型并进行优化。

逻辑结构设计一般分为三部分：概念转换成 DBMS 所支持的数据模型、模型优化以及设计用户子模式。

在进行逻辑设计时，要特别注意联系转化的方法。转化得到数据库的数据表，按表 15.2 所示格式制定所有数据库表，完成数据库逻辑设计。

表 15.2   数据表（表名）

字段	类型	可否为空	备注

主键：主键名

外键：外键名

索引：索引名

约束：约束名

本系统所需各数据表添加到《宏文人事管理系统数据库设计说明书》。

15.4 物理设计

数据库的物理设计是指对数据库的逻辑结构在指定的 DBMS 上建立起适合应用环境的物理结构。

在关系型数据库中，确定数据库的物理结构主要指确定数据的存储位置和存储结构，包括确定关系、索引、日志、备份等数据的存储分配和存储结构，并确定系统配置等工作。

确定数据的存储位置时，要区分稳定数据和易变数据、经常存取部分和不常存取部分、机密数据和普通数据等，分别为这些数据指定不同的存储位置，分开存放。

确定数据的存储结构时，主要根据数据的自身要求，选择顺序结构、链表结构或树状结构等。

确定数据的存取方法时，主要确定数据的索引方法和聚簇方法。

由于本系统用户数量不大，对时间效率、空间效率、维护开销和各种用户要求不是特别高，对于一般 DBA，只需要应用 SQL Server 2000 的默认参数即可。

设定数据库的相关参数后，把参数写入《宏文人事管理系统数据库设计说明书》。

15.5 数据库实施

数据库完成设计之后，需要建立真实的数据库。建立数据库结构时，主要应用选定的 DBMS 所支持的 DDL 语言，把数据库中需要建立的各组成部分建立起来。在本系统中，由于选择 SQL Server 2000 作为数据库管理系统，所以建立数据库系统的 DDL 语言确定为 T-SQL。

在实施数据库时，根据物理设计的结果，把各数据库表和表之间的关系应用 T-SQL 语言编写成相应 SQL 脚本，再导入数据库管理系统。

在实施时，也可以运用企业管理器进行。但通过 SQL 脚本的方法将更为方便并更好管理，数据库实施过程中的数据库编程将单独在下一节中完成。

15.6　数据库编程

在完成数据库的建立之后，根据系统的功能需求，结合数据库逻辑设计的结果，同时考虑应用程序开发的便利性和模块之间的相关性，需要为数据库设计一些视图、存储过程和触发器。

以下列出需要进行开发的视图、存储过程和解发器。

1. 视图

数据库中视图的设计以视图需要完成的功能列出。

查看员工基本信息

作用：通过左外连接员工和部门表得到员工的详细信息，其中包括员工的基本信息、员工的部门信息和员工经理信息。视图需要包含的数据项为员工编号、员工姓名、员工电子邮件信息、员工电话、员工登录名、员工报到日期、员工所属部门编号、员工自我介绍、员工照片、员工剩余假期和所属部门名称。

建立视图的代码为

```
CREATE VIEW dbo.viewEmpCommonInfo
AS
SELECT t.EmployeeID,t.Name, t.Email, t.Telephone, t.LoginName,
        t.OnboardDate, t.DeptID,t.SelfIntro,t.Photoimage,t.vacationRemain, t1.DeptName
FROM dbo.Employee t left outer join dbo.Department t1 on t.DeptID=t1.DeptID
```

以下为其余视图，请读者结合本书第 11 章的内容自行完成脚本文件。

查看员工考勤情况

作用：通过员工编号内连接员工考勤表和员工表，得到员工的姓名、员工所属部门编号和考勤情况。通过这个视图可以按部门编号查到整个部门员工的缺勤情况。

查看员工请假申请信息

作用：通过内连接员工请假表和员工表，得到员工的请假申请信息和请假批准人姓名。

查看员工加班申请信息

作用：通过内连接员工加班表、员工表和加班类型表，得到员工加班表中的加班申请信息、加班申请批准人姓名及加班折算成假期类型的名称。

查看公司策略信息

作用：查询系统注册表中的公司策略信息。

查看部门信息

作用：通过访问此视图可以达到与直接访问部门表相同的效果。

查看假期的具体日期

作用：通过此视图可以查询到所有假期的具体日期。

查看部门经理信息

作用：此视图通过内连接部门表和员工表，得到经理的所有基本信息。

查看已提交的请假申请信息

作用：通过内连接员工请假表和员工表，得到所有已提交的请假申请的详细信息、请假员工姓名和请假审核者姓名。

查看已提交的加班申请信息

作用：此视图通过内连接员工加班表和员工表，得到所有已提交的加班申请的详细信息、请求加班员工的姓名和加班申请的审核者姓名。

查看员工薪资历史信息

作用：此视图通过内连接员工薪资表和员工表、左外连接部门表，得到员工薪资历史信息。

查看员工业绩评定信息

作用：通过此视图可以得到员工业绩评定表中的详细信息。

查看员工业绩评定中的子项目

作用：通过内连接员工业绩评定表和业绩评定子项目表，得到员工业绩评定中每个项目信息。

查看员工信息和所属部门名称

作用：通过内连接表员工表和部门表，得到员工的详细信息和员工所属部门的名称。

查看员工考勤信息

作用：此视图内连接员工考勤表和员工表，得到员工考勤信息。

查看员工请假信息

作用：此视图通过内连接员工请假表和员工表，得到员工请假信息和请假员工姓名。

查看员工加班信息

作用：此视图通过内连接员工加班表、加班类型表和员工表，得到员工加班记录的详细信息。

查看员工基本薪资

作用：此视图从员工表中得到员工编号、员工姓名和员工基本薪资。

2. 存储过程

存储过程是一个被命名的存储在数据库服务器上的 SQL 语句和可选控制流语句的预编译集合，以一个名称存储并作为一个单元处理。存储过程是封装重复性工作的一种方法，支持用户声明的变量、条件执行和其他有用的编程功能。

数据库中设计以下存储过程：

插入一条提交的请假申请

作用：向员工请假表插入一条已提交的请假申请。其中参数如表 15.3 所示。

表 15.3　　　　　　　　　　　存储过程参数表

字段	类型
员工编号	整型
提交时间	日期型
开始时间	日期型
结束时间	日期型
审核者编号	整型
小时数	整型
请假原因	字符串(100)

存储过程返回值如表 15.4 所示。

表 15.4		存储过程返回值
字段	类型	描述
本操作影响的记录数	整型	系统自带的一个参数，返回本次操作影响的记录数

本存储过程代码为

```
CREATE proc dbo.sp_AddLeaveReq
(
@EmpID int,
@SubmitTime datetime,
@StartTime datetime,
@EndTime datetime,
@ApproverID int,
@Hours int,
@Reason nchar(100)=''
)
as
declare @LeaveID int
if exists(
    select * from Leave
    where EmployeeID=@EmpID and    @StartTime<EndTime and @endtime>StartTime and (Status='已
提交' or Status='已否决')
)
return 0

insert into Leave
(EmployeeID, SubmitTime, StartTime, EndTime, Reason, Hours, Status, ApproverID)
values( @EmpID, @SubmitTime, @StartTime, @EndTime, @Reason, @Hours, '已提交', @ApproverID )

select @LeaveID=max(LeaveID)
from Leave

update Employee
set VacationRemain=VacationRemain-(select hours from Leave
                        where Leave.LeaveID=@LeaveID)
where EmployeeID=@EmpID

return @@rowcount
```

以下各存储过程请读者结合第 12 章内容自行完成。

插入一条已提交的加班申请

作用：向员工加班表插入一条已提交的加班申请。

提交一条要求复查的考勤记录

作用：通过更新员工考勤表的请求重新审核字段来提交要求复查一条考勤记录的信息。

取消一条请假申请

作用：此存储过程用来取消员工请假表中的一条请假申请。

取消一条加班申请

作用：此存储过程用来取消员工加班表中的一条加班申请。

更新一条请假申请记录的状态

作用：此存储过程更新员工请假表中的一条请假申请记录的状态，并输入更新的理由。

更新一条加班申请记录的状态

作用：此存储过程更新员工加班表中的一条加班申请记录的状态，并输入更新的理由。

汇总部门员工考勤信息

作用：通过此存储过程，可以按指定部门编号和指定的时间段汇总本部门的员工考勤信息。

汇总部门员工已批准的请假信息

作用：通过此存储过程，可以按指定部门编号和指定的时间段汇总本部门员工已批准的请假信息。

汇总部门员工已批准的加班信息

作用：通过此存储过程，可以按指定部门编号、指定时间段和指定加班类型汇总本部门员工已批准的加班信息。

根据员工登录名获取员工编号

作用：根据员工登录名得到员工编号。

根据员工登录名获取员工登录密码

作用：根据员工登录名得到员工登录密码。

根据员工编号获取员工登录密码

作用：根据员工编号得到员工登录密码。

根据员工编号更新员工登录密码

作用：根据员工编号更新员工表中的员工登录密码。

根据员工编号更新员工自我介绍信息

作用：根据员工编号更新员工表中的员工自我介绍信息。

添加业绩评定子项目

作用：根据输入的参数信息先确定要添加的业绩评定子项目所属的业绩评定是否存在，如果不存在，就先在员工业绩评定表中添加一条业绩评定信息，然后再在业绩评定子项目表中添加要加入的业绩评定子项目。

删除一条业绩评定子项目

作用：从业绩评定子项目表中删除一条指定记录。

汇总部门员工薪资信息

作用：按部门得到指定时间段内的员工薪资汇总信息。

更新员工业绩评定表

作用：根据传入的参数信息来更新员工业绩评定表。

更新业绩评定子项目

作用：根据业绩评定子项目编号，更新业绩评定子项目表中的子项目内容。

查询员工考勤信息

作用：根据指定的时间段查询员工考勤信息。

更新员工部门编号

作用：根据员工编号和员工所属部门字段，来更新员工表中的员工部门编号。

添加一个新部门

作用：向部门表添加一条新部门信息的记录。

删除一个指定部门

作用：从部门表中删除一个指定的部门，在删除前先判断该部门是否还有员工，如有员工则不删除该部门并返回，如无任何员工，则删除该部门。

删除一个员工

作用：根据指定的员工编号从员工表中删除一条员工记录。

删除一条请假申请记录

作用：根据指定的请假申请编号，从员工请假表中删除一条请假申请记录。

获取部门员工详细信息

作用：根据部门名称从视图查看员工信息和所属部门名称(Win)中得到本部门员工的详细信息。

获取部门员工请假信息

作用：根据部门编号得到本部门员工的请假信息。

汇总指定员工的请假信息

作用：汇总指定员工的请假信息。

获取所有部门的部门编号和部门名称

作用：从部门表中得到所有部门的部门编号和部门名称。

获取部门员工的详细信息

作用：得到指定部门名称的部门的所有员工的详细信息。

实现员工在部门间的转移

作用：完成把一个员工从一个部门转移到另一个指定部门。

拒绝一条请假申请

作用：通过此存储过程可以拒绝一条请假申请。

更新业绩评定子项目中的自我评分

作用：根据业绩评定子项目编号，更新业绩评定子项目表中的自我评分。

更新业绩评定子项目的经理评分

作用：根据业绩评定子项目编号，更新业绩评定子项目表中的经理评分。

按指定的年份和季度汇总部门业绩评定

作用：按指定的年份和季度汇总指定部门的业绩评定详细信息。

按指定部门和年份汇总部门员工业绩评定信息

作用：按指定部门汇总指定年份的本部门员工的业绩评定信息。

汇总部门员工加班信息

作用：按部门名称汇总本部门的员工加班信息。

标记一条员工业绩评定为已审核

作用：把员工业绩评定表中的状态字段更新为 1，表示此条记录已经审核。

获取指定员工的基本薪资信息

作用：根据员工编号从员工表中查询得到此员工的基本薪资信息。

汇总指定员工的薪资历史记录

作用：通过连接员工表和员工薪资表，按指定员工编号汇总员工薪资的历史记录。

设置员工基本薪资

作用：此存储过程用来设置员工的基本薪资。

获取指定时间段内的系统事件

作用：此存储过程从系统事件表中获取指定时间段内的系统事件。

更新用户密码

作用：此存储过程根据登录名和旧密码来更新密码。

添加一条新的系统事件记录

作用：此存储过程向系统事件表添加一条新的系统事件记录。

更新绩效考核子项目的项目内容

作用：此存储过程根据绩效考核子项目编号，更新该子项目的项目内容。

3. 触发器

触发器是一种特殊类型的存储过程，它在试图更改触发器所保护的数据时自动执行。触发器与特定的表相关联。

触发器的主要作用是能够实现由主键和外键所不能保证的复杂的参照完整性和数据的一致性。当使用 UPDATE、INSERT 或 DELETE 中的一种或多种数据修改操作在指定表中对数据进行修改时，触发器会生效并自动执行。

在系统中，由于员工请假申请记录入库时，已把员工的年假时间进行了更新，其总的可用年假时间已经被减少了。但是，当员工的请假申请被否决后，原有被扣除的年假数量就相应地增加原被扣除的年假时间。

触发器的代码为

```
CREATE TRIGGER tRejectRequest ON dbo.Leave
AFTER Update
AS
declare @Status nvarchar(10)
declare @LeaveTime int
declare @LeaveTimeToAdd int
declare @EmpID int


set @LeaveTimeToAdd=0


IF UPDATE (Status)
```

```
Begin
    select top 1 @EmpID=EmployeeID
    from deleted

    select @Status=status
    from deleted
    if @Status='已否决'
    begin
        select @LeaveTime=DATEDIFF ( hh , StartTime , EndTime )
        from deleted

        While (@LeaveTime>24)
        begin
            set @LeaveTimeToAdd=@LeaveTimeToAdd+8
            set @LeaveTime=@LeaveTime-24
        end

        if (@LeaveTime<24 and @LeaveTime>8)
            set @LeaveTimeToAdd=8
        else
            set @LeaveTimeToAdd=@LeaveTime

        update Employee
        set VacationRemain=VacationRemain+@LeaveTime
        where Employee.EmployeeID=@EmpID
    end
End
```

至此，宏文人事管理系统数据库的设计基本完成。在此基本上完成应用程序的代码开发，即可完成宏文人事管理系统的主要开发工作。

由于数据库开发的结果是不确定的，所以可能设计的结果与本书作者的设计结果并不一致。只要能确保系统各业务流程所处理的数据能正确地被保存和访问，能较高效率地完成各种数据操作功能即是好的数据库设计。

本书所附实训文件中带有建立本书作者所设计的宏文人事管理系统数据库的脚本，供读者参考。

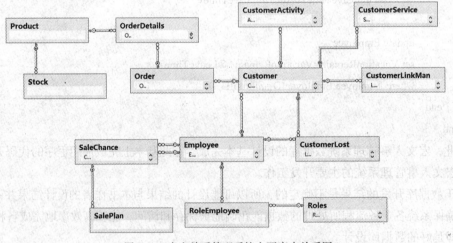

第16章

程序设计——客户关系管理系统

在本章中，将应用本书前面各部分所述的知识和技术，以客户关系管理系统数据库为目标，进行数据库程序设计的训练（为简化数据库复杂度，本数据库在实际数据库基础上做了适当删减）。

如图 16.1 所示为东升客户关系管理系统主要库表的关系图。表 16.1 为对应各表作用的说明，表中字段说明请参见数据库中各字段的说明信息。在进行程序设计前，先用数据库创建脚本创建数据库。

图 16.1　客户关系管理系统主要库表关系图

表 16.1　　　　　　　　　　　　库表说明

表名	说明
Employee	员工表
Customer	客户表
Roles	员工角色表

表名	说明
RoleEmployee	员工角色关系表
SaleChance	销售机会表
SalePlan	销售计划表
CustomerLost	客户流失信息表
CustomerLinkMan	客户联系人信息表
CustomerService	客户服务表
CustomerActivity	客户活动表
Product	产品信息表
Stock	库存信息表
Order	订单表
OrderDetails	订单详细信息表

程序设计训练

练习 1　简单数据访问

统计员工数量；
列出客户所有信息；
列出所有角色信息；
列出每种角色所包含员工数量；
列出销售机会数量；
列出已流失所有信息；
列出所有产品信息；
列出所有订单信息；
列出指定订单号的详细信息。

练习 2　复杂数据访问

统计每个员工负责客户的数量，同时显示对应员工的姓名；
列出指定订单的所有产品信息，包括产品名称、产品计量单位等；
列出指定员工负责的所有客户详细信息；
列出指定客户的所有联系人信息；
列出为指定客户提供的所有客户服务信息；
列出指定客户提供的所有活动信息；
列出所有产品的对应库存信息；
列出指定角色所包含的所有员工信息，包括员工姓名等；
列出指定员工所属的所有角色名称。

练习 3　业务处理

设计存储过程实现分页获取指定客户的订单信息，存储过程提供参数为客户编号、每页显示的记录条数、显示的页码值（从 0 开始计数）、过滤条件、排序条件，其中过滤条件和排序条件可能为空；

设计存储过程实现客户贡献度计算，存储过程返回客户编号、客户名称、客户所有订单所对应的金额汇总；

设计存储过程实现对所有客户贡献度计算。存储过程返回所有有订单客户的以下信息：客户编号、客户名称、客户所有订单所对应的金额汇总额。显示的客户顺序按汇总金额从大到小排序。